普通高校"十二五"规划教材

ASP.NET 4(C#)项目开发教程
——面向工作过程

主　编　钟志东
副主编　赵中文　斯琴高娃　刘冀萍　陈翠琴

北京航空航天大学出版社

内 容 简 介

本教材按照项目开发的过程方法来编写,介绍 ASP.NET 4(C♯)技术在 Web 应用系统项目开发中的方法技巧。共分为九章。第 1 章为开发工具选择,简要介绍 Visual Studio 2010 集成开发工具。第 2 章为项目系统规划,讲解利用 Visual Studio 2010 IDE 开发 Web 应用程序的规划和环境设置。第 3 章为项目数据库设计,介绍项目数据库设计的方法和应用技巧。第 4 章为项目界面设计,讲解 ASP.NET 4 项目界面的设计方法和技巧。第 5 章为系统功能控制流程,介绍项目菜单、网页转换和权限控制的实用技巧。第 6 章为数据库访问类设计,介绍标准数据库访问类的设计方法。第 7 章为业务层业务实体对象设计,介绍项目三层架构模式实体类(C♯)的实用设计技巧。第 8 章为界面功能实现,介绍如何进行项目组装和实现项目功能。第 9 章为项目系统发布与部署,介绍 ASP.NET 4 项目系统的发布与部署方法。

本书项目案例来源于实际应用项目,并进行了剪裁、优化和扩充实用的方法技巧,掌握本书所提供的方法技巧,就可具备 Web 应用系统项目开发的基本技能。

本书可作为 Web 应用程序开发、Web 程序设计培训的教材,也可作为职业技术院校计算机专业教材和教师参考书。

图书在版编目(CIP)数据

ASP.NET 4(C♯)项目开发教程／钟志东主编. --
北京:北京航空航天大学出版社,2011.7
 ISBN 978-7-5124-0455-7

Ⅰ.①A… Ⅱ.①钟… Ⅲ.①主页制作—程序设计—教材②C 语言—程序设计—教材 Ⅳ.①TP393.092
②TP312

中国版本图书馆 CIP 数据核字(2011)第 091454 号

版权所有,侵权必究。

ASP.NET 4(C♯)项目开发教程
——面向工作过程
主　编　钟志东
副主编　赵中文　斯琴高娃　刘冀萍　陈翠琴
责任编辑　金友泉
*
北京航空航天大学出版社出版发行

北京市海淀区学院路 37 号(邮编 100191)　http://www.buaapress.com.cn
发行部电话:(010)82317024　传真:(010)82328026
读者信箱:bhpress@263.net　邮购电话:(010)82316936
北京时代华都印刷有限公司印装　各地书店经销

*
开本:787×1 092　1/16　印张:20.75　字数:531 千字
2011 年 7 月第 1 版　2011 年 7 月第 1 次印刷　印数:4 000 册
ISBN 978-7-5124-0455-7　定价:33.00 元

前　　言

　　ASP.NET 是新一代 Web 应用程序开发平台，为用户提供了完整的可视化开发环境；ASP.NET 可以使用众多的服务器控件和 Microsoft.NET 框架提供的数千个.NET 类建立功能强大的 Web 应用程序。ASP.NET 4 是目前微软最新的 Web 应用开发平台，与之相对应的 Microsoft.NET 框架是 Visual Studio 2010。Visual Studio 2010 除了保持与 Visual Studio 2008 相同的特点之外，还提供了大量的新的功能，以提高开发人员的编程效率。

　　本书不是按照全面介绍 ASP.NET 4 的知识内容的思路来编写的，而是以管理信息系统项目开发的过程进行编写。书中介绍 ASP.NET 4(C#)在 Web 应用程序开发中的方法步骤和常用的技巧，并以实用性为原则介绍一般管理信息系统项目开发过程所涉及的 ASP.NET、ADO.NET、C#语言和 SqlServer2008 数据库的相关知识。

　　本书以一个实际的供应链管理信息系统项目开发过程为主线，按照软件项目开发的九大过程，即开发工具准备、项目系统规划（环境设置）、数据库设计、项目界面设计、项目系统功能控制流程设计、数据库访问类设计、业务实体对象设计、界面控件与业务对象连接、项目系统发布等，介绍了 Web 项目开发的方法和步骤。希望读者通过本书所介绍的方法和技巧的掌握，能够直接参与大中型的管理信息系统项目和动态网站的开发工作。

　　本书的特色：

　　本书易于学习、易于理解、易于掌握，实用性和针对性强，主要特点如下：

　　(1) 按照软件项目开发过程进行组织

　　本书章节的排序是以一般软件项目开发过程为序，通过本书的学习，可掌握软件项目开发的过程组织方法，具有实用性。

　　(2) 根据一个实际的 Web 应用系统项目来展开讲解

　　本书以一个实际的供应链管理信息系统项目通过优化、精简并扩充实用的方法后，展开介绍 Web 程序设计实际应用的方法和技巧，具有针对性和实用性。

　　(3) 按每个过程方法讲解设计步骤

　　每个过程都详细地介绍了设计的步骤和方法，只要按照书上的方法步骤进行程序设计就可以完成一个 Web 应用程序的开发。

　　(4) 提供每个系统界面的样式图，直观易懂

　　每个功能界面都展现各个完整的界面样式图，通过样式图易于掌握过程方法的设计步骤。

　　(5) 每个用户类程序都配有结构和方法调用的图解，以帮助读者读懂程序代码，直观易学

　　每个类的 C#程序代码都先提供一个程序结构和方法调用的图解，读者可先看图解，了解每个应用程序的功能流程结构，再来阅读程序代码，这样非常容易读懂程序。

　　(6) 在相同的功能中尽可能采用不同的方法技巧以拓展知识面

　　在相似的功能（如供应商和客户信息添加程序设计）中，采用不同的设计和 ASP.NET 界面控件，克服只通过一个案例项目来组织编写所带来的知识面偏窄的问题，并通过一个项目案例尽可能地介绍一般 Web 项目开发的方法技巧。

前 言

(7) 每个功能过程都详细讲解了相关的知识要点,做到用于致学、学以致用

每一个功能过程都讲解知识要点,使读者理解某一知识是什么,该知识用在哪里和怎样用。

(8) 了解各章介绍的技术知识和常用的功能,以达到触类旁通的目的

每一章所涉及的相关知识如 SQLServer 2008 数据库知识、ASP.NET 控件、ADO.NET 对象和 C#语言知识等的常用功能进行介绍。使读者能够针对性地学习相关知识,并可触类旁通。

(9) 介绍了软件项目开发的架构和生命周期模型,以初步掌握软件项目的完整过程

项目案例的设计和本书的编写完全按照软件项目开发的完整过程进行介绍,还介绍了常用的几种软件开发生命周期模型和 Web 项目开发的三种途径,以便读者能够通过学习本书的内容而了解 Web 项目的开发方法。

本书编写的分工:

钟志东　主编,负责第 8 章内容的编写,并负责全书的协调工作。

陈翠琴　副主编,负责第 1 章和第 4 章内容的编写;

刘冀萍　副主编,负责第 2 章、第 3 章和第 5 章的 5.1～5.4 小节内容编写;

斯琴高娃　副主编,负责第 5 章的 5.5～5.7 小节、第 6 章和第 7 章的 7.2～7.4 小节内容的编写;

赵中文　副主编,负责第 7 章的 7.1 小节业务实体类设计和第 9 章内容的编写;

课件内容: 本书所有源代码;本书案例数据库文件。课件内容可从出版社网站 WWW.buaapress.com.cn 提取。

编　者
2011 年 1 月

目　　录

第 1 章　开发工具选择 ………………………………………………………… 1
1.1　开发工具 ………………………………………………………………… 1
1.2　Visual Studio 2010 IDE 简介 …………………………………………… 1
1.2.1　解决方案资源管理器 ………………………………………………… 1
1.2.2　设计器和代码编辑器 ………………………………………………… 2
1.2.3　错误列表窗口 ………………………………………………………… 4
1.2.4　服务器资源管理器 …………………………………………………… 4
1.2.5　工具箱 ………………………………………………………………… 5
1.3　ASP.NET 4 新增功能 …………………………………………………… 5
1.4　小　结 …………………………………………………………………… 8

第 2 章　项目系统规划 ………………………………………………………… 9
2.1　文件夹结构设计 ………………………………………………………… 9
2.1.1　文件夹结构说明 ……………………………………………………… 9
2.1.2　创建项目文件夹结构 ………………………………………………… 10
2.2　Web.config 配置文件 …………………………………………………… 11
2.2.1　网站全局信息配置节点 ……………………………………………… 12
2.2.2　数据库连接节点 ……………………………………………………… 12
2.2.3　<system.web>节点 …………………………………………………… 14
2.3　Web.config 配置文件嵌套配置设置 …………………………………… 15
2.4　ASP.NET Web 站点管理工具 WAT ……………………………………… 15
2.5　Globol.asax 全局文件 …………………………………………………… 16
2.6　Web.sitemap 网站导航文件 ……………………………………………… 17
2.6.1　添加站点地图文件 …………………………………………………… 17
2.6.2　配置多个站点地图 …………………………………………………… 18
2.7　小　结 …………………………………………………………………… 18

第 3 章　项目数据库设计 ……………………………………………………… 19
3.1　命名规范 ………………………………………………………………… 19
3.1.1　关键字 ………………………………………………………………… 19
3.1.2　项目标识符命名规范 ………………………………………………… 19
3.2　项目数据库设计 ………………………………………………………… 20
3.2.1　创建数据库 …………………………………………………………… 24
3.2.2　创建数据表 …………………………………………………………… 24
3.2.3　建立表关系 …………………………………………………………… 26

目录

  3.2.4 建立视图 ··· 27
  3.2.5 建立存储过程 ··· 30
 3.3 相关技术概述 ·· 35
 3.4 实 训 ·· 36
 3.5 小 结 ·· 38

第4章 项目界面设计 ··· 39

 4.1 网页文件结构 ·· 39
  4.1.1 单文件页程序结构 ····································· 39
  4.1.2 代码隐藏文件页程序结构 ······························· 40
 4.2 网页界面设计 ·· 41
  4.2.1 供应商信息管理主界面设计 ····························· 41
  4.2.2 供应商信息输入界面设计 ······························· 45
  4.2.3 客户信息管理主界面设计 ······························· 46
  4.2.4 客户信息输入界面设计 ································· 47
  4.2.5 版库管理主界面设计 ··································· 49
  4.2.6 版库管理信息输入界面设计 ····························· 50
  4.2.7 原材料库存管理主界面设计 ····························· 51
  4.2.8 原材料入库界面设计 ··································· 54
  4.2.9 订单管理主界面设计 ··································· 58
  4.2.10 订单明细输入界面设计 ································ 60
  4.2.11 订单中辅石信息显示、输入和修改界面设计 ·············· 61
  4.2.12 商品库存管理入库界面设计 ···························· 63
  4.2.13 商品库存管理出库界面设计 ···························· 65
  4.2.14 商品库存盘点界面设计 ································ 68
  4.2.15 商品库存信息查询界面设计 ···························· 71
  4.2.16 商场销售管理界面设计 ································ 74
 4.3 系统主界面与网页主题设计 ···································· 77
  4.3.1 系统主界面设计 ······································· 77
  4.3.2 网页主题设计 ··· 79
 4.4 用户自定义控件 ·· 81
  4.4.1 用户控件创建设计 ····································· 81
  4.4.2 用户控件的引用 ······································· 83
 4.5 相关技术概述 ·· 85
  4.5.1 HTML服务器控件 ····································· 85
  4.5.2 Web服务器控件 ······································· 86
  4.5.3 AJAX服务器控件 ····································· 94
  4.5.4 母版页 ··· 95
  4.5.5 主题和外观 ··· 99

4.6 实　训 ………………………………………………………… 101
4.7 小　结 ………………………………………………………… 101

第 5 章　系统功能控制流程 …………………………………………… 102

5.1 成员和角色管理技术应用 …………………………………… 102
　　5.1.1 成员和角色管理环境配置 ………………………… 102
　　5.1.2 角色管理程序设计 ………………………………… 105
　　5.1.3 用户管理程序设计过程 …………………………… 108
　　5.1.4 添加用户程序设计 ………………………………… 112
　　5.1.5 角色分配程序设计 ………………………………… 114
5.2 信息输入验证 ………………………………………………… 116
　　5.2.1 登录程序设计情境 ………………………………… 116
　　5.2.2 用户个人信息添加程序设计 ……………………… 119
5.3 权限分配及网站导航 ………………………………………… 121
　　5.3.1 权限分配程序设计 ………………………………… 121
　　5.3.2 动态菜单程序设计 ………………………………… 124
5.4 异常处理 ……………………………………………………… 126
5.5 相关技术概述 ………………………………………………… 127
　　5.5.1 登录控件 …………………………………………… 127
　　5.5.2 验证控件 …………………………………………… 129
　　5.5.3 Profile 用户配置文件 ……………………………… 132
　　5.5.4 导航控件 …………………………………………… 132
5.6 实　训 ………………………………………………………… 136
5.7 小　结 ………………………………………………………… 136

第 6 章　数据库访问类设计 …………………………………………… 137

6.1 数据库访问类设计 …………………………………………… 137
　　6.1.1 数据访问类整体结构设计 ………………………… 137
　　6.1.2 DBAccess 类的方法设计 ………………………… 140
　　6.1.3 DBAccessParameterCache 类的方法设计 ……… 155
6.2 相关技术概述 ………………………………………………… 158
　　6.2.1 ADO.NET 技术应用 ……………………………… 158
　　6.2.2 C#语言简介 ………………………………………… 161
6.3 小　结 ………………………………………………………… 175

第 7 章　业务层业务实体对象设计 …………………………………… 176

7.1 业务实体类设计 ……………………………………………… 177
　　7.1.1 供应商管理模块实体类设计 ……………………… 177
　　7.1.2 客户管理模块实体类设计 ………………………… 183

目 录

  7.1.3 版库管理模块实体类设计 ………………………………… 187
  7.1.4 原材料库存管理模块实体类设计 …………………………… 193
  7.1.5 订单管理模块实体类设计 …………………………………… 197
  7.1.6 商品库存管理模块实体类设计 ……………………………… 207
  7.1.7 销售管理模块实体类设计情境 ……………………………… 216
 7.2 相关技术概述 ……………………………………………………… 220
  7.2.1 集合对象 ……………………………………………………… 221
  7.2.2 泛 型 ………………………………………………………… 227
 7.3 实 训 ……………………………………………………………… 235
 7.4 小 结 ……………………………………………………………… 235

第 8 章 界面功能实现 ………………………………………………………… 236
 8.1 功能实现设计 ……………………………………………………… 236
  8.1.1 供应商信息管理主界面功能实现设计 ……………………… 236
  8.1.2 供应商信息输入功能实现设计 ……………………………… 240
  8.1.3 客户信息管理主界面功能实现设计 ………………………… 243
  8.1.4 客户信息输入功能实现设计 ………………………………… 249
  8.1.5 版库管理主界面功能实现设计 ……………………………… 254
  8.1.6 版库管理信息输入功能实现设计 …………………………… 260
  8.1.7 原材料库存管理主界面功能实现设计 ……………………… 264
  8.1.8 原材料入库功能实现设计 …………………………………… 267
  8.1.9 原材料出库功能实现设计 …………………………………… 272
  8.1.10 订单管理主界面功能实现设计 ……………………………… 277
  8.1.11 订单明细输入功能实现设计 ………………………………… 281
  8.1.12 订单辅石信息显示、输入和修改功能的设计 ……………… 284
  8.1.13 商品库存管理入库功能的设计 ……………………………… 286
  8.1.14 商品库存管理出库功能的设计 ……………………………… 291
  8.1.15 商品库存盘点功能的设计 …………………………………… 295
  8.1.16 商场销售管理功能的设计 …………………………………… 298
 8.2 相关技术概述 ……………………………………………………… 301
  8.2.1 SQLDataSource 控件 ………………………………………… 302
  8.2.2 ObjectDataSource 控件 ……………………………………… 305
 8.3 实 训 ……………………………………………………………… 307
 8.4 小 结 ……………………………………………………………… 307

第 9 章 项目系统发布与部署 ………………………………………………… 308
 9.1 集成测试 …………………………………………………………… 308
  9.1.1 爆炸式集成 …………………………………………………… 308
  9.1.2 增量式集成 …………………………………………………… 309

  9.1.3 集成测试阶段确定 ………………………………………………… 310
  9.1.4 集成测试数据准备 ………………………………………………… 314
 9.2 运行测试 ……………………………………………………………………… 314
 9.3 操作手册与技术手册编写 …………………………………………………… 314
 9.4 网站项目发布与部署 ………………………………………………………… 314
  9.4.1 网站项目发布 ……………………………………………………… 314
  9.4.2 网站项目部署 ……………………………………………………… 316
 9.5 小 结 ……………………………………………………………………… 319
参考文献 ………………………………………………………………………………… 320

第1章 开发工具选择

本章要点
- 软件开发常用工具
- Visual Studio 2010 IDE 项目开发工具
- ASP.NET 4 新增的功能

1.1 开发工具

信息系统开发项目在完成团队的组建工作之后,就要进行开发工具的选择。主要的开发工具有三种,即程序设计工具、配置管理工具和数据库管理工具,大中型项目还应具备项目管理工具和专业建模工具等。市场上有各种各样的软件开发工具,选择工具的原则是开发团队中比较熟悉的工具优选考虑。在这里笔者主要介绍 Visual Studio 2010 集成开发工具。

Visual Studio 是当今最流行的软件开发工具。Visual Studio 提供了一整套的开发工具,可以生成 ASP.NET Web 应用程序、Web 服务应用程序、Windows 应用程序和移动设备应用程序等。Visual Studio 整合了多种开发语言,如 Visual Basic、Visual C# 和 Visual C++,使开发人员可以在一个相同的开发环境中自由地发挥自己的长处,并且还可以创建混合语言的应用项目。

Visual Studio 2010 是目前微软发布的 Visual Studio 最新版本,在 Visual Studio 2010 中 ASP.NET 最新版本是 ASP.NET 4。

1.2 Visual Studio 2010 IDE 简介

当打开 Visual Studio 2010 时,显示如图 1-1 的初始界面。

用户可以根据个人的习惯以及所打开的项目类型或文件的不同,使停靠窗口的排列可以不同,也可以选择主菜单中的视图菜单来选择所要显示的窗口。

本章将对几个常用的资源管理器窗口和工具进行介绍。

1.2.1 解决方案资源管理器

解决方案资源管理器是一个很常用的窗口,用于管理解决方案中项目的所有文件和文件夹。一个解决方案可以包含一个或多个项目文件,项目文件也可以是不同类型的项目,如类库项目、Windows 项目和 Web 项目。图 1-2 是包含一个 Web 项目的解决方案资源管理器视图。

第1章 开发工具选择

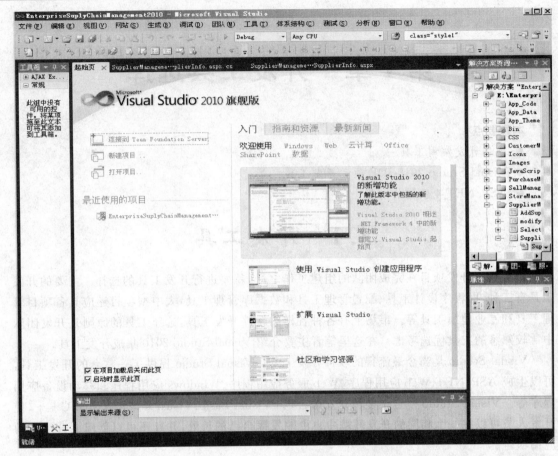

图 1-1 Visual Studio 2010 初始窗口

1.2.2 设计器和代码编辑器

设计器用于窗体界面和网页界面的设计，可通过工具箱把需要的控件拖到设计器中，并通过属性窗口设定对象的必要属性。以这种方式可以比较直观地快速完成窗体界面和网页界面的设计。在实际的项目开发过程中设计器主要以辅助的方式协助代码编辑器完成界面的设计。图 1-3 是一个网页界面的设计器视图。Visual Studio 2010 提供了功能强大的代码编辑器，如图 1-4 所示。

代码编辑器在代码编写过程中提供了许多自动化的功能，比较常用的有以下 5 种。

1. 自动格式化和亮显特性

代码编辑器对于命名空间、类、方法、语句等编写过程中自动产生缩进格式。关键字和类显示不同的颜色清晰可辨。

图 1-2 资源管理器视图

第1章 开发工具选择

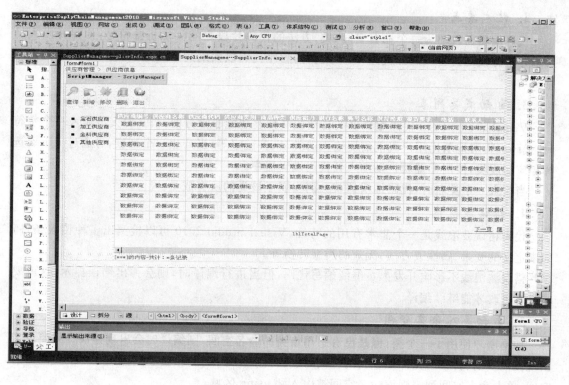

图1-3 网页界面设计视图

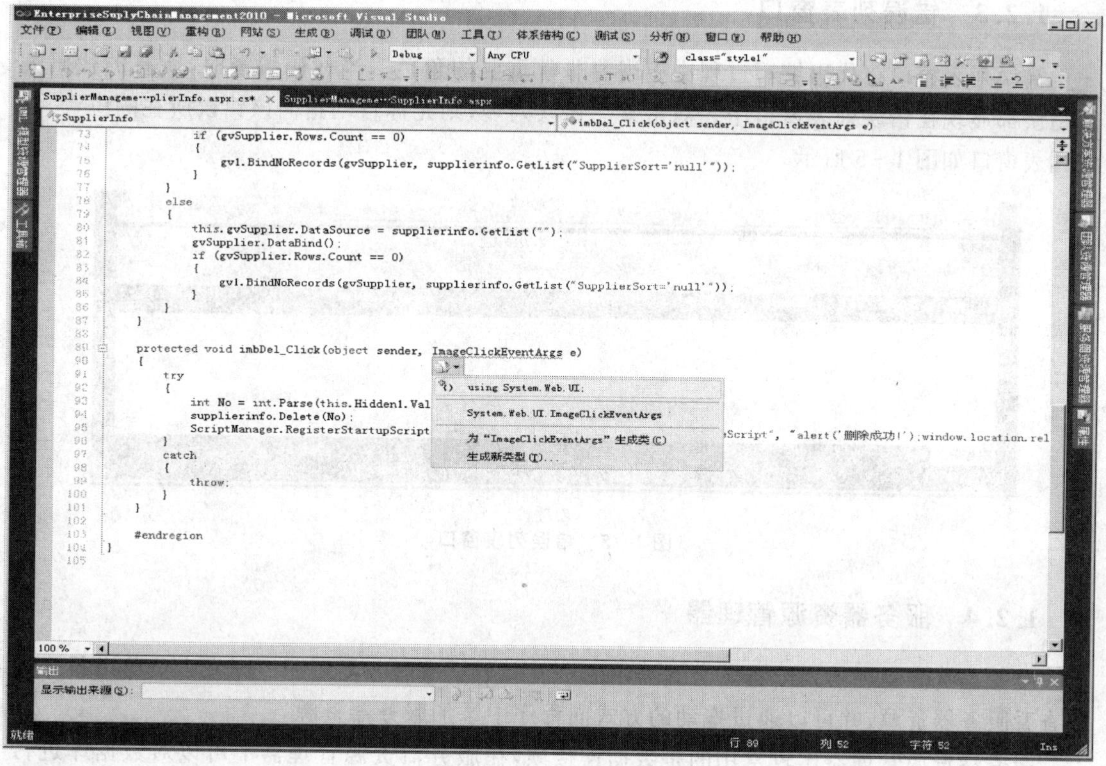

图1-4 代码编辑器

第1章 开发工具选择

2. 技术要点

代码编辑器自动为每个命名空间、类、方法的代码片段之间添加折叠符号，使得开发人员可以非常方便地折叠或展开代码，对于沉长的程序代码以大纲的形式显示，这非常利于阅读和维护。

3. 自动成员列表

Visual Studio 2010 代码编辑器的自动成员列表功能非常方便，当开发人员输入一个字符时，代码编辑器推断出用户可能需要输入的类名、关键字等；当产生一个列表，可通过上下键选择相应的成员，按回车键就自动加入到代码编辑器中。

当输入一个类名时，代码编辑器就会列出属于该类的所有成员。

4. 错误波浪线

代码错误波浪线是一个非常有用的特性，Visual Studio 2010 可以检测出多种错误条件，如未定义的变量、属性或方法，无效的类型转换等。

错误波浪线不影响开发人员继续编写代码，但当进行编译时，则会弹出错误提示，这就要求进行更改才能继续编译。

5. 自动导入命名空间

如果用户使用了一个类，但是没有引用该类的命名空间，则编译时会出现错误。只要单击出现波浪线的类，移动光标至该类的左侧后会出现一个小图标；单击小图标则显示该类的命名空间；单击命名空间列表则该命名空间被引入到 using 区域。

1.2.3 错误列表窗口

错误列表窗口在代码编写过程中担当着非常重要的角色。当代码编译时，所有的代码编写错误都显现在错误列表窗口中。双击某一错误列表，则光标自动指向该错误所在的位置，错误列表窗口如图 1-5 所示。

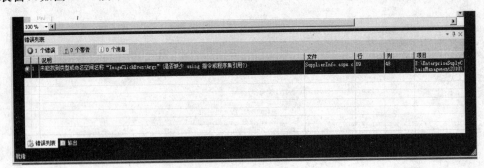

图 1-5 错误列表窗口

1.2.4 服务器资源管理器

服务器资源管理器列出指定服务器中的资源和数据库服务器资源。开发人员可以很方便地查看服务器资源，并可以通过拖动的方式向程序中添加服务器资源。

服务器资源管理器比较常用的是数据连接项，在服务器资源管理器中可以对数据库进行基本的操作，如添加、修改数据表、建立表关系、建立视图和存储过程等，图 1-6 所示是笔者机器上的服务器资源管理器。

1.2.5 工具箱

Visual Studio 2010 工具箱提供了所见即所得的开发环境,开发人员可以很方便地把所需的控件从工具箱直接拖动到程序中。工具箱中几乎包含了界面设计所需的控件。

工具箱中的控件也可根据用户的需要进行添加或删减,只要用光标置于工具箱的空白处或指定某一控件后右击就会弹出一个相应的快捷菜单,通过该菜单可以添加或删除控件,图 1-7 所示是笔者机器上的设计工具箱。

图 1-6　服务器资源管理器　　　　　图 1-7　工具箱

1.3　ASP.NET 4 新增功能

.NET Framework 4 版针对 ASP.NET 4 的几个方面提供了增强功能。Visual Studio 2010 还提供了一些增强功能和新增功能,用于改进 Web 开发。本章简要介绍 8 个新增的功能。

1. 可扩展输出缓存

ASP.NET 4 为输出缓存增加了扩展性,可以配置一个或多个自定义输出缓存提供程序。输出缓存提供程序可使用任何存储机制保存 HTML 内容。这些存储选项包括本地或远程磁

2. 预加载 Web 应用程序

某些 Web 应用程序在为第一项请求提供服务之前，必须加载大量数据或执行开销很大的初始化处理。在 ASP.NET 早期版本中，对于此类情况，必须采取自定义方法"唤醒"ASP.NET 应用程序，然后在 Global.asax 文件的 Application_Load 方法中运行初始化代码。

为应对这种情况，当 ASP.NET 4 在 Windows Server 2008 R2 上的 IIS 7.5 中运行时，提供了一种新的应用程序预加载管理器（自动启动功能）。预加载功能提供了一种可控方法，用于启动应用程序池，初始化 ASP.NET 应用程序，然后接受 HTTP 请求。通过这种方法，可以在处理第一项 HTTP 请求之前执行开销很大的应用程序初始化。例如，可以使用应用程序预加载管理器初始化某个应用程序，然后向负载平衡器发出信号，告知应用程序已初始化并做好接收 HTTP 流量的准备。

3. 永久重定向页面

在应用程序的生存期内，Web 应用程序中的内容经常发生移动。这可能会导致链接过期，例如搜索引擎返回的链接。

在 ASP.NET 中，开发人员处理对旧 URL 请求的传统方式是使用 Redirect 方法，则将请求转发至新的 URL。然而，Redirect 方法会发出 HTTP 302（"找到"）响应（用于临时重定向），这会产生额外的 HTTP 往返。

ASP.NET 4 增加了一个 RedirectPermanent 帮助器方法，使用该方法可以方便地发出 HTTP 301（"永久移动"）响应，如下面的示例所示：

```
RedirectPermanent("/newpath/foroldcontent.aspx");
```

识别永久重定向的搜索引擎及其他用户代理将存储与内容关联的新 URL，从而消除浏览器用于临时重定向的不必要的往返。

4. 会话状态压缩

默认情况下，ASP.NET 提供两个用于存储整个 Web 场中会话状态的选项。第一个选项是一个调用进程外会话状态服务器的会话状态提供程序。第二个选项是一个在 Microsoft SQL Server 数据库中存储数据的会话状态提供程序。

由于这两个选项均在 Web 应用程序的工作进程之外存储状态信息，因此在将会话状态发送至远程存储器之前，必须对其进行序列化。如果会话状态中保存了大量数据，序列化数据的大小可能会变得很大。

ASP.NET 4 针对这两种类型的进程外会话状态提供程序引入了一个新的压缩选项。使用此选项，在 Web 服务器上有多余 CPU 周期的应用程序可以大大缩减序列化会话状态数据的大小。

可以使用配置文件中 sessionState 元素的新的 compressionEnabled 特性设置此选项。当 compressionEnabled 配置选项设置为 true 时，ASP.NET 使用 .NET Framework GZipStream 类对序列化会话状态进行压缩和解压缩。以下示例演示了如何设置该特性。

```
<sessionState
    mode = "SqlServer"
    sqlConnectionString = "data source = dbserver;Initial Catalog = aspnetstate"
```

```
        allowCustomSqlDatabase = "true"
        compressionEnabled = "true"
/>
```

5. FormView 控件增强功能

FormView 控件已改进,使用 CSS 简化了控件内容的样式设置。在 ASP.NET 的早期版本中,FormView 控件使用项模板呈现内容。这使得在标记中进行样式设置十分困难,因为控件会呈现意外的表行和表单元格标记。FormView 控件支持 ASP.NET 4 中的属性 RenderOuterTable。当此属性设置为 false 时,不会呈现表标记,这样更容易对控件内容应用 CSS 样式。属性设置 false 时的示例:

```
<asp:FormView ID = "FormView1" runat = "server" RenderTable = "false">
```

6. ListView 控件增强功能

ASP.NET 3.5 中引入的 ListView 控件具备 GridView 控件的所有功能,同时可以全面控制输出。在 ASP.NET 4 中,简化了此控件的使用。该控件的早期版本指定布局模板,其中包含一个具有已知 ID 的服务器控件。下面的标记显示了在 ASP.NET 3.5 中使用 ListView 控件的典型示例。

```
<asp:ListView ID = "ListView1" runat = "server">
    <LayoutTemplate>
        <asp:PlaceHolder ID = "ItemPlaceHolder" runat = "server"></asp:PlaceHolder>
    </LayoutTemplate>
    <ItemTemplate>
        <% Eval("LastName") %>
    </ItemTemplate>
</asp:ListView>
```

在 ASP.NET 4 中,ListView 控件不需要布局模板。上面示例中的标记可以替换为下面的标记:

```
<asp:ListView ID = "ListView1" runat = "server">
    <ItemTemplate>
        <% Eval("LastName") %>
    </ItemTemplate>
</asp:ListView>
```

7. 消除不需要的外部表

在 ASP.NET 3.5 中,以下控件呈现的 HTML 包装在一个 table 元素中,该元素的用途是将内联样式应用于整个控件:

FormView
Login
PasswordRecovery
ChangePassword

如果使用模板自定义这些控件的外观,则可以在用户的模板所提供的标记中指定 CSS 样式。在这种情况下，不需要额外的外部表。在 ASP.NET 4 中，通过将新的 RenderOuterTable 属性设置为 false，可以避免呈现表。

8. 向导控件的布局模板

在 ASP.NET 3.5 中，Wizard 和 CreateUserWizard 控件可生成用于可视格式设置的 HTML table 元素。在 ASP.NET 4 中，可以使用 LayoutTemplate 元素指定布局。如果这样做，将不生成 HTML table 元素。在模板中，可创建占位符控件来指示应在该控件中动态插入项的位置。这与 ListView 控件的模板模型的工作方式类似。有关更多信息，请参见 Wizard……LayoutTemplate 属性。

用于 CheckBoxList 和 RadioButtonList 控件的新增 HTML 格式设置选项

ASP.NET 3.5 使用 HTML 表元素为 CheckBoxList 和 RadioButtonList 控件的输出设置格式。为提供不使用表进行可视格式设置的替代方法，ASP.NET 4 为 RepeatLayout 枚举增加了两个选项：

UnorderedList　此选项指定使用 ul 和 li 元素而不是表对 HTML 输出进行格式设置。

OrderedList　此选项指定使用 ol 和 li 元素而不是表对 HTML 输出进行格式设置。

1.4 小　结

本章介绍了软件项目开发中所需的工具，简要介绍了 Microsoft Visual Studio 2010 开发工具常用的功能窗口，最后简要介绍 ASP.NET 4 新增的功能。

第 2 章 项目系统规划

本章要点
- ASP.NET 项目文件夹结构
- Visual Studio 2010 环境配置

软件项目开发过程中，在需求分析报告出来后应根据所需开发工具和语言的特点对系统架构进行总体规划。本教程以一个企业供应链管理信息系统项目的开发过程为线索，以 Visual Studio 2010 开发工具来讲解 ASP.NET 4(C♯)的项目开发过程。以工作过程为导向逐步讲解 ASP.NET 4 在软件项目开发中常用的方法技巧和知识要点。

实际的企业供应链管理信息系统是一个比较庞大复杂的系统。为了适应教学要求，在保留主要的技术技巧的前提下对系统做了简化处理。本供应链管理信息系统所包含的功能模块有采购管理、库存管理、销售管理、供应商管理、客户管理和系统管理等。

2.1 文件夹结构设计

软件项目要规划好软件系统的文件夹结构。为了在编写程序时能够分门别类地安排各种程序类型的存放位置，便于程序的管理和维护。ASP.NET 项目开发以 B/S(浏览器/服务器)架构方式进行，所以应首先建立网站根目录文件夹。本项目在 D 盘下创建名为 EnterpriseSuplyChainManagement 的网站根目录文件夹。

2.1.1 文件夹结构说明

为了更易于使用应用程序，ASP.NET 保留了某些可用于特定类型内容的文件和文件夹名称，如表 2-1 所列。

表 2-1 ASP.NET 保留的文件夹

文件夹	说明
App_Browsers	包含 ASP.NET 用于标识个别浏览器并确定其功能的浏览器定义(.browser)文件
App_Code	包含用户希望作为应用程序一部分(可进行编译的)实用工具类和业务对象(例如 .cs、.vb 和 .jsl 文件)的源代码。在动态编译的应用程序中，当对应用程序发出首次请求时，ASP.NET 编译 App_Code 文件夹中的代码。然后在检测到任何更改时重新编译该文件夹中的项 在应用程序中将自动引用 App_Code 文件夹中的代码。此外，App_Code 文件夹可以包含需要在运行时编译的文件的子目录
App_Data	包含应用程序数据文件，包括 MDF 文件、XML 文件和其他数据存储文件。ASP.NET 3.5 使用 App_Data 文件夹来存储应用程序的本地数据库，该数据库可用于维护成员资格和角色信息
App_GlobalResources	包含编译到具有全局范围的程序集中的资源(.resx 和 .resources 文件)。App_GlobalResources 文件夹中的资源是强类型的，可以通过编程方式进行访问

续表 2-1

文件夹	说　　明
App_LocalResources	包含与应用程序中的特定页、用户控件或母版页关联的资源(.resx 和 .resources 文件)
App_Themes	包含用于定义 ASP.NET 网页和控件外观的文件集合,如.skin 和 .css 文件、图像文件和一般资源
App_WebReferences	包含用于定义在应用程序中使用的 Web 引用的引用协定文件(.wsdl 文件)、架构(.xsd 文件)和发现文档文件(.disco 和 .discomap 文件)
Bin	包含用户要在应用程序中引用的控件、组件或其他代码的已编译程序集(.dll 文件)。在应用程序中将自动引用 Bin 文件夹中的代码所表示的任何类

在项目开发过程中可根据需要,使用 ASP.NET 保留的文件夹。在本项目中使用 App_Code、App_Data、App_Themes 和 Bin 文件夹。

App_Code 为存放业务类文件,App_Data 为存放数据信息文件,App_Themes 为存放界面外观定义文件,Bin 为存放引用外部程序集文件。

除了使用 ASP.NET 保留的文件夹之外,还应根据需求分析报告,创建相应的一系列文件夹并以分模块的方式存储相应模块的程序,便于系统的维护。本项目是一个简化的企业供应链管理信息系统,分模块文件夹有 CustomerManagement、Images、JavaScripts、PurchaseManagement、SellManagement、StoreManagement、SupplierManagement、SystemManagement 和 UserControls。

CustomerManagement 存放客户管理模块相关的程序,Images 存放网站所需的所有图片文件,JavaScripts 存放所有的 JavaScript 脚本文件,PurchaseManagement 存放采购管理模块相关的程序,SellManagement 存放销售管理模块相关的程序,StoreManagement 存放库存管理模块相关的程序,SupplierManagement 存放供应商管理模块相关的程序,SystemManagement 存放系统管理模块相关的程序,UserControls 存放所有用户自定义控件。

2.1.2　创建项目文件夹结构

在 Visual Studio 2010 中,提供了两种方式来创建 Web 应用程序,一种是 Web 站点,另外一种是 Web 项目。

这两种创建 Web 应用程序的方式存在一定的区别,当使用 Web 项目方式开发 Web 应用程序时,Visual Studio 2010 自动为 Web 应用程序生成项目文件。当使用 Web 站点创建应用程序时则不会自动创建相应的项目文件。

考虑建立网站的实际情况,现采用 Web 站点的方式来构建本项目,设计方法和步骤如下:

(1) 打开 Visual Studio 2010 开发工具,单击"文件"菜单→"新建"→"网站"选项,这时打开如图 2-1 所示的新建网站窗口。

(2) 在解决方案资源管理器的站点文件夹处右击,接着弹出的快捷菜单中光标指向"添加 ASP.NET 文件夹",则弹出 ASP.NET 保留的文件夹列表选项,如图 2-2 所示。

(3) 分别单击该列表中所需的文件夹,则相应文件夹自动添入解决方案资源管理器中。

(4) 再选择"新建文件夹"选项逐一将 CustomerManagement、Images、PurchaseManagement、SellManagement、StoreManagement、SupplierManagement、SystemManagement 和 UserControls 等文件夹添加到网站中。

第 2 章 项目系统规划

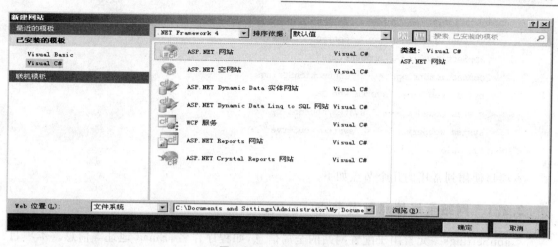

图 2-1 新建网站窗口

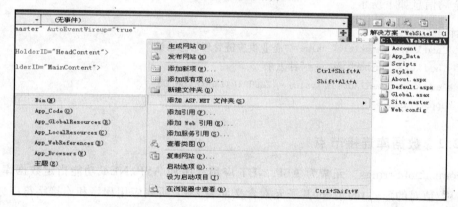

图 2-2 ASP.NET 保留的文件夹列表

2.2 Web.config 配置文件

在 ASP.NET 项目开发中至少要有一个信息配置文件,即 Web.config 文件,用于配置项目相关的信息。Visual Studio 2010 当新建一个网站时,其根目录自动添加一个 Web.config 文件。

所有的 ASP.NET 配置信息都驻留在 Web.config 文件中的 configuration 元素中。此元素中的配置信息分为两个主区域:配置节处理程序声明区域和配置节设置区域。

Web.config 是 XML 文件。NET Framework 定义了一组实现配置设置的元素,并且 ASP.NET 配置架构包含控制 ASP.NET Web 应用程序的行为的元素。

默认配置设置在位于"%SystemRoot%\Microsoft.NET\Framework\版本号\CONFIG\目录"中的 Machine.config 文件中指定。Machine.config 配置文件存储影响整个机器的配置信息,值由子站点和应用程序继承。如果子站点或应用程序中有配置文件,则继承的值不会出现,但可以被重写并可用于该配置 API。

在网站根目录下新建 Web.config 程序的默认代码来源于 Machine.config 文件,文件比较长,但可概括出基本的骨架如下列代码所示。

```
<? xml version = "1.0" ?>
```

第2章　项目系统规划

```
<configuration>
    <configSections>…</configSections>
    <appSettings>…</appSettings>
    <connectionStrings>…</connectionStrings>
    <system.web>…</system.web>
    <system.codedom>…</system.codedom>
    <system.webServer>…</system.webServer>
</configuration>
```

本项目使用到常用的几个节点如下。

2.2.1　网站全局信息配置节点

<appSettings>元素用于配置网站的全局信息,如程序作者,Email地址等信息。本项目所需的全局信息如下所示。

```
<appSettings>
    <add key="pagetitle" value="企业供应链管理信息系统"/>
    <add key="author" value="钟志东"/>
    <add key="EmailAdress" value="ZZD991@YAHOO.COM.CN"/>
</appSettings>
```

2.2.2　数据库连接节点

<connectionStrings>元素为ASP.NET应用程序和ASP.NET功能指定数据库连接字符串(名称/值对的形式)的集合,其子元素含义如表2-2所列应用程序和连接字符串如下:

```
<connectionStrings>
    <add/>
    <clear/>
    <remove/>
</connectionStrings>
```

表2-2　子元素说明

元素	说明
add	向连接字符串集合添加名称/值对形式的连接字符串
clear	移除所有对继承的连接字符串的引用,仅允许那些由当前的add元素添加的连接字符串
remove	从连接字符串集合中移除对继承的连接字符串的引用

如果在Web.config文件中没有对connectionStrings节点设定数据库连接,则默认使用在Machine.config文件中配置的connectionStrings元素的连接配置,代码如下所示:

```
<connectionStrings>
<add name="ApplicationServices"
    connectionString="data source=.\SQLEXPRESS;Integrated
Security=SSPI;AttachDBFilename=|DataDirectory|\aspnetdb.mdf;User
```

```
Instance = true"
        providerName = "System.Data.SqlClient" />
</connectionStrings>
```

aspnetdb.mdf 是 Visual Studio 2010 开发工具自带的 SQL Server 2008 Express 中的数据库。这个数据库文件当调用网站配置工具时自动添加到 App_Data 文件夹中。

对于本项目，笔者使用自定义的 SQL Server 2008 数据库 EnterpriseBD.mdf 来管理用户成员信息和业务数据信息，所以笔者重写 connectionStrings 节点信息如下：

```
<connectionStrings>
  <add name = "ConnectionStringIntegrated"
      connectionString = "Data Source = localhost;Initial
Catalog = EnterpriseDB;Integrated Security = True"
      providerName = "System.Data.SqlClient"/>
  <add name = "ConnectionStringPersist"
      connectionString = "Data Source = localhost;Initial
Catalog = EnterpriseDB;Persist Security Info = True;User Id = sa;Password = 666666"
      providerName = "System.Data.SqlClient"/>
</connectionStrings>
```

ConnectionStringIntegrated 节点采用集成安全方法连接数据库，ConnectionStringPersist 节点使用安全登录方法连接数据库。两种方法都链接到 EnterpriseDB 数据库，可根据数据库安装时的安全要求选择连接节点。

除了以上的重写工作外，还要对使用的 EnterpriseDB 数据库进行注册才能生效。注册的方法比较简单，在 Windows＞Microsoft.NET＞Framework＞v4.0.30319 下，双击 aspnet_regsql.exe 文件，则打开数据库注册窗口如图 2-3、如图 2-4、如图 2-5 所示。根据窗口的提示进行配置即可。也可以通过命令提示行输入：aspnet_regsql－s 机器名和－E－A all－d 数据库名。

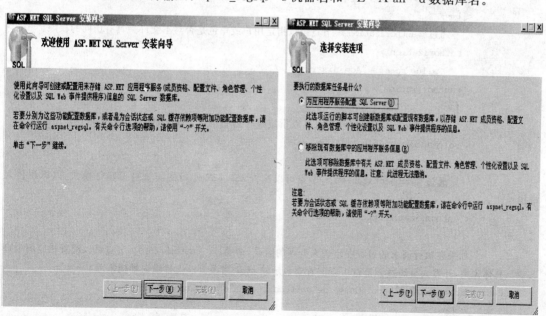

图 2-3　数据库注册一　　　　　　　　图 2-4　数据库注册二

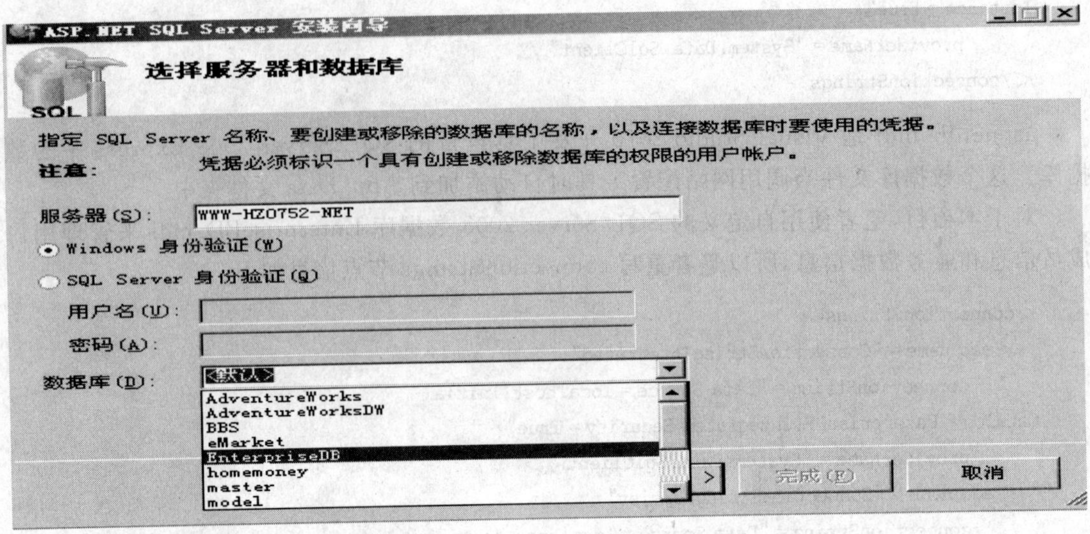

图 2-5 数据库注册三

2.2.3 \<system.web\>节点

\<system.web\>节点中包含有 30 多个子节点,用于配置 ASP.NET Web 应用程序和控制应用程序行为方式的配置元素。常用的子节点和使用说明如下代码所示:

```
<system.web>
    <!--
        设置 compilation debug = "true" 将调试符号插入已编译的页面中。但由于
        这会影响性能,因此只在开发过程中将此值设置为 true。-->
    <compilation debug = "true" />
    <!--
        通过<authorization>节点可以指定用户或角色是否对本文件夹具有访问的权限。-->
    <authorization>
        <allow roles = "Administrator" />
    </authorization>
    <!--
        通过<roleManager>节点可以指定是否启用角色,默认情况下不启用角色。-->
    <roleManager enabled = "true" />
    <!--
        通过<authentication>节点可以配置 ASP.NET 使用的安全身份验证模式,以标识传入的用户。-->
    <authentication mode = "Forms" />
    <!--
        如果在执行请求的过程中出现未处理的错误,则通过<customErrors>节点可以配置相应的处理
        步骤。具体说来,开发人员通过该节点可以配置要显示的 html 错误页以代替错误堆栈跟踪。-->
    <customErrors mode = "RemoteOnly" defaultRedirect = "cErrorPage.htm"/>
    <!--
        通过<pages theme = "PageSkin">节点可以在整个网站中使用同一个主题。-->
```

```
        <pages theme = "PageSkin"/>
        <!--
                通过<siteMap enabled = "true">节点可以在整个网站中定义多个网站导航文件。根据
需要动态指定导航文件。-->
        <siteMap enabled = "true">
            <providers>
                <add name = "Studentinf" type = "System.Web.XmlSiteMapProvider" siteMapFile = "~/App_Data/Studentinf.sitemap"/>
            </providers>
        </siteMap>
</system.web>
```

2.3 Web.config 配置文件嵌套配置设置

Web.config 配置文件可以嵌套使用,也可在每个子文件夹中,也可以定义不同的 Web.config 配置文件,则在子目录下的 Web.config 节点将覆盖父目录中 Web.config 文件的相同节点。如果 Web.config 没有与其父目录中相同的配置项,则使用来自父目录的配置项。

当启用角色管理,并为某个子文件夹指定可访问角色时将在该文件夹下自动生成一个 Web.config 文件。比如 StoreManament 文件夹的 Web.config 文件内容为:

```
<?xml version = "1.0" encoding = "utf-8"?>
<configuration>
    <system.web>
        <authorization>
            <allow roles = "StoreManagement" />
        </authorization>
    </system.web>
</configuration>
```

2.4 ASP.NET Web 站点管理工具 WAT

在 Visual Studio 2010 中,提供了一个相当方便的网站管理工具,使开发人员可以使用可视化的方式来设置配置文件。可以单击 Visual Studio 2010 主菜单中的"网站|ASP.NET 配置"菜单项来打开 WAT,也可以在解决方案的工具栏中单击 ASP.NET 配置图标以打开 WAT。

WAT 是一个基于 Web 的配置管理工具,初始打开的页面如图 2-6 所示。WAT 具有四个配置页的页面,主页面提供了对三个设置页面的链接。在本书的第 4 章将对这三个设置页面的内容进行详细的介绍。其他配置页面分别如图 2-7、图 2-8 和图 2-9 所示。

第 2 章 项目系统规划

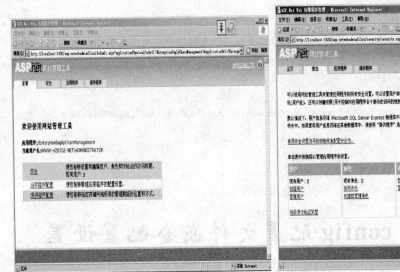

图 2-6 网站配置页面　　　　　图 2-7 网站配置安全页面

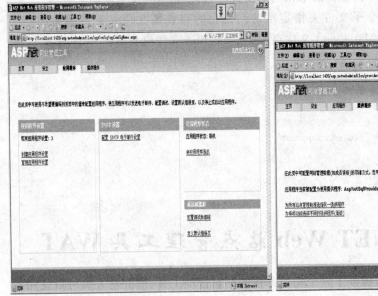

图 2-8 网站配置应用程序页面　　　图 2-9 网站配置提供程序页面

2.5　Globol.asax 全局文件

在 ASP.NET 中，当应用程序启动和终止时都会触发一些事件，使用这些事件可以完成一些特殊的处理工作，如记录网站单击率和撰写日记等。

Globol.asax 全局文件允许开发人员编写代码以响应这些应用程序事件。

Globol.asax 文件是可选的，只在希望处理应用程序事件或会话事件时，才使用它。当创建网站时，系统已默认创建 Globol.asax 全局文件，每个网站只能在站点根目录下添加一个

Globol.asax 全局文件,其代码框架和操作步骤如下:

```
<%@ Application Language = "C#" %>
<script runat = "server">
    void Application_Start(object sender, EventArgs e)
    {
        //在应用程序启动时运行的代码
    }
    void Application_End(object sender, EventArgs e)
    {
        //在应用程序关闭时运行的代码
    }
    void Application_Error(object sender, EventArgs e)
    {
        //在出现未处理的错误时运行的代码
    }
    void Session_Start(object sender, EventArgs e)
    {
        //在新会话启动时运行的代码
    }
    void Session_End(object sender, EventArgs e)
    {
        //在会话结束时运行的代码。
        //注意:只有在 Web.config 文件中的 sessionstate 模式设置为 InProc 时,才会引发 Session_End 事件。
        //如果会话模式设置为 StateServer 或 SQLServer,则不会引发该事件
    }
</script>
```

2.6　Web.sitemap 网站导航文件

ASP.NET 提供 Web.sitemap 网站导航文件和创建站点地图文件。Web.sitemap 是 XML 文件,该文件按站点的分层形式组织页面。ASP.NET 的默认站点地图提供程序自动选取此站点地图,并且使 Web.sitemap 文件必须位于应用程序的根目录中。

2.6.1　添加站点地图文件

操作步骤:

(1) 在解决方案资源管理器的网站根目录下右击,在弹出的菜单中选择"添加新项",则弹出如图 2-10 所示的窗口。

(2) 在窗口中选择"站点地图",然后单击添加按钮,则生成 Web.sitemap 代码框架如下:

```
<?xml version = "1.0" encoding = "utf-8" ?>
<siteMap xmlns = "http://schemas.microsoft.com/AspNet/SiteMap-File-1.0" >
    <siteMapNode url = "" title = ""  description = "">
```

第 2 章　项目系统规划

```
        <siteMapNode url="" title=""  description="" />
        <siteMapNode url="" title=""  description="" />
    </siteMapNode>
</siteMap>
```

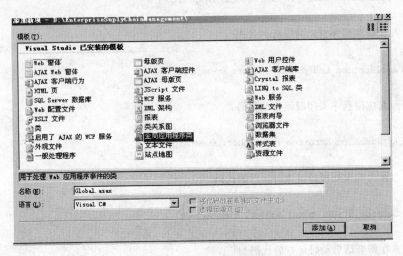

图 2-10　添加新文件窗口

在 Web.sitemap 文件中，为网站中的每一页添加一个 siteMapNode 元素。可以通过嵌入 siteMapNode 元素创建层次结构。url 属性指定网页的链接路径，title 属性是链接文本，description 属性是说明信息。

2.6.2　配置多个站点地图

对于一个具有角色控制的项目来说，需要根据登录用户所具有的角色和角色所具有的权限，动态地显示不同的菜单项。所以，ASP.NET 也支持为网站配置多个站点地图文件，根据不同角色调用不同的站点地图文件来展现不同的菜单。实现运用多个 sitemap 文件的方式有两种：

（1）通过指定 SiteMapProvider 的方法来达成。

（2）通过与 XML 绑定的方式。

本项目采用更灵活的自定义方法来展现不同角色的不同菜单，这也是项目开发常用的方法，这在第 5 章进行介绍。

2.7　小　　结

本章介绍用 Visual Studio 2010 开发工具开发 ASP.NET 项目的环境配置方法。

第3章 项目数据库设计

本章要点
- 软件项目命名规范
- 项目数据库的设计过程
- SQL Server 2008 数据库常用技术

3.1 命名规范

3.1.1 关键字

SQL Server 2008 使用保留关键字来定义、操作或访问数据库。保留关键字是 SQL Server 使用的 Transact-SQL 语言语法的一部分,用于分析和理解 Transact-SQL 语句和批处理。尽管在 Transact-SQL 脚本中使用 SQL Server 保留关键字作为标识符和对象名在语法上是可行的,但规定只能使用分隔标识符。

C#语言关键字是对编译器具有特殊意义的预定义保留标识符。它们不能在程序中用做标识符,除非有一个@前缀。例如,@if 是有效的标识符,但 if 不是,因为 if 是关键字。

一般不提倡使用关键字作为用户定义对象的标识符,有关保留关键字列表可查阅 Visual Studio 的帮助文档。

3.1.2 项目标识符命名规范

一个软件项目开发过程中要约定程序、类及其成员和数据库及其成员的命名规范,最基本的原则是要从其名称中大致能够了解到该标识符的含义,即能够一目了然。下面约定本案例项目的命名规范。

1. 程序命名

每个程序的名称根据其功能特征由英文单词或英文单词缩写联合组成,每个英文单词的首字母为大写,如供应商信息添加程序命名为 AddSupplier.aspx。

2. 类及其成员命名

类及其大部分的成员与程序命名规则相同,但方法名称可用英文单词缩写或下画短杠,类字段和方法参数的首单词都为小写,类属性与其对应的表字段名称相同,如一个方法名称为 gvSupplier_RowDatabound(object sender, GridViewRowEventArgs e)。

3. 数据库及其成员命名

数据库及其大部分的成员与程序命名规则相同,但可用英文单词缩写或下画短杠,如一个存储过程的名称为 MakeWareBar_lsb。

3.2 项目数据库设计

在项目开发过程中,数据库设计在提交初步的需求分析报告之后就可以进行。管理信息系统项目数据库是根据分析各种工作表单以及需求分析报告中描述的管理流程提炼出来的。

在这里笔者假定读者已经具备了 SQL Server 2008 数据库的基本知识,所以本章对数据库的讲解着重于项目开发中数据库设计的常用方法和应用技巧。

本项目提炼出的一个珠宝行业供应链管理系统数据库简化版的各个数据表,如表 3-1～表 3-11 所列。

表 3-1 供应商信息表(Suppliers)

字段名称	字段类型	说明
SupplierNo	varchar(16)	供应商代号,主键
SupplierName	varchar(24)	供应商名称
AccountName	varchar(24)	账号名称
AccountNo	varchar(16)	账号
SupplierAdress	varchar(50)	供应商地址
Telephone	varchar(16)	供应商联系电话
Linkman	varchar(16)	联系人

表 3-2 订单信息表(OrderForm)

字段名称	字段类型	说明
OrderFormNo	int	订单号,自增字段,主键
SupplierNo	varchar(16)	供应商代号
OrderDate	smalldatetime	制单日期
Buyer	varchar(16)	采购员
OrderState	char(1)	订单状态:0 表示未到货,1 表示到货审核,2 表示已入库
Remark	varchar(200)	备注

表 3-3 订单明细信息表(OrderFormDetail)

字段名称	字段类型	说明
OrderFormNo	int	订单号
StyleNo	varchar(16)	商品款号
WareName	varchar(24)	商品名称
WareClass	varchar(8)	商品类别
BijouPackageNo	varchar(16)	宝石包号
BijouName	varchar(24)	宝石名称
BijouWeight	decimal(8,3)	宝石重量

续表 3-3

字段名称	字段类型	说　明
BijouAmount	int	宝石数量
GoldBatchNo	varchar(16)	金料批号
GoldWeight	decimal(12,3)	金料重量
WareAmount	int	商品数量
UnitPrice	decimal(12,2)	商品单价
ID	int	ID号,自增,为确保记录唯一性

表 3-4　入库单信息表(StoreInForm)

字段名称	字段类型	说　明
InFormNo	int	入库单号,自增字段,主键
OrderFormNo	int	订单号
SupplierNo	varchar(16)	供应商代号
InStoreDate	smalldatetime	入库日期
StoreMan	varchar(16)	仓管员
Remark	varchar(200)	备　注

表 3-5　入库明细信息表(InFormDetail)

字段名称	字段类型	说　明
InFormNo	int	入库单号
StyleNo	varchar(16)	商品款号
WareBarNo	varchar(16)	商品条码
WareName	varchar(24)	商品名称
WareClass	varchar(8)	商品类别
BijouPackageNo	varchar(16)	宝石包号
BijouName	varchar(24)	宝石名称
BijouWeight	decimal(8,3)	宝石重量
BijouAmount	int	宝石数量
GoldBatchNo	varchar(16)	金料批号
GoldWeight	decimal(12,3)	金料重量
WareAmount	int	商品数量
UnitPrice	decimal(12,2)	商品单价
ID	int	ID号,自增,为确保记录唯一性
InFormNo	int	入库单号
StyleNo	varchar(16)	商品款号
WareBarNo	varchar(16)	商品条码

续表 3-5

字段名称	字段类型	说明
WareName	varchar(24)	商品名称
WareClass	varchar(8)	商品类别
BijouPackageNo	varchar(16)	宝石包号
BijouName	varchar(24)	宝石名称
BijouWeight	decimal(8, 3)	宝石重量
BijouAmount	int	宝石数量
GoldBatchNo	varchar(16)	金料批号
GoldWeight	decimal(12, 3)	金料重量
WareAmount	int	商品数量
UnitPrice	decimal(12, 2)	商品单价
ID	int	ID号,自增,为确保记录唯一性

表 3-6 商品库存信息表(WareStore)

字段名称	字段类型	说明
WareBarNo	varchar(16)	商品条码,主键
InFormNo	int	入库单号
SupplierNo	varchar(16)	供应商代号
StyleNo	varchar(16)	商品款号
WareName	varchar(24)	商品名称
WareClass	varchar(8)	商品类别
BijouPackageNo	varchar(16)	宝石包号
BijouName	varchar(24)	宝石名称
BijouWeight	decimal(8, 3)	宝石重量
BijouAmount	int	宝石数量
GoldBatchNo	varchar(16)	金料批号
GoldWeight	decimal(12, 3)	金料重量
WareAmount	int	商品数量
UnitPrice	decimal(12, 2)	商品单价
ID	int	ID号,自增,为确保记录唯一性

表 3-7 出库单信息表(StoreOutForm)

字段名称	字段类型	说明
OutFormNo	int	出库单号,自增字段,主键
SellFormNo	int	订单号
OutStoreDate	smalldatetime	出库日期

续表 3-7

字段名称	字段类型	说　　明
StoreMan	varchar(16)	仓管员
Remark	varchar(200)	备　注

表 3-8　出库明细信息表(OutFormDetail)

字段名称	字段类型	说　　明
OutFormNo	int	出库单号
WareBarNo	varchar(16)	商品条码
WareName	varchar(24)	商品名称
WareAmount	int	商品数量
ID	int	ID号,自增,为确保记录唯一性

表 3-9　销售单信息表(SellForm)

字段名称	字段类型	说　　明
SellFormNo	int	销售单号,自增字段,主键
CustomNo	int	订单号
SellDate	smalldatetime	销售日期
SellMan	varchar(24)	销售员
Remark	varchar(200)	备　注

表 3-10　销售明细信息表(SellFormDetail)

字段名称	字段类型	说　　明
SellFormNo	int	出库单号
WareBarNo	varchar(16)	商品条码
WareName	varchar(24)	商品名称
WareAmount	int	商品数量
SellingPrice	decimal(12,2)	售价
ID	int	ID号,自增,为确保记录唯一性

表 3-11　客户信息表(Customers)

字段名称	字段类型	说　　明
CustomNo	varchar(16)	客户编号
CustomName	varchar(24)	客户名称
CustomIntegral	int	客户积分
CustomrLevel	varchar(8)	客户级别
CustomArchives	varchar(200)	售价

第3章 项目数据库设计

续表 3-11

字段名称	字段类型	说明
Consume	decimal(12,2)	客户消费
Recall	varchar(200)	客户回访
Telephone	varchar(16)	联系电话

备注:更多内容请查阅随附的项目案例数据库。

3.2.1 创建数据库

本项目创建的数据库命名为 EnterpriseDB,把数据库的物理文件放置于项目文件夹结构中的 App_Data 文件夹中。

设计方法和步骤:

(1) 打开 SQL Server 2008 的 SQL Server Management Studio 工具。

(2) 在 SQL Server Management Studio 的对象资源管理器中的"数据库"选项右击,在快捷菜单中单击"新建数据库"。

(3) 在弹出的"新建数据库"窗口中输入新数据库的名称为"EnterpriseDB",在路径处两个物理文件的路径都改为"\EnterpriseSuplyChainManagement\App_Data",如图 3-1 所示。其中 EnterpriseSuplyChainManagement 是项目网站的根目录。

(4) 单击该窗口的"确定"按钮,则生成名为 EnterpriseDB 的数据库。

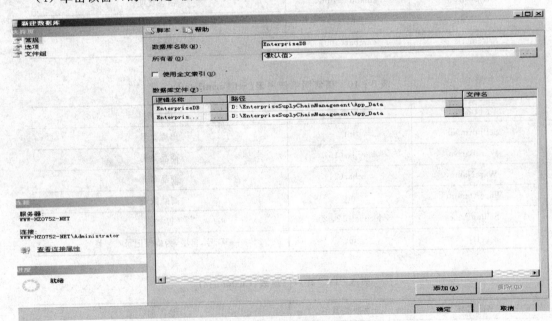

图 3-1 "新建数据库"窗口

3.2.2 创建数据表

创建好数据库之后,根据以上提炼出来的各个数据表的说明在数据库中创建数据表。

第3章 项目数据库设计

1. 设计方法和步骤

(1) 打开 SQL Server 2008 的 SQL Server Management Studio 工具。

(2) 展开对象资源管理器中的"数据库"标签,再展开"EnterpriseDB"数据库标签,右击"表"标签,在弹出的快捷菜单中,单击"新建表",如图 3-2 所示。

(3) 当单击"新建表"之后,将弹出如图 3-3 所示的设计数据表框架的窗口。

图 3-2　对象资源管理器

图 3-3　表框架设计窗口

(4) 输入相应的字段名称,选择字段的数据类型,除主键之外,一般情况下其他字段都可允许为空。

(5) 所有的字段都定义完成之后,单击"保存"按钮,则弹出要求输入表名称的对话框,输入表的名称再单击"确定"按钮,便可生成一个新的数据表。

所有的数据表都可照此法建立起来,对于某些类型的字段,比如日期类型的字段,最好在"属性"标签中设置一个默认值,如"1900-1-1"或调用系统函数,如"(getdate())"。有些数据表需要定义 ID 号作为标识号,且也需要在"属性"标签中设定。

2. 技术要点

对表进行设计有两个重要步骤:标识列的有效值和如何确定强制列中数据的完整性。数据完整性分为下列类别。

(1) 实体完整性　实体完整性将行定义为特定表的唯一实体。实体完整性通过索引、UNIQUE约束、PRIMARY KEY 约束或 IDENTITY 属性强制表的标识符列或主键的完整性。

用于保证记录唯一识别的 ID 号的数据类型有三种,即设定标识种子的 int 类型、timestamp 类型和 uniqueidentifier 类型。

int 类型通过设定标识种子和标识增量来自动产生 ID 号,timestamp 类型按时间步长自动产生 ID 号,uniqueidentifier 类型具有更新订阅的合并复制和事务复制,使用 uniqueidentifier 列来确保在表的多个副本中唯一地标识行,其值使用 NEWID 函数产生。自动编号的 ID 字段不可在程序中对其赋值。

PRIMARY KEY 约束不能允许有空值,UNIQUE 约束可允许有空值,但只能在一条记录中。有些字段虽然可以允许设置为可空性,但应设置一个默认值,否则在编程时数据类型转换

第3章　项目数据库设计

中将会出现编译错误，因为空值不能转换为相应的数据类型，如日期型字段。

（2）域完整性　域完整性指特定列的项的有效性。可以通过强制域完整性限制类型（使用数据类型）、限制格式（使用 CHECK 约束和规则）或限制可能值的范围（使用 FOREIGN KEY 约束、CHECK 约束、DEFAULT 定义、NOT NULL 定义和规则）。

（3）引用完整性　引用完整性通过建立表之间的关系来实现。

（4）用户定义完整性　用户定义完整性使用户可以定义不属于其他任何完整性类别的特定业务规则。所有完整性类别都支持用户定义完整性。这包括 CREATE TABLE 中所有列级约束和表级约束、存储过程以及触发器。

3.2.3　建立表关系

数据表建立完成后，为了保证数据的完整性，应该建立起个各表的关系，一般建立主外键关系。主外键关系是一对多的关系，如果存在多对多的关系，应该创建第三个表（称为联接表）来转化为一对多的关系。例如表 A 和 B 具有多对多的关系，表 A 的主键字段为 Ano，表 B 的主键字段为 Bno，则关联表 C 的主键设为 Ano 和 Bno 的联合主键，这时表 C 与表 A 或 B 为一对多的关系。

1. 设计方法和步骤

（1）打开 SQL Server 2008 的 SQL Server Management Studio 工具。

（2）展开"EnterpriseDB"标签，右击"数据库关系图"，在弹出的快捷菜单中单击"新建数据库关系图"选项，则弹出如图 3-4 所示"关系图设计窗口"。

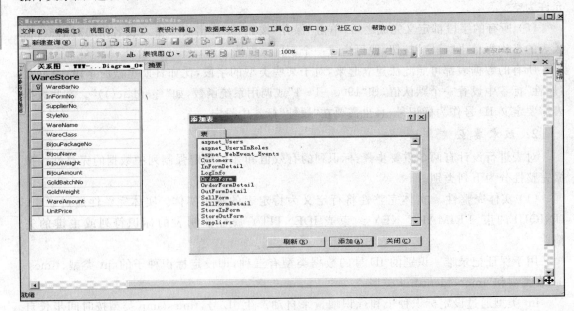

图 3-4　关系图设计窗口

（3）在添加表对话框中选定要建立关系图的数据表，单击"添加"按钮把相应的数据表一一添加到关系图设计窗口中。

（4）选择数据表的主键字段并拖动到相应外键表的同一字段名称的字段上，释放光标即可产生主外键关系。

(5) 单击关系链,根据需要在属性窗口中更新和删除层叠属性。
(6) 重复(4)和(5)步,完成所有添加表的关系图,项目数据表的关系图如图3-5所示。

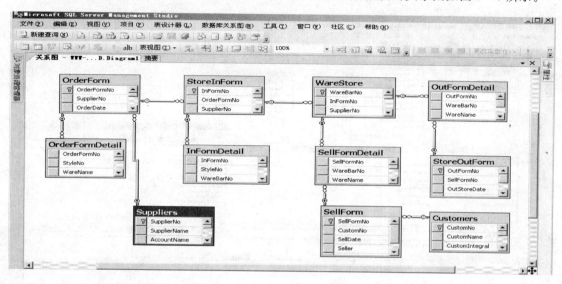

图 3-5 项目数据库关系

2. 技术要点

建立表关系图其目的是要保证表与表之间数据的完整性,称为引用完整性。

在输入或删除记录时,引用完整性保持表之间已定义的关系。在 SQL Server 2008 中,引用完整性通过 FOREIGN KEY 和 CHECK 约束,以外键与主键之间或外键与唯一键之间的关系为基础。引用完整性确保键值在所有表中一致。这类一致性要求不引用不存在的值,如果一个键值发生更改,则整个数据库中,对该键值的所有引用要进行一致的更改。

强制引用完整性时,SQL Server 将防止用户执行下列操作:

(1) 在主表中没有关联的记录时,将记录添加或更改到相关表中。
(2) 更改主表中的值,会导致相关表中生成孤立记录。
(3) 从主表中删除记录,但仍存在与该记录匹配的相关记录。

例如,对于 EnterpriseDB 数据库中的 OrderFormDetail 表和 OrderForm 表,引用完整性基于 OrderFormDetail 表中的外键(OrderFormNo)与 OrderForm 表中的主键(OrderFormNo)之间的关系。此关系可以确保采购订单明细表从不引用 OrderForm 表中不存在的订单。

3.2.4 建立视图

数据表关系图建立完成之后,根据需求分析报告提供的各类报表内容和需要查询的内容建立各个视图。视图主要用来组织字段来源于多个表的查询,有时候为了不直接操作数据表,也用视图来组织单表字段的查询。

没有建立关系图也可以直接建立视图,但最好先建立关系图,这样在建立视图时能够自动写入内联关系的 Sql 语句。

1. 设计方法和步骤

(1) 打开 SQL Server 2008 的 SQL Server Management Studio 工具。

第3章 项目数据库设计

(2) 展开对象管理器中的"数据库"标签,再展开"EnterpriseDB"标签,右击"视图"标签,在弹出的快捷菜单中单击"新建视图"选项,则弹出视图设计窗口如图3-6所示。

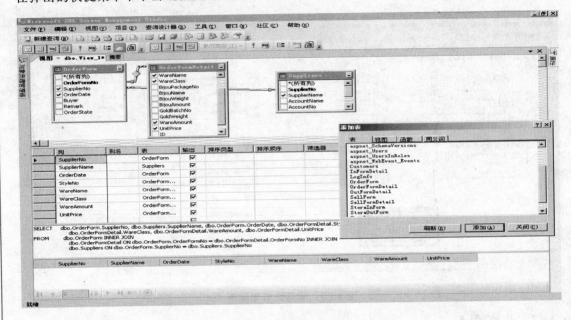

图3-6 视图设计窗口

(3) 在"添加表"对话框中选择视图字段内容相关的数据表、视图、函数,单击"添加"按钮,则所选对象将显示在视图设计窗口的第一窗格中。

(4) 在表字段前方的方格中单击光标,则选中该字段并在第二窗格中显示该字段。

(5) 重复第(4)步,在各个表或视图中选择视图需要的字段。

(6) 完成字段的选择之后,单击"保存"按钮将弹出一个要求输入视图名称的对话框并单击"确定"按钮,即生成一个新的视图。

2. 技术要点

视图是一个虚拟表。除非是索引视图,否则视图的数据不会作为非重复对象存储在数据库中。数据库中存储的是SELECT语句。SELECT语句的结果集构成视图所返回的虚拟表。用户可以采用引用表时所使用的方法,在Transact-SQL语句中引用视图名称来使用此虚拟表。

同真实表一样,视图包含一系列带有名称的列和行数据。视图在数据库中并不是以数据值存储集形式存在,除非是索引视图。行和列数据来自由定义视图的查询所引用的表,并且在引用视图时动态生成。

对其中所引用的基础表来说,视图的作用类似于筛选。定义视图的筛选可以来自当前或其他数据库的一个或多个表,或者其他视图。分布式查询也可用于定义使用多个异类源数据的视图。例如,如果有多台不同的服务器分别存储用户单位在不同地区的数据,而需要将这些服务器上结构相似的数据组合起来,这种方式就很有用。

通过视图进行查询没有任何限制,通过它们进行数据修改时有一些限制,相关内容可查看SQL Server 2008帮助文件。

在创建视图前请考虑如下准则:

(1) 只能在当前数据库中创建视图。但是,如果使用分布式查询定义视图,则新视图所引用的表和视图可以存在于其他数据库甚至其他服务器中。

(2) 视图名称必须遵循标识符的规则,且对每个架构都必须唯一。此外,该名称不得与该架构包含的任何表的名称相同。

(3) 用户可以对其他视图创建新视图。SQL Server 2008 允许嵌套视图,但嵌套不得超过 32 层。根据视图的复杂性及可用内存,视图嵌套的实际限制可能低于该值。

(4) 不能将规则或 DEFAULT 定义与视图相关联。

(5) 不能将 AFTER 触发器与视图相关联,只有 INSTEAD OF 触发器可以与之相关联。

(6) 定义视图的查询不能包含 COMPUTE 子句、COMPUTE BY 子句或 INTO 关键字。

(7) 定义视图的查询不能包含 ORDER BY 子句,除非在 SELECT 语句的选择列表中还有一个 TOP 子句。

(8) 定义视图的查询不能包含指定查询提示的 OPTION 子句。

(9) 定义视图的查询不能包含 TABLESAMPLE 子句。

(10) 不能为视图定义全文索引定义。

(11) 不能创建临时视图,也不能对临时表创建视图。

(12) 不能删除参与到使用 SCHEMABINDING 子句创建的视图中的视图、表或函数,除非该视图已被删除或更改而不再具有架构绑定。另外,如果对参与具有架构绑定的视图的表执行 ALTER TABLE 语句,而这些语句又会影响该视图的定义,则这些语句将会失败。

(13) 尽管查询引用一个已配置全文索引的表时,视图定义可以包含全文查询,仍然不能对视图执行全文查询。

(14) 下列情况下必须指定视图中每列的名称:

① 视图中的任何列都是从算术表达式、内置函数或常量派生而来。

② 视图中有两列或多列源应具有相同名称(通常由于视图定义包含连接,因此来自两个或多个不同表的列具有相同的名称)。

③ 希望为视图中的列指定一个与其源列不同的名称(也可以在视图中重命名列)。无论重命名与否,视图列都会继承其源列的数据类型。

其他情况下,无需在创建视图时指定列名。SQL Server 会为视图中的列指定与定义视图的查询所引用的列相同的名称和数据类型。选择列表可以是基表中列名的完整列表,也可以是其部分列表。

若要创建视图,必须获得数据库所有者授予用户创建视图的权限,并且如果使用架构绑定创建视图,用户必须对视图定义中所引用的表或视图具有适当权限。

默认情况下,由于行通过视图进行添加或更新,当其不再符合定义视图的查询的条件时,即从视图范围中消失。例如,创建一个定义视图的查询,该视图从表中检索员工的薪水低于 $30,000 的所有行。如果员工的薪水涨到 $32,000,因其薪水不符合视图所设条件,查询时视图不再显示该特定员工。但是,WITH CHECK OPTION 子句强制所有数据修改语句均根据视图执行,以符合定义视图的 SELECT 语句中所设条件。如果使用该子句,则对行的修改不能导致行从视图中消失。任何可能导致消失的修改都会被取消,并显示错误。

可对敏感性视图的定义进行加密,以确保不让任何人得到其定义,包括视图的所有者。

第3章 项目数据库设计

3.2.5 建立存储过程

在实际的管理信息系统项目中,对数据库的增、删、改操作,考虑到数据的安全性,系统的运行速度以及维护的方便性,一般要求采用存储过程来执行。本项目对数据库的操作也主要采用存储过程来完成。

涉及对数据库的增、删、改操作都要采用事务管理功能,以保证业务过程的完整性。在本项目笔者通过两种方式使用事务管理,一种方式在存储过程使用事务,另一种方式在网页程序中使用事务。

1. 设计方法和步骤

(1) 打开 SQL Server 2008 的 SQL Server Management Studio 工具。

(2) 展开对象管理器中的"数据库"标签,展开"EnterpriseDB"标签,再展开"可编程性"标签,右击"存储过程"标签,在弹出的快捷菜单中单击"新建存储过程"选项,则弹出如图3-7所示编写存储过程的 Transact-SQL 查询语言编写窗口。

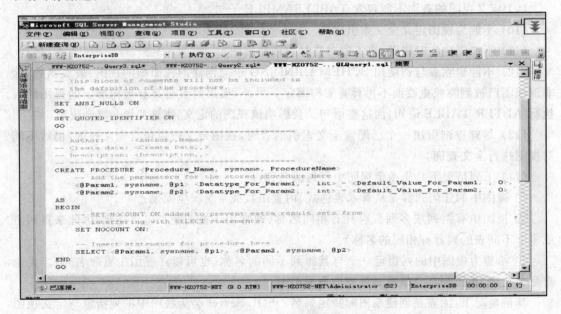

图3-7 存储过程编程窗口

(3) 在该窗口中已经把创建存储过程查询语句的基本框架体现出来,只需要根据具体存储过程的功能对此框架语句进行修改。

(4) 命名存储过程的名称取代<Procedure_Name, sysname, ProcedureName>字样信息,如添加订单表信息的存储过程命名为 OrderFormInsert。

(5) 声明存储过程需要的参数,格式为@参数名 数据类型。数据类型必须与数据表对应的字段的数据类型一致,每个参数用逗号分开,最后一个参数不用分隔号,如 OrderFormInsert 存储过程的参数表如下。

```
(
    @OrderFormNo    int = 0 OUTPUT,
    @SupplierNo     varchar(6),
```

```
@OrderDate      datetime,
@Buyer          varchar(16),
@Remark         varchar(200)
)
```

参数主要有两种,即输入参数和输出参数,输出参数类型后面要加入关键字 OUTPUT。

(6) 在 Begin…End 体中写入相应的查询语句,如 OrderFormInsert 存储过程的语句如下:

```
-- 阻止在结果中返回,可显示受 Transact-SQL 语句影响的行数的消息
SET NOCOUNT ON
Begin
Insert Into OrderForm(SupplierNo,OrderDate,Buyer,Remark)
Values(@SupplierNo,@OrderDate,@Buyer,@Remark)
    Select @OrderFormNo = OrderFormNo From OrderForm
Where(SupplierNo = @SupplierNo And OrderDate = @OrderDate And Buyer = @Buyer)
If @@ERROR<>0   -- @@ERROR 系统参数,当系统出错时赋予一个大于零的整数值
Return -1 /* 如果添加信息出错返回 -1 */
Else
Return 1
End
```

@OrderFormNo 是输出参数,在执行存储过程时要赋予相应的值。通过这种方式在添加数据记录时获取自动添加信息的标识号字段的值。

(7) 最后单击工具栏中的"执行"按钮,即可生成一个存储过程。OrderFormInsert 存储过程完整的查询语句如下:

```
-- 指定当等于(=)和不等于(<>)比较运算符用于空值时它们符合 SQL-92 标准的行为
set ANSI_NULLS ON
-- 使 SQL Server 2008 遵从关于引号分隔标识符和文字字符串的 SQL-92 规则
set QUOTED_IDENTIFIER ON
go
ALTER PROCEDURE [dbo].[OrderFormInsert]
(
    @OrderFormNo    int = 0 OUTPUT,
    @SupplierNo     varchar(6),
    @OrderDate      datetime,
    @Buyer          varchar(16),
    @Remark         varchar(200)
)
AS
-- 阻止在结果中返回可显示受 Transact-SQL 语句影响的行数的消息
SET NOCOUNT ON
Begin
    Insert Into OrderForm(SupplierNo,OrderDate,Buyer,Remark) Values(@SupplierNo,@Order-
Date,@Buyer,@Remark)
```

第3章 项目数据库设计

```
            Select @OrderFormNo = OrderFormNo From OrderForm Where(SupplierNo = @SupplierNo And
OrderDate = @OrderDate And Buyer = @Buyer)
            If @@ERROR<>0  --@@ERROR 系统参数,当系统出错时赋予一个大于零的整数值
            Return -1  /*如果添加信息出错返回-1*/
            Else
            Return 1
        End
        go
```

(8) OrderForm 表数据修改存储过程 OrderFormUpdate 查询语句如下:

```
        set ANSI_NULLS ON
        set QUOTED_IDENTIFIER ON
        go
        ALTER PROCEDURE [dbo].[OrderFormUpdate]
        (
                @OrderFormNo        int,
            @SupplierNo         varchar(6),
            @OrderFormTime      datetime,
            @Remark             varchar(200)
        )
        AS
        BEGIN
            DECLARE @TranStarted   bit
            SET        @TranStarted = 0
            IF( @@TRANCOUNT = 0 )--@@TRANCOUNT 系统参数,等于零表示未启动事务
            BEGIN
                BEGIN TRANSACTION--事务开始
                SET @TranStarted = 1
            END
            ELSE
                SET @TranStarted = 0
            --WITH(ROWLOCK)指定目标表允许的一个或多个表提示,这里表示锁定行
                UPDATE OrderForm WITH (ROWLOCK) SET
                SupplierNo        = @SupplierNo,
                OrderFormTime     = @OrderFormTime,
                Remark            = @Remark
            WHERE (OrderFormNo = @OrderFormNo)
            --@@ERROR 系统参数,当系统出错时赋予一个大于零的整数值
            IF( @@ERROR <> 0 )
                GOTO Cleanup
            IF( @TranStarted = 1 )
                BEGIN
                    SET @TranStarted = 0
                    COMMIT TRANSACTION--事务提交
                END
```

```
        RETURN 0
    Cleanup:
        IF( @TranStarted = 1 )
        BEGIN
            SET @TranStarted = 0
            ROLLBACK TRANSACTION - - 事务回滚
        END
        RETURN - 1
    END
```

在 begin 查询语句体中变量声明要在前面加上关键字 Declare，而存储过程的参数定义则不需要加入声明关键字。这里启用了事务管理，在对数据进行增、删、改操作时应该采用事务管理，以保证业务的完整性。

（9）以商品类别查询供应商订单情况的存储过程 GetOrderFormByWareClass 代码如下：

```
-- ===============================================
SET ANSI_NULLS ON
GO
SET QUOTED_IDENTIFIER ON
GO
-- ===============================================
-- 作者：      钟志东
-- 日期：      2009 年月日
-- 说明：      按商品类别查询供应商订单情况
-- ===============================================
CREATE PROCEDURE GetOrderFormByWareClass
(
    @WareClass varchar(8)
)
AS
BEGIN
-- 阻止在结果中返回，可显示受 Transact-SQL 语句影响的行数消息
SET NOCOUNT ON;
SELECT * From QueryOrderByWareClass Where (WareClass = @WareClass)
-- QueryOrderByWareClass 为从 OrderForm、OrderFormDetail 和 Suppliers 表组织的视图
END
GO
```

在多表数据查询中应该先用视图来组织字段，然后使用存储过程检索信息，这样使程序变得简洁。其他存储过程都可按照以上的方法进行创建。

2. 技术要点

Microsoft SQL Server 中的存储过程与其他编程语言的过程类似，原因是存储过程可以：

（1）接收输入参数并以输出参数的格式向调用过程或批处理返回多个值。

（2）包含用于在数据库中执行操作（包括调用其他过程）的编程语句。

（3）向调用过程或批处理返回状态值，以指明成功或失败的原因。

可以使用 Transact-SQL EXECUTE 语句来运行存储过程。存储过程与函数不同，因为存储过程不返回取代其名称的值，也不能直接在表达式中使用。

在 SQL Server 中使用存储过程而不使用存储在客户端计算机本地的 Transact-SQL 程序，其优越性在于：

（1）存储过程已在服务器注册。

（2）存储过程具有安全特性（例如权限）和所有权链接，以及可以附加到它们的证书。用户可以被授予权限来执行存储过程而不必直接对存储过程中引用的对象具有权限。

（3）存储过程可以强制应用程序的安全性。参数化存储过程有助于保护应用程序不受 SQL Injection 攻击。

（4）存储过程允许模块化程序设计。

存储过程一旦创建，以后即可在程序中调用任意多次。这可以改进应用程序的可维护性，并允许应用程序统一访问数据库。

（5）存储过程是命名代码，允许延迟绑定。这提供了一个用于简单代码演变的间接级别。

（6）存储过程可以减少网络通信流量。

一个需要数百行 Transact-SQL 代码的操作可以通过一条执行过程代码的语句来执行，而不需要在网络中发送数百行代码。

在修改操作的存储过程使用了事务管理，目的也是为了保证数据完整性。事务是作为单个逻辑工作单元执行的一系列操作。一个逻辑工作单元必须有四个属性，称为原子性、一致性、隔离性和持久性（ACID）属性，只有这样才能成为一个事务。

① 原子性　事务必须是原子工作单元；对于其数据修改，要么全都执行，要么全都不执行。

② 一致性　事务在完成时，必须使所有的数据都保持一致状态。在相关数据库中，所有规则都必须应用于事务的修改，以保持所有数据的完整性。事务结束时，所有的内部数据结构（如 B 树索引或双向链表）都必须是正确的。

③ 隔离　由并发事务所做的修改必须与任何其他并发事务所做的修改隔离。事务识别数据时数据所处的状态，要么是另一并发事务修改之前的状态，要么是第二个事务修改之后的状态。事务不会识别中间状态的数据，这称为可串行性，因为它能够重新装载起始数据，并且重播一系列事务，以使数据结束时的状态与原始事务执行的状态相同。

④ 持久性　事务完成之后，对于系统的影响是永久性的。该修改即使出现系统故障也将一直保持。

系统参数@@TRANCOUNT 通常用于判断事物的启动状态，当启动一个事务时@@TRANCOUNT 值为 1,事务回滚时@@TRANCOUNT 值为 0。

事务也可以嵌套，则@@TRANCOUNT 记录当前事务的嵌套级别。每个 BEGIN TRANSACTION 语句使 @@TRANCOUNT 增加 1。每个 COMMIT TRANSACTION 或 COMMIT WORK 语句使 @@TRANCOUNT 减去 1。没有事务名称的 ROLLBACK WORK 或 ROLLBACK TRANSACTION 语句将回滚所有嵌套事务，并使 @@TRAN-COUNT 减小到 0。使用一组嵌套事务中最外部事务的事务名称的 ROLLBACK TRANS-ACTION 将回滚所有嵌套事务，并使 @@TRANCOUNT 减小到 0，但 ROLLBACK TRANSACTION savepoint_name 不影响 @@TRANCOUNT。

在无法确定是否已经在事务中时,可以用 SELECT @@TRANCOUNT 确定 @@TRANCOUNT 是等于 1 还是大于 1。如果 @@TRANCOUNT 等于 0,则表明不在事务中。

3.3 相关技术概述

数据库设计中常用的技术除了以上介绍之外,还有唯一性(UNIQUE)约束、CHECK 约束、规则、触发器、索引、数据备份与恢复等相关技术,这里简要介绍概述如表 3-12 所列,详细说明读者可查看微软相关的帮助文件。

表 3-12 其他常用数据库技术简介

名 称	说 明
UNIQUE 约束	可以使用 UNIQUE 约束确保在非主键列中不输入重复的值 创建表时,可以创建 UNIQUE 约束作为表定义的一部分。如果表已经存在,可以添加 UNIQUE 约束。一个表可含有多个 UNIQUE 约束
CHECK 约束	通过限制列可接受的值,CHECK 约束可以强制域的完整性 可以通过任何基于逻辑运算符返回 TRUE 或 FALSE 的逻辑(布尔)表达式创建 CHECK 约束 可以将多个 CHECK 约束应用于单个列,还可以通过在表级创建 CHECK 约束,将一个 CHECK 约束应用于多个列
规 则	规则是一个向后兼容的功能,用于执行一些与 CHECK 约束相同的功能。一个列只能应用一个规则,规则是作为单独的对象创建,然后绑定到列上
触发器	SQL Server 2008 提供了两种主要机制来强制执行业务规则和数据完整性:约束和触发器。 触发器是一种特殊的存储过程,它在执行语言事件执行时自动生效。SQL Server 包括两大类触发器:DML 触发器和 DDL 触发器: DML 触发器在以下方面非常有用: 可通过数据库中的相关表实现级联更改 可以防止恶意或错误的 INSERT、UPDATE 以及 DELETE 操作,并强制执行比 CHECK 约束定义的限制更为复杂的其他限制 是 SQL Server 2008 新增的功能,如果要执行以下操作,可使用 DDL 触发器 要防止对数据库架构进行某些更改 希望数据库中发生某种情况以响应数据库架构中的更改 要记录数据库架构中的更改或事件 创建触发器可查看 SQL Server 2008 相关的帮助文件
索 引	索引是与表或视图关联的磁盘上结构,可以加快从表或视图中检索行的速度 表或视图可以包含以下类型的索引: (1)聚集:聚集索引根据数据行的键值在表或视图中排序和存储这些数据行。索引定义中包含聚集索引列。每个表只能有一个聚集索引,因为数据行本身只能按一个顺序排序 只有当表包含聚集索引时,表中的数据行才按排序顺序存储。如果表具有聚集索引,则该表称为聚集表。如果表没有聚集索引,则其数据行存储在一个称为堆的无序结构中 (2)非聚集:非聚集索引具有独立于数据行的结构。非聚集索引包含非聚集索引键值,并且每个键值项都有指向包含该键值的数据行的指针 创建索引可查看 SQL Server 2008 相关的帮助文件

续表 3-12

名 称	说 明
数据备份与恢复	SQL Server 2008 提供了两种加快备份和还原操作的方法： 使用多个备份设备使得可以将备份并行写入所有设备。备份设备的速度是备份吞吐量的一个潜在瓶颈。使用多个设备可以按使用的设备数成比例提高吞吐量。同样,可以将备份并行从多个设备还原 组合使用完整备份、完整差异备份和事务日志备份,可使恢复时间最短 更多信息可查看 SQL Server 2008 相关的帮助文件

3.4 实 训

如表 3-13～表 3-20 是一个学生成绩管理系统的数据表和查询信息的描述,可根据这些描述创建一个学生成绩管理系统数据库,建立相应的数据表、设计数据表关系图、设计查询信息视图和创建增、删、改数据操作的存储过程。

表 3-13 班级信息表

字段名称	说 明
班级编号	年级＋专业代码＋班级代码
班级名称	年级(缩写,如 06)＋专业名称＋班级顺序
年 级	如,2006 级
专 业	如,信息管理

备注:补充说明信息。

表 3-14 课程信息表

字段名称	说 明
课程编号	可取三位数字编号
课程名称	如 SQL Server 2008 数据库
课程类型	可用英文字母代表,如 A 表示必修课,B 表示考查课,C 表示选修课
课任教师	主讲教师

备注:补充说明信息。

表 3-15 学生信息表

字段名称	说 明
学生编号	年级＋系代码＋专业代码＋班级顺序号＋学生顺序号
学生名称	如,张三
学生性别	如,男或女
出生日期	如,1996-6-6
生 源	如,海南

续表 3-15

字段名称	说　明
简历	学生基本情况信息
备注	补充说明信息
班级编号	学生所在班级

表 3-16　成绩信息表

字段名称	说　明
学生编号	—
课程编号	—
课程成绩	保留一位小数

备注：补充说明信息。

表 3-17　班级学生课程成绩查询信息

学生编号	学生名称	课程名称	课程成绩	班级名称
200801010101	张三	分布式数据库	90.6	08 信息管理一班
200801010102	李四	分布式数据库	90.2	08 信息管理一班
200801010103	王五	分布式数据库	90.7	08 信息管理一班

表 3-18　学生各门课程成绩查询信息

学生编号	学生名称	课程名称	课程成绩
200801010101	张三	分布式数据库	88.3
200801010101	张三	C#语言	76.5
200801010101	张三	ASP.NET(C#)项目开发	96.9

表 3-19　班级各门课程优秀成绩查询信息

班级名称	课程名称	人　数
08 信息一班	ASP.NET(C#)项目开发	20
08 信息二班	ASP.NET(C#)项目开发	16
08 信息三班	ASP.NET(C#)项目开发	18

备注：80 分以上为优秀。

表 3-20　班级各门课程不及格成绩查询信息

班级名称	课程名称	人　数
08 信息一班	ASP.NET(C#)项目开发	20
08 信息二班	ASP.NET(C#)项目开发	16
08 信息三班	ASP.NET(C#)项目开发	18

备注：60 分以下为不及格。

第3章 项目数据库设计

3.5 小 结

本章介绍了项目数据库的设计过程和方法,着重讲解数据表、视图和存储过程的使用方法。并简要介绍约束、规则、触发器、索引和数据库备份与恢复等技术,最后提供一个小型的实训案例。

第 4 章 项目界面设计

本章要点
- ASP.NET 文件结构
- 软件项目原型开发方法
- ASP.NET 界面控件知识

在项目开发过程中,完成初步的需求分析报告之后,就要进行各个功能操作界面的设计。界面设计也叫原型开发,主要是要设计出各个岗位的工作界面和工作流程。这一阶段的工作界面不承载数据信息,只设计出界面的外观样式以及每个界面所使用的控件。ASP.NET 的界面设计就是网页设计,Visual Studio 2010 开发工具提供了丰富的网页设计控件,可直接从工具箱拖动到设计器来完成页面设计,也可通过编程的方式调用界面控件,以便更灵活地使用控件。

在本项目中,笔者将结合这两种方式来使用网页设计控件。为了更清楚地直观地理解界面的设计过程,在许多界面设计的示图中都承载了数据。

4.1 网页文件结构

创建 ASP.NET 页面文件有两种方式,第一种方式是单文件页方式,另一种是代码隐藏页方式。在单文件页中,标记、服务器端元素以及事件处理代码全都位于同一个.aspx 文件中。在代码隐藏页中,页的标记和服务器端元素(包括控件声明)位于.aspx 文件中,而页代码则位于单独的代码文件中。

4.1.1 单文件页程序结构

创建新网页步骤:

(1) 在解决方案资源管理器的网站某一目录下右击,在弹出的快捷菜单中选择"添加新项",则弹出如图 4-1 所示的窗口。

(2) 在窗口中选择"Web 窗体","名称"处输入文件名称,"语言"处选择"Visual C#",复选框"将代码放在单独文件中"选中则以隐藏代码页方式创建网页文件或取消选择则以单文件页方式创建网页文件,然后单击"添加(A)"按钮即可。

在单文件页模型中,页的标记及其编程代码位于同一个物理.aspx 文件。编程代码位于 script 块中,该块包含 runat="server"属性,此属性将其标记为 ASP.NET 应执行的代码。

下面的代码示例演示一个单文件页,此页包含一个 Button 控件和一个 Label 控件。突出显示的部分显示的是 script 块中 Button 控件的 Click 事件处理程序。

```
<%@ Page Language = "C#" %>
<script runat = "server">
```

第4章 项目界面设计

图4-1 创建新网页窗口

```
    void Button1_Click(Object sender, EventArgs e) {
        Label1.Text = "Clicked at " + DateTime.Now.ToString();
    }
</script>
<html>
<head>
    <title>Single-File Page Model</title>
</head>
<body>
    <form runat="server">
        <div>
            <asp:Label id="Label1" runat="server" Text="Label" />
            <asp:Button id="Button1" runat="server" onclick="Button1_Click" Text="Button" />
        </div>
    </form>
</body>
</html>
```

script块可以包含页所需的任意多的代码。代码可以包含页中控件的事件处理程序(如该示例所示)、方法、属性及通常在类文件中使用的任何其他代码。

4.1.2 代码隐藏文件页程序结构

通过代码隐藏页模型,可以在一个.aspx文件中保留标记,并在另一个文件中保留编程代码。

SamplePage.aspx页面文件的代码示例如下:

```
<%@ Page Language = "C#" CodeFile = "SamplePage.aspx.cs" Inherits = "SamplePage" AutoEventWireup = "true" %>
<html>
<head runat = "server">
    <title>Code-Behind Page Model</title>
</head>
<body>
    <form id = "form1" runat = "server">
        <div>
            <asp:Label id = "Label1" runat = "server" Text = "Label" />
            <asp:Button id = "Button1" runat = "server" onclick = "Button1_Click" Text = "Button" />
        </div>
    </form>
</body>
</html>
```

SamplePage.aspx.cs 代码文件的代码如下：

```
using System;
using System.Web;
using System.Web.UI;
using System.Web.UI.WebControls;
public partial class SamplePage : System.Web.UI.Page
{
    protected void Button1_Click(object sender, EventArgs e) {
        Label1.Text = "Clicked at " + DateTime.Now.ToString();
    }
}
```

代码隐藏文件包含默认命名空间中的完整类声明。但是，类是使用 partial 关键字进行声明的，这表明类并不整个包含于一个文件中。而在页运行时，编译器将读取 .aspx 页以及它在 @Page 指令中引用的文件，将它们汇编成单个类，然后将它们作为一个单元编译为单个类。

4.2 网页界面设计

在本项目中考虑到网页代码的清晰性，笔者采用代码隐藏页的方式设计页面，这也是在实际项目开发中常用的网页文件展现方式。本教程以一个项目开发过程为主线，但为了拓展知识面，尽量在相似功能的页面中采用不同的技术技巧来实现。

为了适应学习的需要，笔者对一个珠宝经营企业的供应链管理信息系统进行了简化处理，保留主要的技术技巧，并按照实际的开发过程以过程的方式逐步展开，讲解每个网页界面的设计方法，并在相似的界面中故意使用不同的设计方法，以拓展知识面。

4.2.1 供应商信息管理主界面设计

供应商信息管理界面主界面如图 4-2 所示。这个界面设计的基本方法是用表格对页面的整体结构进行布局,数据显示采用 GridView 控件,并置于 Panel 容器中,左边供应商类别的选择采用 TreeView 控件来设计,功能按钮采用 ImageButton 图片按钮展现。页面使用 AJAX 技术实现部分刷新功能。

图 4-2 供应商信息管理窗口

1. 设计方法和步骤

(1) 在网站子文件夹"SupplierManagement"中新建一个命名为"SupplierInfo.aspx"的代码隐含页方式的网页文件并打开(以下同)。

(2) 展开工具箱中"AJAX Extensions"子标签,把 ScriptManager 控件拖入网页设计器中,再把 UpdatePanel 控件拖入网页设计器中。

(3) 把光标置于 UpdatePanel 容器中,展开工具箱中"HTML"子标签,把 Table 控件拖入网页设计器中(也可从"表(A)"菜单中插入表格),默认显示三行三列。光标置于任一行,单击"表(A)"菜单项,选择"插入"→"上面行"或"下面行",以添加一新行。选择表格中的第一行,右击,在弹出的快捷菜单中,选择"修改"→"合并单元格"。以同样的方法合并第二行单元格,第三行选择右边两个单元格进行合并。

(4) 展开工具箱中"导航"子标签,把 SiteMapPath 控件拖入第一行中用于指定网页路径,也可以直接输入"供应商管理 > 供应商信息"。

(5) 在第二行中插入一个两行六列的表格用于放置图片按钮,从工具箱中展开"标准"标签,把六个 ImageButton 控件分别拖入相应的单元格(相同控件可采用复制),并设置 ImageUrl 属性以显示对应的图片,设置 Width、Hight 属性值都为 25px(像素),如图 4-2 所示。

(6) 展开工具箱中"导航"子标签,把 TreeView 控件拖入第三行的左边单元格中,并单击属性窗口中 Nodes 属性右边的"…"按钮(见图 4-3),则弹出如图 4-4 所示节点设计窗口。在窗口中添加节点,并设置如图 4-4 所示相应的 Text 和 Value 属性值。其中 Value 对应供应商信息数据表的供应商类别字段。

第4章 项目界面设计

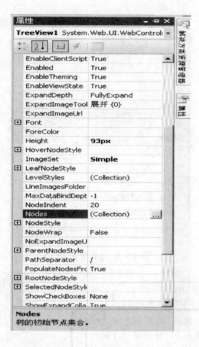

图 4-3 TreeView 控件属性

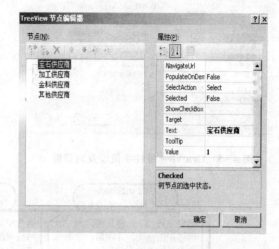

图 4-4 TreeView 控件 Nodes 属性设计

(7) 把"标准"子标签中的 Panel 控件拖入第三行的右边单元格中,并设置 ScrollBars 属性为 Auto。

(8) 展开工具箱中"数据"子标签,把 GridView 控件拖入 Panel 容器中,并设置 AutoGenerateColumns 属性为 False。单击 Columms 属性的"…"按钮,则弹出字段设置对话框,根据对话框的提示添加 GridView 控件字段,如图 4-5 所示。其中"可用字段"选择 BoudField,单击"添加"按钮分别添加各个字段,在"BoudField 属性"选项中设置各个字段对应的 HeaderText 属性,这些属性为中文名称,分别为供应商编号、供应商名称、供应商代码、供应商类别、商品种类、供应能力、银行名称、银行帐号、供货性质、提货要求、联系电话和联系人等,完成所有字段设置后单击"确定"按钮。设置 AllowPaging 属性为 True 启用分页功能。

(9) 在最后一行的中间单元格拖入 Label 标签控件用以显示当前页和总页数。

(10) 在 App_Code 文件夹中创建 gv.cs 类文件。gv 类的结构如图 4-6 所示,成员解释如图 4-7 所示,gv.cs 类文件代码详见随附的项目案例(课件)代码。

隐含代码文件 SupplierInfo.aspx.cs 的 Page_Load 方法体中编写如下代码实现空记录数据绑定:

```
gv gv1 = new gv();
gv1.GrivdText(GridView1);
```

2. 技术要点

供应商信息管理界面主要使用了五种界面控件,即 Table、ImageButton、Panel、GridView 和 Label,这些基本的界面控件分为两组,即 Web 服务器控件和 HTML 控件。这两组控件作用基本一样但使用方法有很大的区别,读者将在项目的设计和编程过程中逐步地体会到两者的区别。

第4章 项目界面设计

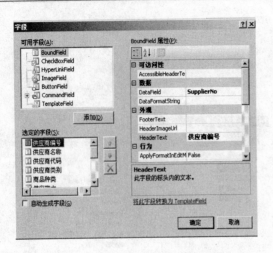

图 4-5 GridView 控件字段设置对话框　　　　图 4-6 gv 类的结构

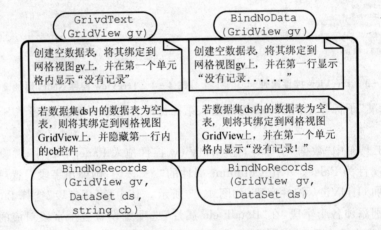

图 4-7 gv 类的成员解释

在这一界面中，Table 为 HTML 控件，其余的都为 Web 服务器控件。在工具箱的"HTML"子标签中的控件都为 HTML 控件，"标准"子标签中的控件都为 Web 服务器控件。

GridView 控件是一个强大的数据显示控件，是项目开发中利用频率最高的控件，下面将在案例中逐步展现其风采。

引入 AJAX 技术的 UpdatePanel 控件目的是使网页具有窗体界面的效果，要用 UpdatePanel 控件首先必须加入 ScriptManager 控件。在相关技术说明一节将进一步介绍 AJAX 技术。

SiteMapPath 控件是一个站点导航控件，用于反映 SiteMap 对象所提供的数据。该控件提供了一种在站点内轻松导航同时节省空间的方法，并用做当前显示的页在站点中位置的引用点。在本项目中不使用 SiteMap 显示当前页面的位置，以防止随意跳转页面。我们将在知识点讲解中介绍使用 SiteMap 对象的例子。

GridView 控件如果没有数据绑定，浏览网页时是看不到的。为了在未绑定数据的前提下能够浏览到设置的 GridView 控件，需要绑定包含一个提示信息的 DataTable 数据表，因此设计 gv 公共类文件，存放在 App_Code 文件夹中，只要执行 gv 对象的方法就可以浏览到未绑定具体数据集的 GridView 控件。

4.2.2 供应商信息输入界面设计

在供应商信息管理界面中单击"新增"按钮将弹出供应商信息添加界面,以输入新的供应商信息,界面样式如图 4-8 所示。这个界面是以弹出式窗口方式呈现的。Web 项目开发在打开子网页时常常模仿窗体设计的方式设计成弹出式窗口,本项目案例多次使用这种技术,但在这里先暂不介绍,待下一章再来介绍这一技术的应用。

这个界面是要提供信息输入的窗口,使用的大都是输入控件,主要有 Textbox、DropDownList 和 CheckBoxList 等控件。

1. 设计方法和步骤

(1) 在网站子文件夹"SupplierManagement"中新建一个命名为"AddSupplier.aspx"的网页文件并打开。

(2) 展开工具箱中"AJAX Extensions"子标签,把 ScriptManager 控件拖入网页设计器中,再把 UpdatePanel 控件拖入网页设计器中。

(3) 光标置于 UpdatePanel 容器中,单击"表(A)"菜单项,单击"插入表",则弹出如图 4-9 的表格设计窗口,设定八行一列,然后单击"确定"按钮,再把光标置于 Table 控件第二行,插入 3 行 4 列的表格,再拆分第三行为两列,拆分第四、第五行为四列,拆分第六、第七行为两列。

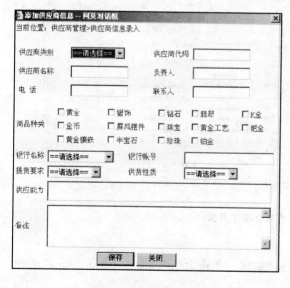

图 4-8 供应商信息输入界面

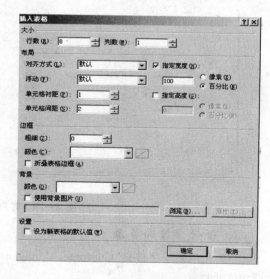

图 4-9 表格设计窗口

(4) 在相应的位置输入文字或拖入 Textbox、DropDownList 和 CheckBoxList 等控件。其中 DropDownList 控件设置 AppendDataBoundItems 属性为 True,并加入选项＜asp:ListItem＞==请选择==＜/asp:ListItem＞。对应备注的 Textbox,设置属性 TextMode 为 MultiLine,Rows 为 6,CheckBoxList 控件设置属性 RepeatColumns 的值为 5。

(5) 最后一行拖入两个 Button 控件并置中对齐,一个 Text 属性设置为"保存",另一个 Text 属性设置为"关闭"。

(6) 调整表格和控件的高度、宽度,与如图 4-8 所示的样式相近即可。

第4章 项目界面设计

2. 技术要点

TextBox 是常用的文本输入控件,其属性 TextMode 可设置为 SingleLine(默认)、Multi-Line 或 Password,分别表示单行编辑框、多行编辑框和密码输入框。DropDownList 为下拉选项控件,可进行动态数据绑定,AppendDataBoundItems 属性设置为 True,在绑定数据时可保留现有项,默认为 False。CheckBoxList 为复选框组,也为数据绑定控件,本例就是通过检索数据库信息进行动态绑定选项的。Button 控件用于事件触发,以执行方法。

3. 练习

请模仿供应商信息添加界面设计供应商信息来修改界面。

4.2.3 客户信息管理主界面设计

客户管理信息主界面如图 4-10 所示。整个界面体现了对数据进行的增、删、改和检索操作,界面比较简洁。设计的思想是通过一个 GridView 控件显示各种条件的检索结果,并能直接反映出增、删、改的操作结果。

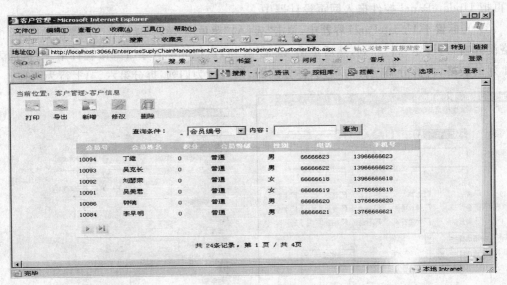

图 4-10 客户信息管理主界面

1. 设计方法和步骤

(1) 在网站子文件夹"CustomerManagement"新建一个命名为"CustomerInfo.aspx"的网页文件并打开。

(2) 展开工具箱中"AJAX Extensions"子标签,依次把 ScriptManager 和 UpdatePanel 控件拖入网页设计器中。

(3) 光标置于 UpdatePanel 容器中,单击"表(A)"菜单项的"插入表"菜单,插入一个五行一列的表格,在第二行插入两行五列的表格,第三行插入一行五列的表格。

(4) 在第一行中直接输入"当前位置,即客户管理>客户信息"。

(5) 在第二行的子表中放置五个图片按钮及输入其说明文字,设置图片按钮的 ImageUrl 属性以显示相应的图片。

(6) 在第三行的子表中拖入一个 DropDownList 控件、一个 TextBox 和 Button 控件,并在其左边单元格输入相应的说明文字。

(7) 在第四行拖入一个 GridView 控件,设置各个字段对应的 HeaderText 属性,这属性分别为会员号、会员姓名、会员积分、性别、电话和手机号码等;分页属性,指定分页按钮图片,如图 4-11 所示。

(8) 在第五行拖入两个 Label 控件用于显示记录数和当前页与总页数。

(9) 在隐含代码文件 CustomerInfo.aspx.cs 的 Page_Load 方法体中编写如下的代码以实现空记录数据绑定。

gv gv1 = new gv();gv1.GrivdText(GridView1);

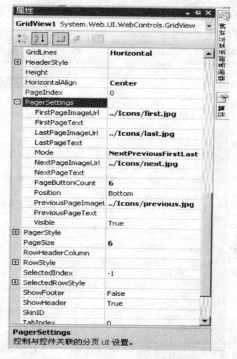

图 4-11 GridView 分页属性

2. 技术要点

客户信息显示界面使用了前面介绍过的控件,即 Table、ImageButton、GridView、DropDownList、TextBox、Button 和 Label,应用方式基本相同。不同的是 GridView 的分页按钮采用图片按钮,并且设计得更加简洁了。这里没有使用 Panel 容器控件放置 GridView 控件,一般在显示内容多、空间位置有限的情况下才用 Panel 控件安置数据显示控件。

4.2.4 客户信息输入界面设计

当单击"新增"按钮时,将弹出如图 4-12 所示的新增信息界面窗口,这里引入一个新的数据绑定控件,即 FormView 控件来实现新增信息的功能。

1. 设计方法和步骤

(1) 在网站子文件夹"CustomerManagement"新建一个命名为"AddEditCustomerInfo.aspx"的网页文件并打开。

(2) 展开工具箱中"数据"子标签,把 FormView 控件拖入网页设计器中,再单击 FormView 控件右上角的智能标签,选择"编辑模板"菜单,则进入模板编辑选项窗口,然后选择 InsetItemTemplate 模板,如图 4-13 和图 4-14 所示。

(3) 把光标置于 InsetItemTemplate 模板容器中,单击"表(A)"菜单项,单击"插入表"菜单,插入一个七行四列的表格,根据图 4-12 的样式输入说明文字拖入相应的控件,即 RadioButtonList、TextBox 和 Button 控件。

(4) 单击 RadioButtonList 智能标签,打开编辑项窗口如图 4-15 所示。添加"男"和"女"选项,其 Value 值分别为 1 和 0。

(5) 设置 FormView 控件的 DefaultMode 属性为 Insert,保存按钮的 CommandName 属性为 Insert,放弃按钮的 CommandName 属性为 Cancel。

第4章 项目界面设计

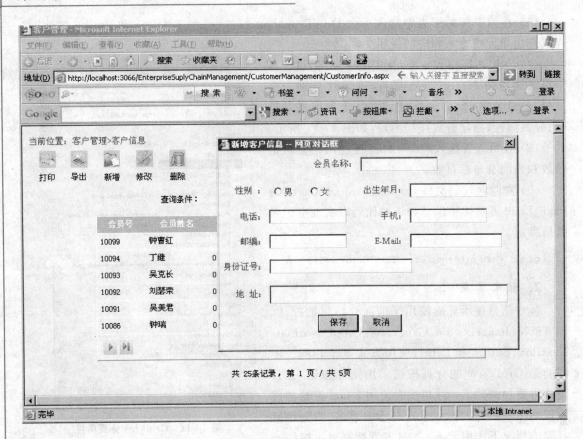

图4-12 新增客户信息界面

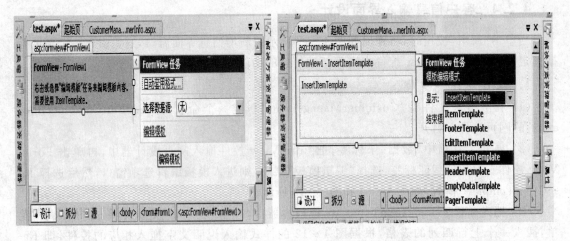

图4-13 FormView控件智能标签　　　　图4-14 FormView控件模板选项

(6) 完成控件配置之后,用光标调整页面布局,使整个布局样式与图4-12相仿。

2. 技术要点

本界面关键的技术是FormView控件的应用。FormView控件可对单条记录信息完成增删、改及检索操作,其主要特点是可以对字段信息任意布局。利用FormView控件可减少代码的编写工作。与FormView控件相似的控件还有DetailsView控件,应该说FormView是从

DetailsView 派生出来的,其功能比较相近,但由于 FormView 布局比较灵活,在实际项目开发中比较常用。

修改界面样式与添加界面一样,所以只需要把 InsetItemTemplate 模板内容复制到 EditItemTemplate 模板,并把"保存"按钮的 CommandName 属性设置为 Update,当单击"修改"按钮时设置 DefaultMode 属性为 Edit,两个界面共用同一个程序文件。

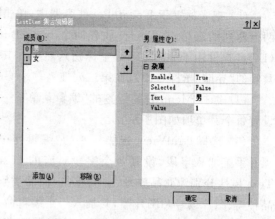

图 4-15 RadioButtonList 编辑项窗口

3. 练　习

完成修改界面样式的 EditItemTemplate 模板设计。

4.2.5　版库管理主界面设计

版库所管理的内容是商品的各种样版信息,是商品订购的主要依据,已简化的版库管理主界面如图 4-16 所示。其设计方法是用 GridView 控件显示版库的信息,Menu 控件来检索商品种类的版库信息并通过 ImageButton 按钮和 GridView 的命令字段实现信息的增、删、改和选取下单操作。

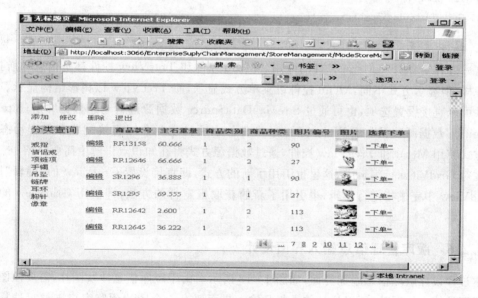

图 4-16 版库管理主界面

1. 设计方法和步骤

(1) 在网站子文件夹"StoreManagement"→"ModeStoreManagement"新建一个命名为"ModeStoreManagement.aspx"的网页文件并打开。

(2) 展开工具箱中"AJAX Extensions"子标签,依次把 ScriptManager 和 UpdatePanel 控件拖入网页设计器中。

第 4 章 项目界面设计

（3）把光标置于 UpdatePanel 容器中，单击"表(A)"菜单项，单击"插入表"菜单，插入一个两行两列的表格，在第一行放置四个 ImageButton 按钮，第二行第一列拖入一个 Label 控件（Label 控件用于显示 Menu 主标题），然后在其下方拖入一个 Menu 控件（Menu 控件位于工具箱的"导航"子标签中），在第二列拖入一个 GridView 控件。

（4）选择 Menu 智能标签的"编辑菜单项…"选项，则打开如图 4-17 的窗口，通过该窗口设置每个菜单项如图所示。

（5）选择 GridView 智能标签的"编辑列…"选项并手工加入字段，设置各个字段对应的 HeaderText 属性分别为商品款号、主石重量、商品类别、商品种类、图片编号和图片等，并加入一个编辑命令字段和一个选取命令字段，通过上下按钮调整字段的位置、配置分页属性，首页和尾页使用图像按钮如图 4-16 所示，把"自动生成字段"的复选框取消选择。

（6）调整页面布局使之与图 4-16 相仿即可。

（7）在隐含代码文件 ModeStoreManagement.aspx.cs 的 Page_Load 方法体中编写如下的代码以实现空记录数据绑定：

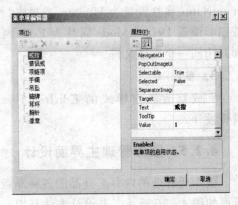

图 4-17 Menu 菜单项设置窗口

```
gv gv1 = new gv();
gv1.GrivdText(GridView1);
```

2. 技术要点

这一过程笔者引入 Menu 控件的应用。Menu 控件和 TreeView 控件都是信息导航控件，功能一样，但显示方式不同，Menu 控件以菜单方式显示，而 TreeView 以树形结构显示。这两个控件可以直接设置选项，也可通过 SiteMapDataSource 数据源进行动态数据绑定，SiteMapDataSource 数据源数据取于 Web.sitemap 文件。本项目主要介绍直接配置和编程动态配置两种方式使用 Menu 和 TreeView 控件，通过数据源方式将在知识点讲解中简要介绍。

在对 GridView 行编辑中，这里也引用了新的方式，即直接设置 GridView 的"编辑"按钮，在 GridView 中完成指定行编辑，也引用了新的获取指定行的方法，即使用 GridView 的选择命令。

4.2.6 版库管理信息输入界面设计

本过程设计版库信息添加界面，如图 4-18 所示。由于版库信息涉及图片，需要从图片库中选择图片或上传图片，所以设计的思想是输入界面要有一个图片预览窗口来显示选择或上传的图片，选择和上传具有互斥性，即一次只有一个功能可用。

1. 设计方法和步骤

（1）在网站子文件夹"StoreManagement"→"ModeStoreManagement"新建一个命名为"AddModeStore.aspx"的网页文件并打开。

（2）展开工具箱中"AJAX Extensions"子标签，依次把 ScriptManager 和 UpdatePanel 控件拖入网页设计器中。

图 4-18 版库管理信息输入界面

（3）把光标置于 UpdatePanel 容器中，单击"表(A)"菜单项，单击"插入表"菜单项，插入一个两行两列的表格，然后在第二行第二列中插入六行两列的表。

（4）在第二行第一列拖入一个 Panel 控件，然后在 Panel 容器中拖入一个 Image 控件用于预览图片。

（5）在嵌套的子表中按图 4-18 的样式设置二个 TextBox、四个 Button 按钮、三个 DropDownList、一个 RadioButttonList、一个 FileUpload 和一个 InPut(Hidden)隐藏域控件(InPut 的 id 命名为 PhotoNo，用于存储上传获得的图片号和选择的图片号)，并输入相应的说明文字。

（6）调整页面布局使之与图 4-18 相仿即可。

2．技术要点

这个界面所包含的新控件是 FileUpload，这个控件用于文件上传，可通过右边的"浏览…"按钮在整个磁盘中查找文件并提取包含路径的文件名及扩展名。InPut(Hidden)隐藏域控件在界面上是看不见的控件，用于存储来自于选择图片号或上传新图片所生成的图片编号。

4.2.7 原材料库存管理主界面设计

原材料库存分为宝石材料库、金料库和配件库三种，这里主要讲解宝石材料库管理的界面设计过程，金料库和配件库类似。

原材料库在查询中根据不同的查询类型显示不同的查询条件输入界面，这就要求在同一个网页能够动态地切换不同的条件输入界面。MultiView 控件和 View 控件能够做到这一点，所以原材料库管理界面展现了这两个控件的应用技巧，界面样式如图 4-19、图 4-20 和图 4-21 所示。

第4章 项目界面设计

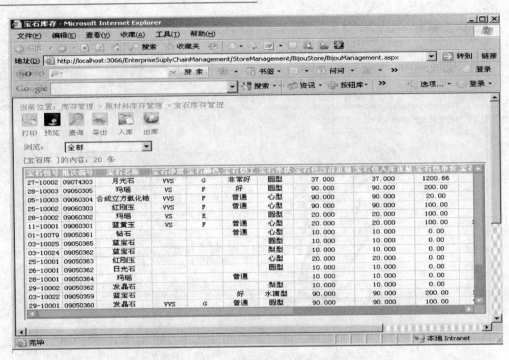

图 4-19 宝石材料库存管理查询界面之一

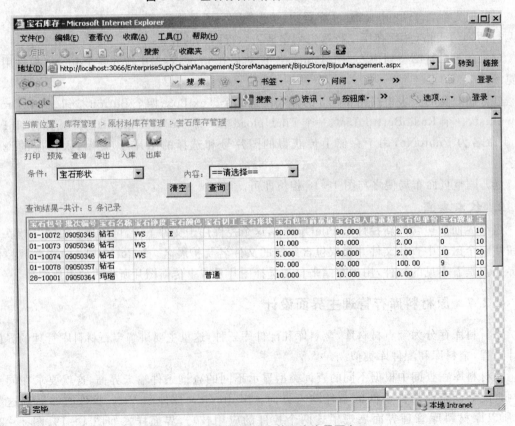

图 4-20 宝石材料库存管理查询界面之二

第4章 项目界面设计

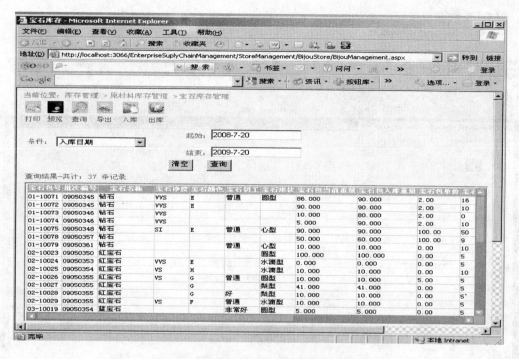

图4-21 宝石材料库存管理查询界面之三

1. 设计方法和步骤

（1）在网站子文件夹"StoreManagement"→"BijouStore"新建一个命名为"BijouManagement.aspx"的网页文件并打开。

（2）展开工具箱中"AJAX Extensions"子标签，依次把 ScriptManager 和 UpdatePanel 控件拖入网页设计器中。

（3）在 UpdatePanel 容器中插入四行一列的表格，然后在第一行插入两行六列的表格，拖入六个图片按钮，并配置其相应的属性。

（4）在第二、三行分别拖入一个 MultiView 控件。

（5）在第四行中拖入一个 Panel 控件，再把一个 GridView 控件拖入 Pane 容器中。

（6）在 MultiView1 容器中拖入两个 View 控件，分别为 View1 和 View2。然后在 View1 中插入一个一行两列的表格，宽度设为 200px，在第一个单元格输入"浏览："，在第二个单元格拖入一个 DropDownList 控件。在 View2 中插入两行三列的表格，然后在第一行第一列输入"条件："，第二列拖入一个 DropDownList 控件，第三列拖入一个 MultiView 控件命名为 MultiView3，接着在 MultiView3 容器中拖入三个 View 控件，分别为 View3、View4 和 View5，并置入如图 4-21 所示相应的内容。在第二行加入两个按钮。

（7）在 MultiView2 容器中拖入两个 View 控件，分别为 View6 和 View7，然后在 View6 拖入两个 Label 控件，View7 中拖入一个 Label 控件，输入相应的说明文字。

（8）配置如图 4-22 所示 GridView 控件的列标题。

（9）调整宝石材料库管理界面布局使其呈现如图 4-22 所示的样式。

（10）在隐含代码文件 BijouManagement.aspx.cs 的 Page_Load 方法体中编写如下的代码以实现空记录数据绑定：

```
gv gv1 = new gv();
gv1.GrivdText(GridView1);
```

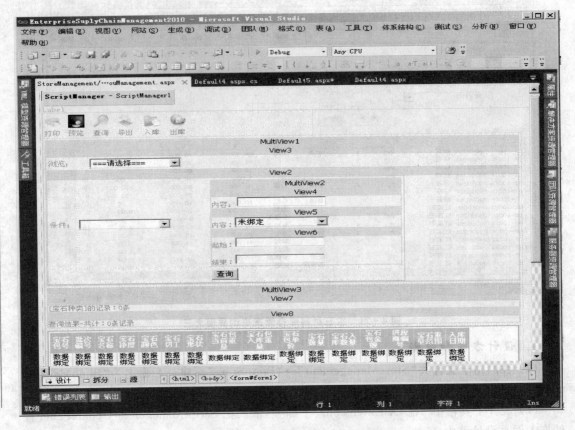

图4-22 宝石材料库存管理主界面框架

2. 技术要点

这一过程笔者引入了两个新的界面控件，即MultiView和View。MultiView控件是View控件的容器，然而View又可嵌入另一个MultiView，MultiView也可在网页中并列出现，在这一案例中都充分地展现了这些技巧。在MultiView中的View具有排他性，即一次只能显示一个View，通过指定MultiView的ActiveViewIndex属性来指定所要显示的View，而每个View所对应的ActiveViewIndex值是由其加入MultiView容器的顺序来定的，即第一个加入的值为0，第二个为1，第三个为2，依此类推。

4.2.8 原材料入库界面设计

宝石材料入库的界面如图4-23和图4-24所示。宝石材料的入库有两个界面，两个都在同一个网页中，可以利用MultiView和View控件来达到这一目的，在这里采用另一种技术，即AJAX扩展控件的TabContainer控件。

1. 设计方法和步骤

（1）在网站子文件夹"StoreManagement"→"BijouStore"新建一个命名为"BijouInStoreManagement.aspx"的网页文件并打开。

（2）展开工具箱"AJAX Extensions"子标签，依次把 ScriptManager 和 UpdatePanel 控件拖入网页设计器中。

（3）展开工具箱"AJAXControlToolkit"子标签，把 TabContainer 控件拖入 UpdatePanel 容器中，然后单击 TabContainer 的智能标签，选择"Add Tab Panel"添加两个版面标签，分别命名为"宝石入库"和"宝石拆货入库"。

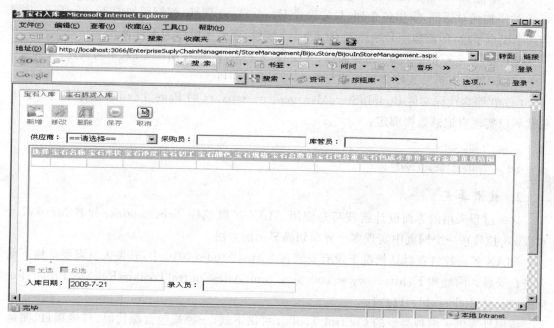

图 4-23　宝石入库界面

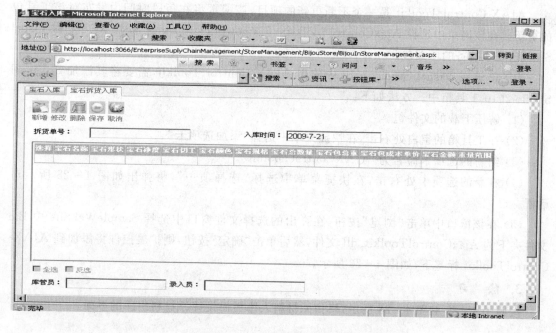

图 4-24　宝石拆货入库界面

第4章 项目界面设计

（4）在"宝石入库"标签面板中插入五行一列的表格，然后在第一行中设置六个ImageButton按钮，在第二行中放置一个DropDownList和两个TextButton控件，在第三行中拖入一个Panel控件再把一个GridView控件置于Panel容器中，第四行放置两个CheckBox控件，第五行放置两个TextBox控件。

（5）单击GridView控件的职能标签，在弹出的快捷菜单中选择"编辑列…"，则弹出如图4-5的添加列对话框，添加各个列，只需设置HeaderText属性，列标题如图4-23所示，并增加两个模板字段，即添加序号字段和CheckBox字段，序号字段设为不可见。

（6）设计"宝石拆分入库"标签面板，方法与"宝石入库"标签面板类似，不再赘述。

（7）调整宝石拆货入库界面样式与图4-23相仿即可。

（8）在隐含代码文件BijouInStoreManagement.aspx.cs的Page_Load方法体中编写如下的代码以实现空记录数据绑定：

```
gv gv1 = new gv();
gv1.GrivdText(GridView1);
```

2. 技术要点

这一过程采用的界面设计新技巧是使用AJAX扩展控件TabContainer代替MultiView和View控件在一个网页中实现多个界面切换显示的方法。

AJAX扩展控件在默认情况下没有安装在Visual Studio 2010中，开发人员需要单独下载并进行安装。网址如下：http//www.codepiex.com/AtlasControlToolkit/Release/ProjectRelease.aspx? ReleaseId=11121

该网址提供了两种类型的Control Toolkit可供下载，一种是包含源代码、样例项目、测试框架和开发扩展控件的VSI文件等，另一种则不包含源代码。

AJAX Control Toolkit是一个不断更新的项目，该网页将在每段时间内发布对该工具包的更新。在该网页中选择AjaxControlToolkit-Framework3.5.zip为ASP.NET 4和Visual Studio 2010准备的压缩包。

为了能够在Visual Studio 2010中使用AJAX Control Toolkit，需要将其添加到Visual Studio 2010工具箱中。方法如下：

（1）解压下载的文件包。
（2）在工具箱的空白处右击，在快捷菜单中选择"添加选项卡"。
（3）给新的选项卡命名为"AJAXControlToolkit"。
（4）在新的选项卡处右击，在快捷菜单中选择"选择项…"，将弹出如图4-25所示对话框。
（5）在该窗口中单击"浏览"按钮，在弹出的选择文件窗口中选择SampleWebSite中Bin文件夹下的AjaxControlToolkit.dll文件，然后单击"确定"按钮，则扩展控件将添加到AJAXControlToolkit标签下，如图4-26所示。

3. 练 习

按照图4-27和图4-28所示，模仿原材料入库界面设计原材料出库的界面。

第4章 项目界面设计

图 4-25 选择工具箱子项控件窗口

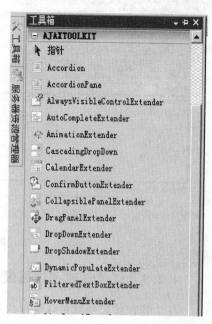

图 4-26 AJAX 扩展控件

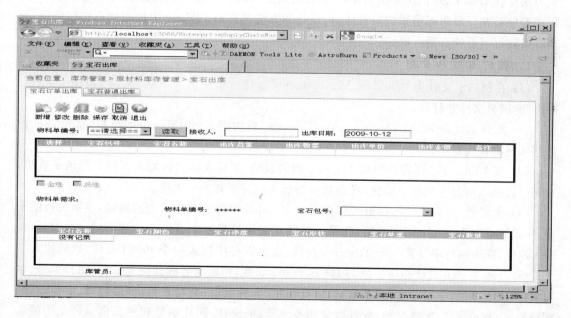

图 4-27 宝石订单出库界面

第4章 项目界面设计

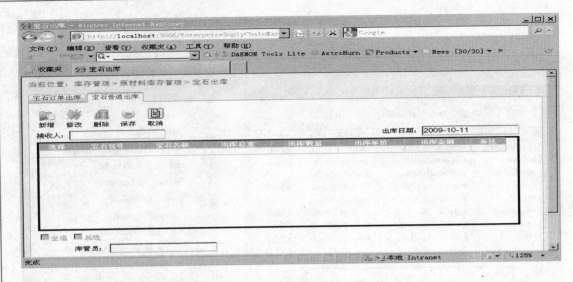

图 4-28 宝石普通出库界面

4.2.9 订单管理主界面设计

订单管理功能是指对订购单的处理过程,对于成品库和商场有两种类型的订购单,即版库订单和普通订单,这里只介绍比较复杂的版库订单,如图4-29所示。

版库订单由于要浏览款式的样式图片,要求在订单明细中能够查阅相应的款式图片,设计的方法是在GridView的图片编号字段中加入浏览按钮。而每一款商品都有相应的辅石,所以也要能够在订单明细中添加辅石信息,设计的方法是在GridView中加入辅石按钮字段,单击该按钮可打开辅石输入窗口。

1. 设计方法和步骤

(1) 在网站子文件夹"PurchaseManagement"新建一个命名为"ModeOrderManagement.aspx"的网页文件并打开。

(2) 展开工具箱中"AJAX Extensions"子标签,依次把 ScriptManager 和 UpdatePanel 控件拖入网页设计器中。

(3) 在 UpdatePanel 容器中插入七行一列的表格,然后在第二行插入两行七列的子表格,在第三行插入两行六列的子表格,在最后一行插入一行五列的子表格。

(4) 参照图4-29所示,在第一行拖入一个 Label 控件用于指示当前路径,在第二行的子表,中设置5个 ImageButton 按钮,在第三行的子表中设置三个 TextBox 和三个 DropDownList 控件,在第四行中设置一个 TextBox 控件,在第五行中拖入一个 Panel 控件,然后拖入一个 GridView 控件并设计相应字段的 HeaderText 属性,列标题名称分别为选择、图片编号、主石名称、主石颜色、主石净度、主石重量、辅石信息、金料成色、金料重量、商品数量、商品重量、配链要求、商品字印、配件名称、配件数量和备注等,把选择、图片编号和辅石信息转化为模板列,切换到源代码窗口,添加模板项代码如下段所示:

```
<asp:TemplateField HeaderText = "选择">
    <ItemTemplate>
        <asp:CheckBox ID = "cb1" runat = "server" AutoPostBack = "True" />
```

第 4 章 项目界面设计

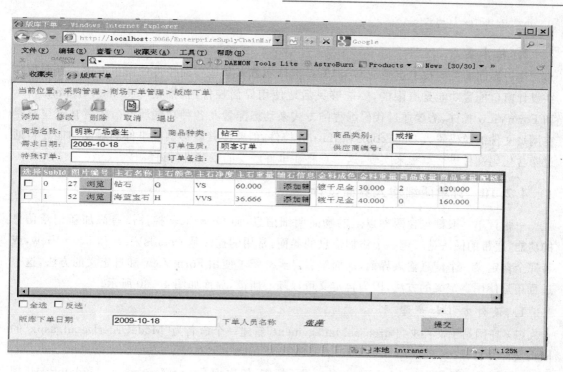

图 4-29 版库订单管理窗口

```
        </ItemTemplate>
    </asp:TemplateField>
    <asp:TemplateField HeaderText = "图片编号">
        <ItemTemplate>
            <asp:Label ID = "Label18" runat = "server" ></asp:Label>
            <asp:Button ID = "btnFind" runat = "server" Text = "浏览" />
        </ItemTemplate>
        <EditItemTemplate>
            <asp:TextBox ID = "TextBox3" runat = "server" ></asp:TextBox>
        </EditItemTemplate>
    </asp:TemplateField>
    <asp:TemplateField HeaderText = "辅石信息">
        <ItemTemplate>
            <asp:Button ID = "Button1" runat = "server" Text = "添加辅石" Width = "50px" />
        </ItemTemplate>
    </asp:TemplateField>
```

在第六行拖入两个 CheckBox,最后一行的子表中设置一个 TextBox、一个 Label 和一个 Button 控件。

(5) 调整页面布局使之与图 4-29 相类似。

(6) 在隐含代码文件 ModeOrderManagement.aspx.cs 的 Page_Load 方法体中编写如下的代码以实现空记录数据绑定:

```
gv gv1 = new gv();
```

第4章　项目界面设计

```
gv1.GrivdText(GridView1);
```

2. 技术要点

这一界面的关键技术点是在GridView控件中置入其他界面控件的简单方法。界面控件在设计窗口配置功能是有限的，要能够灵活地使用界面控件，特别是GridView、DetailsView和FormView控件，需要通过代码编程的方式来动态配置其各种功能属性。笔者在这里只是在网页文件的源码置入CheckBox和Button控件，但要使其能够实现事件的触发功能还得通过隐含代码文件进行编程来实现，这一点将在事件触发的章节进行讲解。

4.2.10　订单明细输入界面设计

一张订单一般都包含两种以上的物品明细信息，而GridView控件没有添加新记录信息的功能，通常的做法是新建一个添加信息的界面，常用的控件是DetailsView和FormView，或者完全自定义一个信息输入界面，前面笔者已经介绍了使用FormView和自定义的方法，这一过程还是使用自定义的方法，因为自定义可以随心所欲，界面如图4-30所示。

1. 设计方法和步骤

（1）在网站子文件夹"PurchaseManagement"新建一个命名为"ModeOrderDetail.aspx"的网页文件并打开。

（2）展开工具箱中"AJAX Extensions"子标签，依次把ScriptManager和UpdatePanel控件拖入网页设计器中。

（3）在UpdatePanel容器中插入三行一列的表格，然后在第一行插入五行六列的子表。

（4）参照图4-30所示，在第一行的子表中设置七个TextBox控件和八个DropDownList控件并输入其相应的说明文字，在第二行拖入一个TextBox控件并设置其TextMode属性为MultiLine，在第三行拖入两个按钮并使之右对齐。

（5）调整页面布局与图4-30相仿。

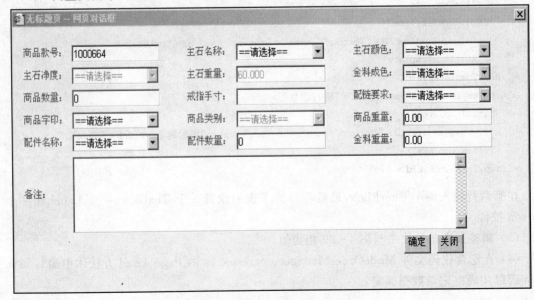

图4-30　订单明细输入窗口

2. 技术要点

本节所用的控件已介绍,不再赘述。

3. 练 习

改用 FormView 控件方法设计订单明细输入和修改窗口界面。

4.2.11 订单中辅石信息显示、输入和修改界面设计

在一款珠宝商品中(如钻石戒指)除了主石外,还在四周镶嵌一些点缀的辅石,订单中要有辅石信息,而辅石往往不只一种,所以要另外添加和显示辅石信息,只要单击订单明细中的添加辅石按钮则打开辅石添加和显示窗口,这一次使用 GridView 控件通过一些技巧使之具备添加的功能,界面如图 4-31 所示。

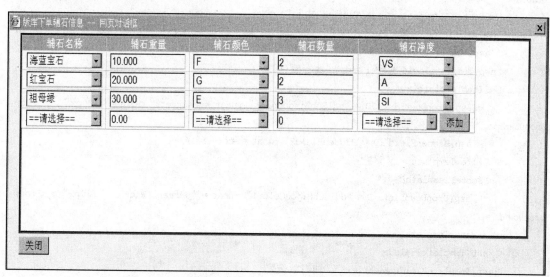

图 4-31 订单辅石明细显示、输入和修改的界面

1. 设计方法和步骤

(1) 在网站子文件夹"PurchaseManagement"新建一个命名为"ModeOrderSubBijou.aspx"的网页文件并打开。

(2) 展开工具箱中"AJAX Extensions"子标签,依次把 ScriptManager 和 UpdatePanel 控件拖入网页设计器中。

(3) 在 UpdatePanel 容器中插入二行一列的表格,然后在第一行拖入一个 Gridview 控件,在第二行拖入一个 Button 控件,设置属性 Text="关闭"。

(4) 设置 GridView 控件的各个数据列代码如下所示。

```
<Columns>
  <asp:TemplateField HeaderText = "辅石 ID" Visible = "False">
    <ItemTemplate><asp:Label ID = "lbSubId" runat = "server" /></ItemTemplate>
  </asp:TemplateField>
  <asp:TemplateField HeaderText = "辅石名称">
    <ItemTemplate>
```

```
            <asp:DropDownList ID = "ddlSubBijouName" runat = "server" Width = "120px"></asp:DropDownList>
            <asp:HiddenField ID = "HiddenField1" runat = "server"/>
        </ItemTemplate>
        <FooterTemplate>
            <asp:DropDownList ID = "ddlSubBijouName1" runat = "server" Width = "120px"></asp:DropDownList>
        </FooterTemplate>
    </asp:TemplateField>
    <asp:TemplateField HeaderText = "辅石重量">
        <ItemTemplate><asp:TextBox ID = "txbWeight" runat = "server" Width = "115px"/></ItemTemplate>
        <FooterTemplate><asp:TextBox ID = "txbWeight1" runat = "server" Text = "0.00" /></FooterTemplate>
    </asp:TemplateField>
    <asp:TemplateField HeaderText = "辅石颜色">
        <ItemTemplate>
            <asp:DropDownList ID = "ddlSubBijouColor" runat = "server" Width = "120px"></asp:DropDownList>
            <asp:HiddenField ID = "HiddenField2" runat = "server" />
        </ItemTemplate>
        <FooterTemplate>
            <asp:DropDownList ID = "ddlSubBijouColor1" runat = "server" Width = "120px"></asp:DropDownList>
        </FooterTemplate>
    </asp:TemplateField>
    <asp:TemplateField HeaderText = "辅石数量">
        <ItemTemplate><asp:TextBox ID = "txbAmount" runat = "server" Width = "115px"/></ItemTemplate>
        <FooterTemplate><asp:TextBox ID = "txbAmount1" runat = "server" Width = "115px" Text = "0"/></FooterTemplate>
    </asp:TemplateField>
    <asp:TemplateField HeaderText = "辅石净度">
        <ItemTemplate>
            <asp:DropDownList ID = "ddlSubBijouCleanDegree" runat = "server" Width = "120px"></asp:DropDownList>
            <asp:HiddenField ID = "HiddenField3" runat = "server" />
        </ItemTemplate>
        <FooterTemplate>
            <asp:DropDownList ID = "ddlSubBijouCleanDegree1" runat = "server" Width = "120px"></asp:DropDownList>
            <asp:Button ID = "btAdd" runat = "server" Text = "添加" />
        </FooterTemplate>
    </asp:TemplateField>
</Columns>
```

(5) 调整页面布局,使之与图 4-31 相仿。

2. 技术要点

这一过程介绍了 GridView 控件更灵活的应用技巧,使用<ItemTemplate>模板加上输入控件如 DropDownList 和 TextBox 控件,实现数据记录显示与修改,<FooterTemplate>模板加上输入控件实现添加新记录的功能,<ItemTemplate>模板的 DropDownList 控件因为绑定多个数据项,所以还需要借助隐藏控件 HiddenField 指定应显示的数据项,具体方法将在第 8 章中进一步介绍。

4.2.12 商品库存管理入库界面设计

商品库记录的内容比较多,为了界面的简洁,界面的设计思想是把辅石信息另开一个输入子窗口,输入商品的主信息之后,再添加相应的辅石信息。商品入库分为两个部分,即订单入库和退货入库,订单入库通过读取相应订单信息作为入库信息,界面如图 4-32 和 4-33 所示。

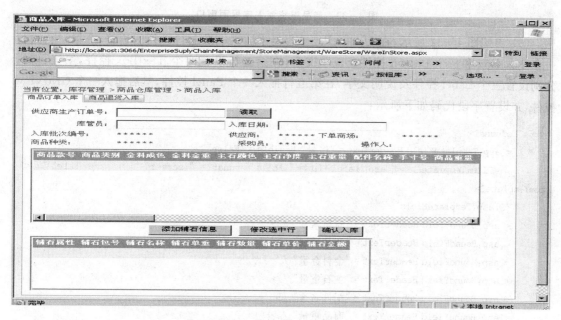

图 4-32 商品订单库入库界面窗口

1. 设计方法和步骤

(1) 在网站子文件夹"StoreManagement"中的"WareStore"新建一个命名为"WareInStore.aspx"的网页文件并打开。

(2) 展开工具箱"AJAX Extensions"子标签,把 ScriptManager 控件拖入网页设计器中。

(3) 展开工具箱中"AJAXControlToolkit"子标签,把 TabContainer 控件拖入网页设计器中,然后单击 TabContainer 的智能标签,选择"Add Tab Panel"添加两个版面标签,分别命名为"商品订单入库"和"商品退货入库"。

(4) 单击"商品订单入库"标签,则切换到商品订单入库界面,拖入一个 UpdatePanel 控件,并将其 UpdateMode 属性设置为"Conditional"(默认值为 Always)。

第4章 项目界面设计

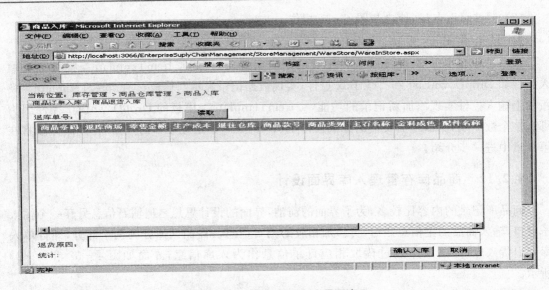

图 4-33 商品退货库入库界面窗口

（5）参照图 4-32 所示，在 UpdatePanel 容器中插入一个七行一列的表格，在第一行设置一个 TextBox 和一个 Button 控件及说明文字，在第二行设置两个 TextBox 控件，第三、四行分别设置三个 Label 控件及说明文字，在第五行拖入一个 Panel 控件，然后拖入一个 GridView 控件，并设置字段代码如下所示：

```
<Columns>
    <asp:TemplateField HeaderText="序号" Visible="False">
        <ItemTemplate><asp:Label ID="lblid" runat="server"></asp:Label></ItemTemplate>
    </asp:TemplateField>
    <asp:BoundField HeaderText="商品款号" />
    <asp:BoundField HeaderText="商品类别" />
    <asp:BoundField HeaderText="金料金重" />
    <asp:BoundField HeaderText="主石重量" />
    <asp:BoundField HeaderText="配件名称" />
    <asp:BoundField HeaderText="商品重量" />
    <asp:BoundField HeaderText="商品条码" />
    <asp:BoundField HeaderText="商品名称" />
    <asp:BoundField HeaderText="金料批号" />
    <asp:BoundField HeaderText="金料单价" />
    <asp:BoundField HeaderText="金料金额" />
    <asp:BoundField HeaderText="主石名称" />
    <asp:BoundField HeaderText="主石包号" />
    <asp:BoundField HeaderText="主石单价" />
    <asp:BoundField HeaderText="主石金额" />
    <asp:BoundField HeaderText="配件重量" />
    <asp:BoundField HeaderText="配件单价" />
    <asp:BoundField HeaderText="配件金额" />
```

```
</Columns>
```

（6）在第六行设置三个 Button 控件。

（7）在第七行拖入一个 Panel 控件，然后拖入一个 GridView 控件，并设置字段代码如下所示：

```
<Columns>
    <asp:BoundField HeaderText = "SubId" Visible = "False" />
    <asp:BoundField HeaderText = "辅石属性" />
    <asp:BoundField HeaderText = "辅石包号" />
    <asp:BoundField HeaderText = "辅石名称" />
    <asp:BoundField HeaderText = "辅石单重" />
    <asp:BoundField HeaderText = "辅石数量" />
    <asp:BoundField HeaderText = "辅石单价" />
    <asp:BoundField HeaderText = "辅石金额" />
</Columns>
```

（8）调整界面样式与图 4-32 相似，商品退货入库留给读者来完成。

（9）在隐含代码文件 WareInStore.aspx.cs 的 Page_Load 方法体中编写如下的代码以实现空记录数据绑定：

```
gv gv1 = new gv();
gv1.GrivdText(GridView1);
gv1.GrivdText(GridView2);
```

2. 技术要点

这一过程的界面设计所用的界面控件都已介绍过，但在这里笔者对 UpdatePanel 控件的使用采用了新的技巧，即在 TabContainer 控件的每个 TabPanel 面板中置入一个 UpdatePanel 控件，并把 UpdatePanel 控件的 UpdateMode 属性设置为"Conditional"，这种方法可使同一个页面文件中的各个版面在刷新时具有独立性，不影响到其他面板。

3. 练 习

模仿以上方法设计商品退货入库窗口界面，如图 4-33 所示。

4.2.13 商品库存管理出库界面设计

商品出库有两个操作界面，一个是根据订单出库，另一个是根据调拨单出库，而订单出库可以有选择出库，界面如图 4-34 和图 4-35 所示。

1. 设计方法和步骤

（1）在网站子文件夹"StoreManagement"中的"WareStore"新建一个命名为"WareOutStore.aspx"的网页文件并打开。

（2）展开工具箱"AJAX Extensions"子标签，把 ScriptManager 控件拖入网页设计器中。

（3）展开工具箱"AJAXControlToolkit"子标签，把 TabContainer 控件拖入网页设计器中，然后单击 TabContainer 的智能标签，选择"Add Tab Panel"添加两个版面标签，分别命名为"订单出库"和"调拨出库"。

第 4 章 项目界面设计

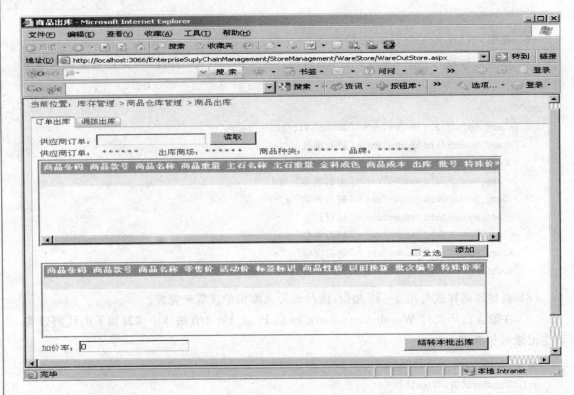

图 4-34 商品库存出库界面之一

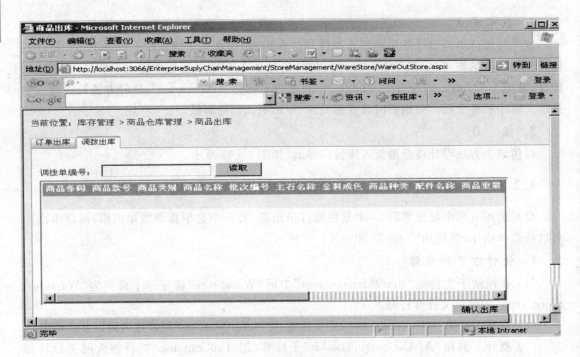

图 4-35 商品库存出库界面之二

(4) 单击"订单出库"标签,则切换到商品订单入库界面,拖入一个 UpdatePanel 控件,并将其 UpdateMode 属性设置为"Conditional"。

(5) 参照图 4-34 所示,在 UpdatePanel 容器中插入一个六行一列的表格,在第一行设置一个 TextBox 和一个 Button 控件及说明文字,在第二行设置四个 Label 控件及说明文字,在第三行拖入一个 Panel 控件,然后拖入一个 GridView 控件,并设置字段代码如下所示:

```
<Columns>
    <asp:TemplateField HeaderText = "商品条码">
        <ItemTemplate><asp:Label ID = "lblWareBarNo" runat = "server" ></asp:Label></ItemTemplate>
    </asp:TemplateField>
    <asp:BoundField HeaderText = "商品款号" />
    <asp:BoundField HeaderText = "商品名称" />
    <asp:BoundField HeaderText = "商品重量" />
    <asp:BoundField HeaderText = "主石名称" />
    <asp:BoundField HeaderText = "主石重量" />
    <asp:BoundField HeaderText = "金料成色" />
    <asp:BoundField HeaderText = "商品成本" />
    <asp:TemplateField HeaderText = "出库选择">
        <ItemTemplate><asp:CheckBox ID = "chkSelect" runat = "server" /></ItemTemplate>
    </asp:TemplateField>
    <asp:BoundField HeaderText = "批号" />
    <asp:BoundField HeaderText = "特殊价率" />
    <asp:CommandField ShowSelectButton = "True" />
</Columns>
```

(6) 在第四行设置一个 CheckBox 和一个 Button 控件。

(7) 在第五行拖入一个 Panel 控件,然后在 Panel 容器中拖入一个 GridView 控件,并设置字段代码如下所示。

```
<Columns>
    <asp:BoundField HeaderText = "商品条码" />
    <asp:BoundField HeaderText = "商品款号" />
    <asp:BoundField HeaderText = "商品名称" />
    <asp:TemplateField HeaderText = "零售价">
        <ItemTemplate><asp:TextBox ID = "txtRetailPrice" runat = "server" Width = "64px" /></ItemTemplate>
    </asp:TemplateField>
    <asp:TemplateField HeaderText = "活动价">
        <ItemTemplate><asp:TextBox ID = "txtSalespromotionPrice" runat = "server" /></ItemTemplate>
    </asp:TemplateField>
    <asp:TemplateField HeaderText = "标签标识">
        <ItemTemplate><asp:TextBox ID = "txtLableSign" runat = "server" Width = "64px" /></ItemTemplate>
    </asp:TemplateField>
```

```
            <asp:TemplateField HeaderText = "商品性质">
                <ItemTemplate>
                    <asp:DropDownList ID = "ddlWareKind" runat = "server" >
                        <asp:ListItem></asp:ListItem>
                        <asp:ListItem Value = "1">正价</asp:ListItem>
                        <asp:ListItem Value = "2">特价</asp:ListItem>
                        <asp:ListItem Value = "3">赠品</asp:ListItem>
                        <asp:ListItem Value = "4">包装促销</asp:ListItem>
                        <asp:ListItem Value = "5">一口价</asp:ListItem>
                    </asp:DropDownList>
                </ItemTemplate>
            </asp:TemplateField>
            <asp:TemplateField HeaderText = "以旧换新">
                <ItemTemplate>
                    <asp:DropDownList ID = "ddlSecondhandChangeNew" runat = "server" >
                        <asp:ListItem></asp:ListItem>
                        <asp:ListItem Value = "1">参加</asp:ListItem>
                        <asp:ListItem Value = "2">不参加</asp:ListItem>
                    </asp:DropDownList>
                </ItemTemplate>
            </asp:TemplateField>
            <asp:BoundField HeaderText = "批次编号" />
            <asp:BoundField HeaderText = "特殊价率" />
        </Columns>
```

(8) 最后一行设置一个 TextBox 和一个 Button 控件。

(9) 调整页面布局,配置各个控件的样式属性使版面更加美观。

(10) 在隐含代码文件 WareOutStore.aspx.cs 的 Page_Load 方法体中编写如下的代码以实现空记录数据绑定:

```
gv gv1 = new gv();
gv1.GrivdText(GridView1);gv1.GrivdText(GridView2);
```

2. 技术要点

每一个显示控件都有相应的显示样式属性,即 Style 属性,Style 类型很多,读者可通过开发工具的属性窗口进行尝试设计,以对 Style 属性的应用有所了解。

3. 练　习

完成调拨单出库界面设计。

4.2.14　商品库存盘点界面设计

库存盘点也是仓库管理一个重要的环节,盘点项目可粗可细,可根据管理的需要来定。本项目的商品库存盘点按商品类别和单件商品两种方式进行,界面如图 4-36 和图 4-37 所示。

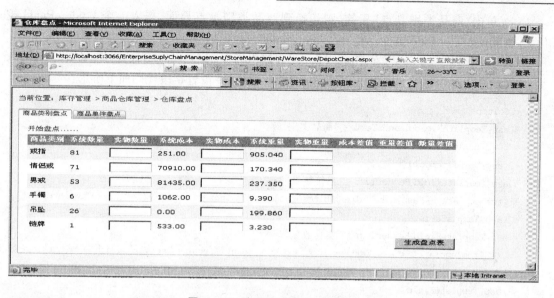

图 4-36　商品库存盘点界面之一

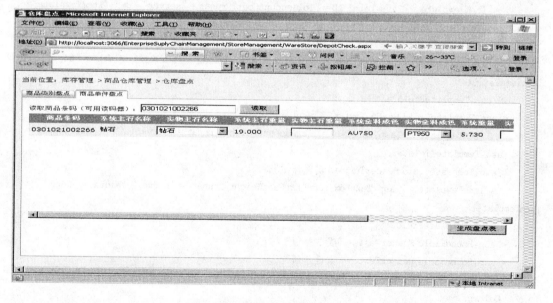

图 4-37　商品库存盘点界面之二

1. 设计方法和步骤

（1）在网站子文件夹"StoreManagement"中的"WareStore"新建一个命名为"DepotCheck.aspx"的网页文件并打开。

（2）展开工具箱"AJAX Extensions"子标签，把 ScriptManager 控件拖入网页设计器中。

（3）展开工具箱中"AJAXControlToolkit"子标签，把 TabContainer 控件拖入网页设计器中，然后单击 TabContainer 的智能标签，选择"Add Tab Panel"添加两个面板标签，分别命名为"商品类别盘点"和"商品单件盘点"。

(4) 单击"商品类别盘点"标签，则切换到商品类别盘点界面，拖入一个 UpdatePanel 控件，并将其 UpdateMode 属性设置为"Conditional"。

(5) 参照图 4-36 所示，在 UpdatePanel 容器中插入一个三行一列的表格，在第一行输入文字"开始盘点…"，在第二行拖入一个 GridView 控件，并设置字段代码如下所示：

```
<Columns>
<asp:TemplateField HeaderText = "商品类别">
    <ItemTemplate><asp:Label ID = "lblWareClass" runat = "server" /></ItemTemplate>
</asp:TemplateField>
<asp:TemplateField HeaderText = "系统数量">
<ItemTemplate><asp:Label ID = "lblAccountAmount" runat = "server" /></ItemTemplate>
</asp:TemplateField>
<asp:TemplateField HeaderText = "实物数量">
    <ItemTemplate><asp:TextBox ID = "txtFactAmount" runat = "server" Width = "64px" /></ItemTemplate>
</asp:TemplateField>
<asp:TemplateField HeaderText = "系统成本">
    <ItemTemplate><asp:Label ID = "lblAccountCost" runat = "server" /></ItemTemplate>
</asp:TemplateField>
<asp:TemplateField HeaderText = "实物成本">
    <ItemTemplate><asp:TextBox ID = "txtFactCost" runat = "server" Width = "64px" /></ItemTemplate>
</asp:TemplateField>
<asp:TemplateField HeaderText = "系统重量">
    <ItemTemplate><asp:Label ID = "lblAccountWeight" runat = "server" /></ItemTemplate>
</asp:TemplateField>
<asp:TemplateField HeaderText = "实物重量">
    <ItemTemplate><asp:TextBox ID = "txtFactWeight" runat = "server" Width = "64px" /></ItemTemplate>
</asp:TemplateField>
<asp:BoundField HeaderText = "成本差值" />
<asp:BoundField HeaderText = "重量差值" />
<asp:BoundField HeaderText = "数量差值" />
</Columns>
```

(6) 最后一行设置一个 Button 控件，并适当调整页面布局。

(7) 在隐含代码文件 DepotCheck.aspx.cs 的 Page_Load 方法体中编写如下的代码以实现空记录数据绑定：

```
gv gv1 = new gv();
gv1.GrivdText(GridView1);
```

第4章 项目界面设计

2. 技术要点

在模板列中,对于只读数据列一般采用 Label 控件,而对于可读写的列采用 TextBox 控件。

3. 练 习

参照本过程方法完成商品单件盘点界面的设计。

4.2.15 商品库存信息查询界面设计

库存信息查询主要有四个,即入库单、出库单、盘点和商品库存明细查询等功能。设计的思想主要以 TextBox、DropDownList、Button 和 Label 等控件来完成查询条件输入部分,而以 GridView 控件来显示查询结果,以 TabContainer 控件实现界面切换,UpdatePanel 控件实现部分刷新功能,并把 GridView 控件置于 Panel 控件中,如图 4-38、图 4-39、图 4-40 和图 4-41 所示。

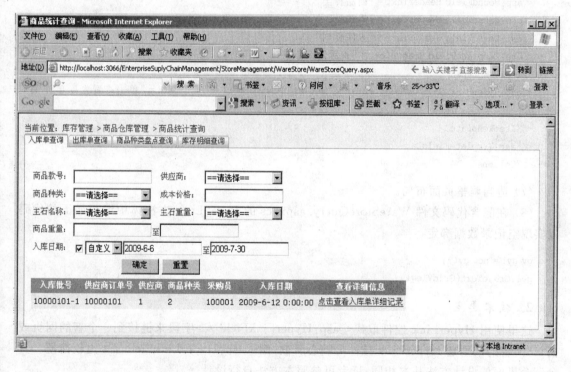

图 4-38　入库单信息查询界面

1. 设计方法和步骤

(1) 在网站子文件夹"StoreManagement"中的"WareStore"新建一个命名为"WareStore-Query.aspx"的网页文件并打开。

(2) 展开工具箱中"AJAX Extensions"子标签,把 ScriptManager 控件拖入网页设计器中。

(3) 展开工具箱中"AJAXControlToolkit"子标签,把 TabContainer 控件拖入网页设计器中,然后单击 TabContainer 的智能标签,选择"Add Tab Panel"添加四个面板标签,分别命名为"入库单查询"、"出库单查询"、"商品种类盘点查询"和"库存明细查询"。

第4章 项目界面设计

（4）单击"入库单查询"标签，则切换到入库单查询界面，拖入一个 UpdatePanel 控件，并将其 UpdateMode 属性设置为"Conditional"。

（5）在 UpdatePanel 容器中插入一个四行一列的表格，然后第一行插入三行四列的子表，在第二行插入两行两列的子表。

（6）参照图 4-38 所示，在第一行的子表中设置两个 TextBox 和四个 DropDownList 控件及其说明文字，在第二行的子表中设置四个 TextBox、一个 CheckBox 和一个 DropDownList 控件及其说明文字，在第三行拖入两个 Button 控件，在最后一行拖入一个 Panel 控件，然后在 Panel 容器中拖入一个 GridView 控件，并设置字段代码如下所示：

```
<Columns>
<asp:BoundField HeaderText = "入库批号" />
<asp:BoundField HeaderText = "供应商订单号">
<asp:BoundField HeaderText = "供应商" />
<asp:BoundField HeaderText = "商品种类" />
<asp:BoundField HeaderText = "采购员" />
<asp:BoundField HeaderText = "入库日期" />
<asp:TemplateField HeaderText = "查看详细信息">
<ItemTemplate>
<asp:HyperLink ID = "detail" runat = "server" NavigateUrl = "#" Text = "单击查看入库单详细记录" />
</ItemTemplate>
</asp:TemplateField>
</Columns>
```

（7）适当调整页面布局。

（8）在隐含代码文件 WareStoreQuery.aspx.cs 的 Page_Load 方法体中编写如下的代码以实现空记录数据绑定：

```
gv gv1 = new gv();
gv1.GrivdText(GridView1);
```

2. 技术要点

这里使用 HyperLink 控件取代 <asp:HyperLinkField /> 字段来链接到一个新的网页或窗口，两者的区别是 HyperLink 控件可随心所欲，而 <asp:HyperLinkField /> 比较简便。其余三个界面的设计方法基本相同，读者可参照本方法自行设计。

3. 练习

完成图 4-39、图 4-40、图 4-41 所示的界面设计。

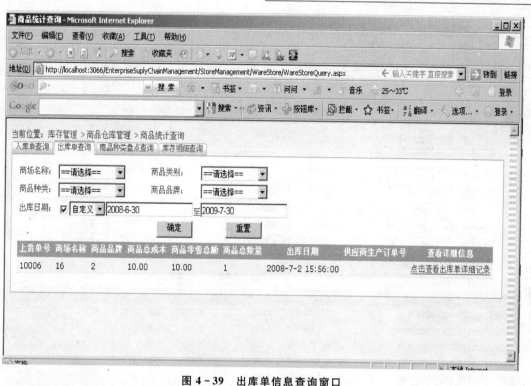

图 4-39　出库单信息查询窗口

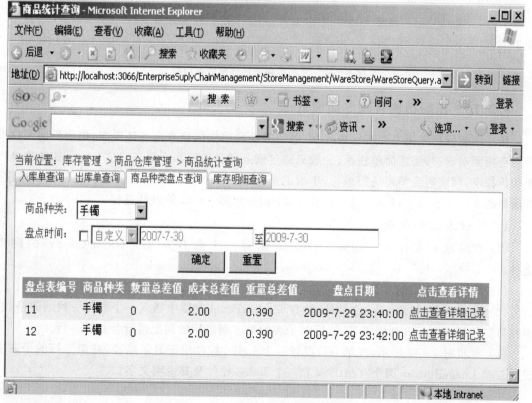

图 4-40　商品种类盘点查询窗口

第4章 项目界面设计

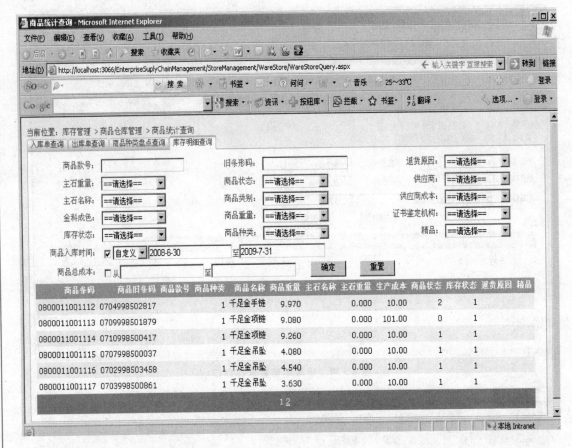

图4-41 商品库存明细信息查询窗口

4.2.16 商场销售管理界面设计

商场销售管理界面主要有销售界面、收银界面和销售信息查询统计界面,销售界面和收银界面直接面对客户,要求简单快速,一般只通过读入商品条码和会员卡即可自动添加销售单明细和折扣率,但实售金额可进行编辑,生成的销售单在没有收款确认之前也可随时编辑取消。界面如图4-42、图4-43和图4-43所示,下面介绍图4-42的设计过程。

1. 设计方法和步骤

(1) 在网站子文件夹"SellManagement"新建一个命名为"GoodsRetail.aspx"的网页文件。

(2) 展开工具箱"AJAX Extensions"子标签,把 ScriptManager 控件拖入网页设计器中。

(3) 拖入一个 UpdatePanel 控件,并在 UpdatePanel 容器中插入一个五行一列的表格,然后在第二行插入二行九列的子表,然后对子表的第三列以后的列把两行合并为一行。

(4) 参照图4-42所示,在第一行设置一个 LaBel 控件用于显示路径,在第二行的子表中设置三个 ImageButton、两个 TextBox 和一个 Label 控件及其说明文字。

第 4 章 项目界面设计

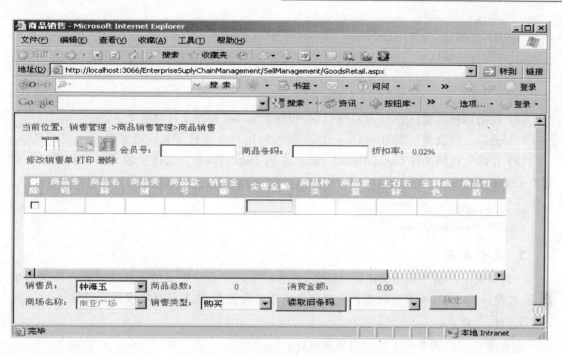

图 4-42　商品销售管理界面之一（销售）

（5）在第三行拖入一个 Panel 控件，然后在 Panel 容器中拖入一个 GridView 控件，并设置字段代码如下所示：

```
<Columns>
    <asp:TemplateField HeaderText = "删除">
        <ItemTemplate><asp:CheckBox ID = "cbDelete" runat = "server" /></ItemTemplate>
    </asp:TemplateField>
    <asp:BoundField HeaderText = "商品条码" />
    <asp:BoundField HeaderText = "商品名称" />
    <asp:BoundField HeaderText = "商品类别" />
    <asp:BoundField HeaderText = "商品款号" />
    <asp:BoundField HeaderText = "销售金额" />
    <asp:TemplateField HeaderText = "实售金额">
        <ItemTemplate><asp:TextBox ID = "lblFactSum" runat = "server" Width = "60px" /></ItemTemplate>
    </asp:TemplateField>
    <asp:BoundField HeaderText = "商品种类" />
    <asp:BoundField HeaderText = "商品重量" />
    <asp:BoundField HeaderText = "主石名称" />
    <asp:BoundField HeaderText = "金料成色" />
    <asp:BoundField HeaderText = "商品性质" />
    <asp:BoundField HeaderText = "活动价" />
    <asp:BoundField HeaderText = "商场扣款" />
```

第4章 项目界面设计

```
    <asp:BoundField HeaderText = "生产成本" />
    <asp:TemplateField HeaderText = "销售类型">
        <ItemTemplate><asp:Label ID = "LblSellMode" runat = "server" /></ItemTemplate>
    </asp:TemplateField>
</Columns>
```

（6）在第四行设置一个 DropDownList 和两个 Label 控件及其说明文字。

（7）最后一行设置三个 DropDownList 和两个 Button 控件及其说明文字。

（8）在隐含代码文件 GoodsRetail.aspx.cs 的 Page_Load 方法体中编写如下的代码以实现空记录数据绑定：

```
gv gv1 = new gv();
gv1.GrivdText(GridView1);
```

2. 技术要点

一般情况下尽量不采用横向的滚动条，但有必要时应查看更多的信息这时需要横向的滚动条，在设计 GridView 表列时要把关键信息字段放在前部，次要信息字段放到后部。

3. 练 习

完成图 4-43、图 4-44 所示的界面设计。

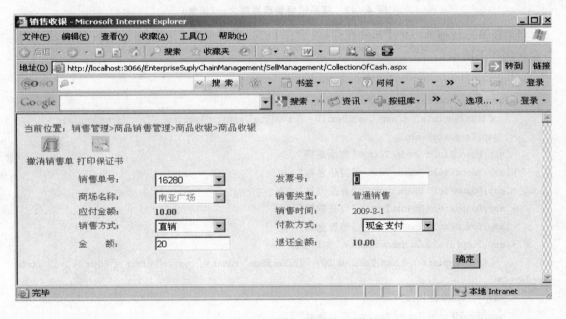

图 4-43 商品销售管理界面之二（收银）

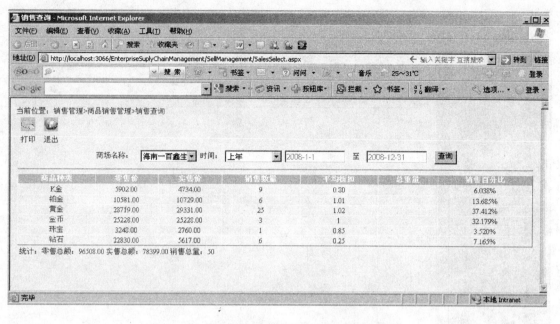

图 4-44　商品销售管理界面之三(销售查询统计)

4.3　系统主界面与网页主题设计

一般情况下每个软件系统项目都有一个主界面。主界面设计在 ASP.NET 中常用的技术是使用母版页。打开程序，如果都要呈现主界面的样式，则每个网页文件都要套用母版页，显得非常的累赘。所以，本项目的主界面设计采用的是框架技术，母版页技术在相关技术概述一节进行介绍。主界面样式如图 4-45 所示。

4.3.1　系统主界面设计

框架技术是 HTML 常用的主界面设计技术，一般来说，如果要打开的网页大多都要呈现主界面的框架样式，采用框架技术来设计主界面要比采用母版页来的简便，但 Visual Studio 2010 集成开发工具不支持框架设计，只能写入代码或在其他工具设计好框架再把代码复制过来。

1. 设计方法和步骤

（1）在网站根目录下新建一个命名为"Default.aspx"的代码隐含页方式的网页文件并打开。

（2）切换到源码窗口删除以下所示的标记：

```
<body>
    <form id = "form1" runat = "server">
    <div>
        </div>
    </form>
</body>
```

第4章 项目界面设计

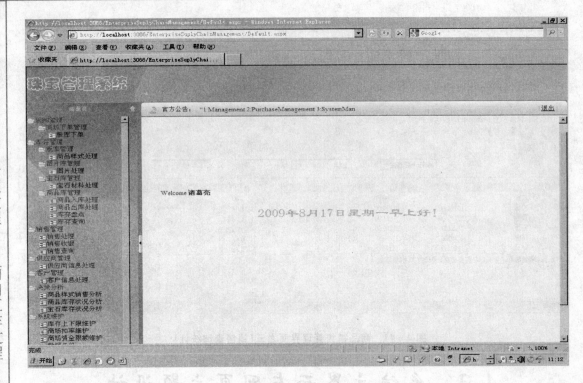

图4-45 系统主界面

（3）在删除的位置输入以下的框架代码，由于Visual Studio 2010集成开发工具不支持框架设计，只能手工输入，也可以在Dreamweaver工具中设计好框架再把它复制过来，即代码为

```
<frameset name = "top1" rows = "79, *" frameborder = "no" border = "0" framespacing = "0">
    <frame src = "TopPage.aspx" name = "top11" frameborder = "no" scrolling = "no" noresize = "noresize" title = "顶部框架" />
    <frameset name = "full1" rows = " * " frameborder = "no" border = "0" framespacing = "0">
        <frameset name = "full2" cols = "210,8, * " frameborder = "no" border = "0" framespacing = "0">
            <frame src = "LeftPage.aspx" name = "left1" frameborder = "no" scrolling = "no" noresize = "noresize" title = "左部框架" />
            <frame src = "switchframe.aspx" name = "switch" frameborder = "no" scrolling = "no" noresize = "noresize" title = "中部框架" />
            <frameset name = "right" rows = "36, * " frameborder = "no" border = "0" framespacing = "0">
                <frame src = "RightPage.aspx" name = "top_right" frameborder = "no" scrolling = "no" noresize = "noresize" title = "右顶部框架" />
                <frame src = "MainPage.aspx" name = "MainWindows" frameborder = "no" scrolling = "auto" noresize = "noresize" title = "主框架" />
            </frameset>
        </frameset>
    </frameset>
</frameset>
```

(4) 在站点根目录下新建 TopPage.aspx、LeftPage.aspx、switchframe.aspx、RightPage.aspx 和 MainPage.aspx 网页文件。

2. 技术要点

在主框架设计中利用 JavaScript 技术来收缩或展开顶部框架和左框架，实现的方法是在左框架网页中置入一个向上箭头的图标，然后设定其 Onclick 属性触发 JavaScript 的 hidenmenu(this) 函数，脚本代码如下所示：

```
<script type="text/javascript">
  function hidenmenu(obj)
  {
    if(parent.menuState == 0){
    parent.menuState = 1;
        parent.top1.rows = "*,100%";
        document.all("img").src = "Icons/down.png";
     }
    else{
        parent.menuState = 0;
        parent.top1.rows = "79,*";
        document.all("img").src = "Icons/up.png";
    }
  }
</script>
```

左框架收缩由 switchframe.aspx 完成，其设计方法与此相仿。TopPage.aspx 只是显示一行文字，RightPage.aspx 使用<marquee>"<%=showMsg%>"</marquee>动态显示信息，其中 showMsg 由隐含代码文件定义的字符串。读者可参照随书提供的案例程序自行设计。LeftPage.aspx 和 MainPage.aspx 网页设计较为复杂，都是用了用户自定义控件技术，将在用户控件一节进行介绍。

注意：JavaScript 脚本必须置于<head></head>标记之间。

4.3.2 网页主题设计

一般来说，在一个项目中页面的显示风格样式是一致的，比如页面背景。网页主题就是要创造一致的风格，本项目利用主题技术创造一致的页面背景和字体样式。

1. 设计方法和步骤

(1) 在站点根目录下右击，在弹出的快捷菜单中选择"添加 ASP.NET 文件夹→主题"菜单项，则自动创建一个名为 App_Themes 的主题文件夹，并添加了一个主题子文件夹名为"主题1"，把此名字改为"ESCMTheme"。

(2) 在 ESCMTheme 文件夹右击，随后弹出的菜单中单击"添加新项"菜单则弹出如图 4-46 所示的新建文件窗口。

(3) 选择外观文件，并命名为 ESCMSkin.skin，在打开的 ESCMSkin 文件中输入以下代码：

```
<asp:GridView runat="server" SkinId="gridviewSkin" BackColor="#EEF7FD">
```

第4章 项目界面设计

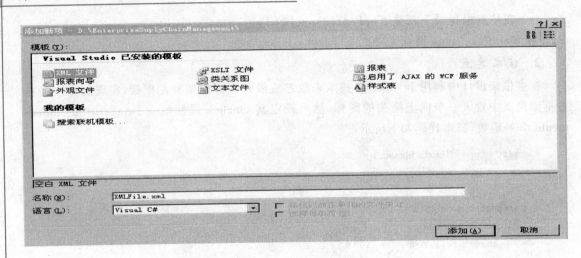

图 4-46 主题文件窗口

```
<AlternatingRowStyle BackColor="#ACEBFF" />
</asp:GridView>
```

(4) 重复第二步骤建一个样式表文件,将其命名为 ESCMStyle.css,把光标置于打开的 ESCMStyle 文件中,然后在 CSS 大纲窗口的"元素"文件夹中右击后弹出快捷菜单,选择"添加样式规则(A)"如图 4-47 所示,则弹出如图 4-48 所示的窗口。

(5) 在图 4-48 的窗口选择"元素",在下拉选项选择 body,然后单击">"按钮,单击"确定"按钮,则在 ESCMStyle.css 中添加 body{},把光标置于{…}中,然后在属性窗口中单击 Style 属性的"…"按钮,则弹出如图 4-49 所示设计样式的窗口。在窗口中设计字号为 small,颜色为#003399,背景颜色为#EEF7FD。

(6) 打开 web.config 文件,在<pages>标记指定主题样式属性为<pages styleSheetTheme="ESCMTheme">。

(7) 在需要皮肤样式的 Gridview 控件设置属性 SkinID="gridviewSkin"。

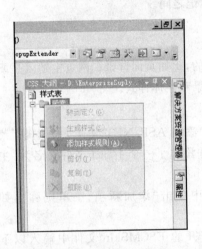

图 4-47 主题文件窗口

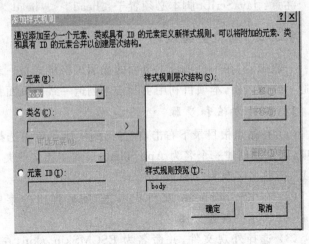

图 4-48 主题文件窗口

第4章 项目界面设计

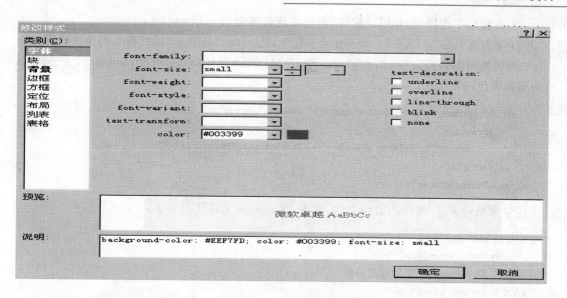

图4-49 主题文件窗口

2. 技术要点

这一过程使用两种方法来分别设计服务器控件样式和网页 HTML 标记样式。皮肤文件 ESCMSkin.skin 用于设计服务器控件样式，Css 样式表文件 ESCMStyle.css 用于设计 HTML 标记样式。在 Web.config 指定主题属性，则主题作用于网站中所有的网页。如果需要有选择性地使用主题，则应取消 Web.config 的主题属性设置，改为在需要主题的网页的<@page> 标记中加入主题属性 Theme="ESCMTheme"。如果要使在皮肤文件中设计的控件的样式作用于所有同种控件，只要把皮肤文件中控件设计的 SkinId="gridviewSkin"属性删除即可。

4.4 用户自定义控件

用户自定义控件顾名思义就是用户自己设计的控件。用户控件设计与网页设计几乎一样，可以包含各种各样的界面控件，但没有 HTML、body 和 form 元素，只能附加到具体的网页中才能起作用。用户控件可使界面设计具有可重用的优点。

本项目使用了两个用户控件，并使用两种方式来引用用户控件。我们回过头来讲解 LeftPage.aspx 和 MainPage.aspx 网页的设计方法。LeftPage.aspx 附加了一个树状菜单的用户自定义控件 TreeUC，MainPage.aspx 附加了一个动态显示日期和问候的用户控件名 Greetings。

4.4.1 用户控件创建设计

用户控件的创建方法跟其他文件的创建没有什么区别只是文件扩展名不一样而已，用户控件的设计与一般网页设计方法一样，所以这里只做简要的介绍。

1. 设计方法和步骤

（1）右击 UserControls 文件夹，单击"添加新项(W)"菜单并打开新建网页窗口，如图4-1 所示。

第4章 项目界面设计

(2) 在窗口中选择 Web 用户控件,并把文件名改为 Greetings.ascx。
(3) 展开工具箱"AJAX Extensions"子标签,把 ScriptManager 控件拖入网页设计器。
(4) 切换到源码编辑窗口,在<asp:ScriptManager></asp:ScriptManager>之间输入以下黑体字代码:

```
<asp:ScriptManager ID = "ScriptManager1" runat = "server">
    <scripts>
        <asp:scriptreference Path = "~/JavaScripts/JScript.js" />
    </scripts>
</asp:ScriptManager>
```

注意这里对 *.js 文件的引用方法,其中 JScript.js 文件代码如下:

```
//注册 ESCM 命名空间
Type.registerNamespace("ESCM");
//定义一个 Greetings 类的构造函数
ESCM.Greetings = function(){
    //this.SetGreetings();
}
//定义 Greetings 类
ESCM.Greetings.prototype =
{
    GetGreetings:function()  //类方法
    {
        today = new Date();//定义日期对象
    function initArray()  //初始化数组
    {
    this.length = initArray.arguments.length
    for(var i = 0;i<this.length;i++)
    this[i+1] = initArray.arguments[i]
    }
    var M = today.getMonth() + 1;  //获取当前月份(月份在对象中从 0 计数,即一月份为 0,十二月为 11)
    var d = new Array("星期日","星期一","星期二","星期三","星期四","星期五","星期六");
    var str = today.getYear() + "年" + M + "月" + today.getDate() + "日" + d[today.getDay()]
    now = new Date(),hour = now.getHours()
    if(hour<6){str + = "凌晨好!";}
    else if(hour<13){str + = "早上好!";}
    else if (12<hour && hour<20){str + = "下午好!";}
    else if(20<hour && hour<23){str + = "晚安!";}
    return str;
    }
}
//注册 Greetings 类
ESCM.Greetings.registerClass("ESCM.Greetings");
```

这是通过 JavaScript 脚本定义类的方法,这个类返回当前日期及问候。通过 JavaScript 脚本定义类的.js 文件要使用以上的方式来引用。

(5) 输入一个用于显示问候的<div>标记如下：

```
<div id = "MyGreet"
    style = "font-family:隶书;font-size:26px;color:#99CC00;">
</div>
```

(6) 输入引用脚本定义类的代码如下：

```
<script type = "text/javascript">
    function pageLoad(){
        var str = new ESCM.Greetings();
        var str1 = str.GetGreetings();
        document.getElementById("MyGreet").innerHTML = str1;  //给MyGreet的<div></div>标记置入文本内容
    }
</script>
```

这里 pageLoad()名称是固定的专用方法名称,当浏览器打开网页时自动触发。
(7) 新建一个命名为 TreeUC.ascx 的用户控件。
(8) 在设计器中拖入一个 TreeView 控件,具体的菜单绑定这里暂不做介绍。

2. 技术要点

本过程用户自定义控件的创建与普通网页的创建没有太大的区别,这里的技巧是通过 ScriptManager 控件使 JavaScript 可以调用 ASP.NET AJAXLibrary 脚本库中的扩展语法进行面向对象编程。如何定义 JavaScript 类及引用含有 JavaScript 类的 *.Js 文件,如何引用 JavaScript 类,在设计方法和步骤的第(4)步和第(6)步的代码是最基本的步骤,要注意 JavaScript 类定义与 C#类定义的区别。

4.4.2 用户控件的引用

一般来说用户控件采用两种方式来引用,本项目在 LeftPage.aspx 和 Mainpage.aspx 网页文件分别使用了这两种方式来引用用户控件 TreeUC 和 Greetings。

1. 设计方法和步骤

(1) 打开 LeftPage.aspx 文件,并切换到"拆分"视图。
(2) 插入一个两行两列宽度为 210 的表格。
(3) 在第一行第一列拖入一个 Label 控件,第二列拖入一个 Image 控件,并设置 Image 控件属性。

```
ID = "img"  ImageUrl = "~/Icons/up.png"  style = "cursor:hand;"  onclick = "hidenmenu(this)"
```

在<head></head>之间插入过程十八的【技术要点】所列示的 JavaScript 脚本代码。
(4) 在第二行第一列拖入一个 Panel 控件,并设置属性 ScrollBars 为 Auto。
(5) 打开 web.config 文件,在<pages><controls></controls></pages>之间添加节点。

```
<add tagPrefix = "MyConrol" tagName = "TreeUC" src = "~/UserControls/TreeUC.ascx"/>
```

第4章 项目界面设计

(6) 在代码部分的＜panel＞＜/panel＞之间输入＜MyConrol：TreeUC ID＝"PopedomTree" runat＝"server"/＞,如图4-50所示。

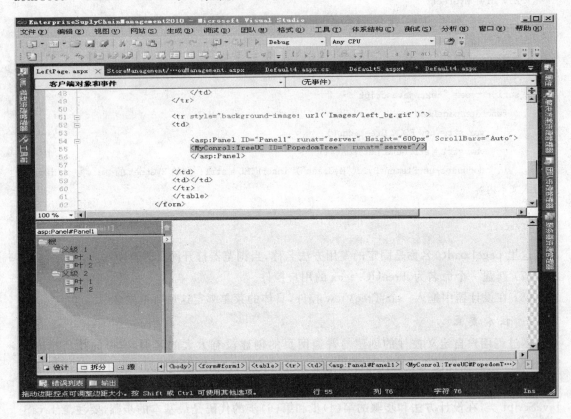

图4-50 LeftPage主界面左窗体网页界面

(7) 打开Mainpage.aspx网页文件,并切换到"拆分"窗口。

(8) 在源码的第二行插入注册用户控件的命令行,如下代码所示：

＜%@ Register Src＝"~/UserControls/Greetings.ascx" TagName＝"Greeting" TagPrefix＝"UC1" %＞

(9) 在设计窗格插入五行五列的表格,然后在代码窗格表格中的第二行第三列输入Welcome ＜b＞＜%=UserName%＞＜/b＞,其中UserName为隐含代码定义的字符串变量,在第三行第三列输入＜UC1：Greeting ID＝"IGreet" runat＝"server"/＞,并把两行的高度分别设置为30px(像素)和60px(像素),如图4-51所示。

2. 技术要点

这一过程介绍了引用用户控件的两种方法,在Web.config配置文件注册的用户控件可以直接在所有的网页文件中直接引用,如果用户控件没有在Web.config文件中配置,则必须在网页中进行注册才能使用。

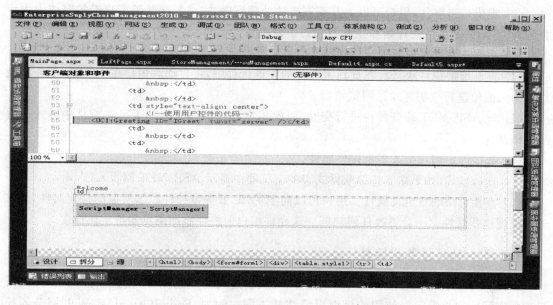

图 4-51　MainPage 主界面主窗体网页界面

4.5　相关技术概述

这一节对上一节所使用的界面控件与本项目未使用的一些界面控件,以及项目使用的相关技术的基础知识作简要的介绍。

4.5.1　HTML 服务器控件

HTML 服务器控件属于 HTML 元素(或采用其他支持的标记元素,例如 XHTML),它包含多种属性,使其可以在服务器代码中进行编程。默认情况下,服务器上无法使用 ASP. NET 网页中的 HTML 元素。这些元素将被视为不透明文本并传递给浏览器。但是,通过将 HTML 元素转换为 HTML 服务器控件,可将其公开为可在服务器上编程的元素。

HTML 服务器控件的对象模型紧密映射到相应元素的对象模型。例如,HTML 属性在 HTML 服务器控件中作为属性公开。

页中的任何 HTML 元素都可以通过添加属性 runat="server"来转换为 HTML 服务器控件。在分析过程中,ASP. NET 页框架将创建包含 runat="server"属性的所有元素的实例。若要在代码中以成员的形式引用该控件,则还应为该控件分配 id 属性。

页框架为页中最常动态使用的 HTML 元素提供了预定义的 HTML 服务器控件:form 元素、input 元素(文本框、复选框、"提交"按钮)、select 元素等。这些预定义的 HTML 服务器控件具有一般控件的基本属性,此外每个控件通常提供自己的属性集和自己的事件。

HTML 服务器控件提供以下功能:

(1)可在服务器上使用熟悉的面向对象的技术对其进行编程的对象模型。每个服务器控件都公开一些属性(Property),用户可以使用这些属性在服务器代码中以编程方式来操作该控件的标记属性(Attribute)。

(2) 提供一组事件,用户可以为其编写事件处理程序,方法与在基于客户端的窗体中大致相同,所不同的是事件处理是在服务器代码中完成的。

(3) 在客户端脚本中处理事件的能力。

(4) 自动维护控件状态。在页到服务器的往返行程中,将自动对用户在 HTML 服务器控件中输入的值进行维护并发送回浏览器。

(5) 与 ASP.NET 验证控件进行交互,因此用户可以验证自己是否已在控件中输入了适当的信息。

(6) 数据绑定到一个或多个控件属性。

(7) 支持样式(如果在支持级联样式表的浏览器中显示 ASP.NET 网页)。

(8) 直接可用的自定义属性。用户可以向 HTML 服务器控件添加所需的任何属性,页框架将呈现这些属性而不会更改任何功能。这允许用户向控件添加浏览器特定属性。

4.5.2 Web 服务器控件

Web 服务器控件的重点与 HTML 控件不同,它定义为抽象控件,在抽象控件中,控件所呈现的实际标记与编程所使用的模型可能截然不同。例如,RadioButtonList Web 服务器控件可以在表中呈现,也可以作为带有其他标记的内联文本呈现。

Web 服务器控件包括传统的窗体控件,例如按钮、文本框和表等复杂控件。它们还包括提供常用窗体功能(例如在网格中显示数据、选择日期、显示菜单等)的控件。

除了提供 HTML 服务器控件的上述所有功能(不包括与元素的一对一映射)外,Web 服务器控件还提供以下附加功能:

(1) 功能丰富的对象模型,该模型具有类型安全编程功能。

(2) 自动浏览器检测。控件可以检测浏览器的功能并呈现适当的标记。

(3) 对于某些控件,可以使用 Templates 定义自己的控件布局。

(4) 对于某些控件,可以指定控件的事件是立即发送到服务器,还是先缓存然后在提交该页时引发。

(5) 支持主题,用户可以使用主题为站点中的控件定义一致的外观。

(6) 可将事件从嵌套控件(例如表中的按钮)传递到容器控件。

1. 标准控件

标准控件就是工具箱的"标准"选项卡中的 Web 服务器控件。这些控件为用户能够显示按钮、列表、图像、框、超链接、标签、表和更复杂的控件,这些复杂控件处理用做其他控件的容器的静态和动态数据或控件。

常用的标准控件有:

- 按钮控件
- Calendar
- CheckBox 和 CheckBoxList
- DropDownList
- FileUpload
- HiddenField

- HyperLink
- Image
- Label
- ListBox
- Literal
- MultiView 和 View

- PlaceHolder
- RadioButton 和 RadioButtonList
- Table 和 TableRow
- TextBox

在以上的标准控件中除了 Literal 和 PlaceHolder 控件外,其余都是从 WebControl 类派生的 Web 服务器控件。WebControl 类派生的控件其基本属性是一样的,如表 4-1 所列。

表 4-1 常用标准控件基本属性

属性名称	说明
AccessKey	控件的键盘快捷键(AccessKey)。此属性指定用户在按住 Alt 的同时可以按下的单个字母或数字
Attributes	控件上的未由公共属性定义但仍需呈现的附加属性集合
BackColor	控件的背景色。BackColor 属性可以使用标准的 HTML 颜色标识符来设置:颜色名称("black"或"red")或者以十六进制格式("#ffffff")表示的 RGB 值
CssClass	分配给控件的级联样式表(CSS)类
Style	作为控件的外部标记上的 CSS 样式属性呈现的文本属性集合
Enabled	当此属性设置为 true(默认值)时使控件起作用。当此属性设置为 false 时禁用控件
EnableTheming	当此属性设置为 true(默认值)时对控件启用主题。当此属性设置为 false 时对该控件禁用主题
Font	为正在声明的 Web 服务器控件提供字体信息
ForeColor	控件的前景色
Height	控件的高度
SkinID	要应用于控件的外观
TabIndex	控件的位置(按 Tab 键顺序)
ToolTip	当用户将光标指针定位在控件上方时显示的文本
Width	控件的固定宽度

2. 数据控件

Visual Web Developer 工具箱的"数据"选项卡上的 ASP.NET Web 服务器控件包括数据源控件和格式设置控件,前者可以使用 Web 控件访问数据库中的数据,后者可以显示和操作 ASP.NET 网页上的数据。本节主要介绍格式设置控件,数据源控件将在第 8 章进行介绍。

数据显示格式控件主要有以下几种:

- ListView
- GridView
- DetailsView
- FormView
- Repeater
- DataList

(1) ListView 控件

利用 ListView 控件,可以绑定从数据源返回的数据项并显示。这些数据可以显示在多个页面,也可以逐个显示数据项,也可以对它们分组。

ListView 控件会按照模板和样式定义的格式显示数据。与 DataList 和 Repeater 控件相似,此控件也适用于任何具有重复结构的数据。但与这些控件不同的是,ListView 控件允许用户编辑、插入和删除数据,以及对数据进行排序和分页,所有这一切都无须编写代码。

ListView 控件不支持 BackColor 和 Font 等样式属性。若要向 ListView 控件应用样式,

第4章 项目界面设计

必须对 ListView 模板中的各个控件应用级联样式表(CSS)类或内联样式元素。

ListView 控件有一组相关类共同实现 ListView 控件的功能,如表 4-2 所列。

表 4-2 ListView 控件相关类

类	说 明
ListViewItem	一个对象,表示 ListView 控件中的项
ListViewDataItem	一个对象,表示 ListView 控件中的数据项
ListViewItemType	一个枚举,用于标识 ListView 控件中各个项的功能
DataPager	一个服务器控件,可为实现 IPageableItemContainer 接口的控件(例如 ListView 控件)提供分页功能
NumericPagerField	一个 DataPager 字段,允许用户按页码选择数据页
NextPreviousPagerField	一个 DataPager 字段,允许用户逐页浏览数据页,或者跳过第一个或最后一个数据页
TemplatePagerField	一个 DataPager 字段,允许用户创建自定义分页用户界面

ListView 控件常用的属性、方法和事件如表 4-3、表 4-4 和表 4-5 所列。

表 4-3 ListView 控件常用属性

名 称	说 明
DataKeyNames	获取或设置一个数组,该数组包含显示在 ListView 控件中的项的主键字段的名称
DataKeys	获取 DataKey 对象集合,这些对象表示 ListView 控件中的每一项的数据键值
DataSource	获取或设置对象,数据绑定控件从该对象中检索其数据项列表
DataSourceID	获取或设置控件的 ID,数据绑定控件从该控件中检索其数据项列表
ID	获取或设置分配给服务器控件的编程标识符

表 4-4 ListView 控件常用方法

名 称	说 明
DataBind	数据绑定
DataBindChildren	将数据源绑定到服务器控件的子控件

表 4-5 ListView 控件常用事件

名 称	说 明
DataBinding	当服务器控件绑定到数据源时发生
DataBound	在服务器控件绑定到数据源后发生
ItemDeleted	在请求删除操作且 ListView 控件删除项之后发生
ItemDeleting	在请求删除操作之后、ListView 控件删除项之前发生
ItemEditing	在请求编辑操作之后、ListView 项进入编辑模式之前发生
ItemInserted	在请求插入操作且 ListView 控件在数据源中插入项之后发生
ItemInserting	在请求插入操作之后、ListView 控件执行插入之前发生

续表 4-5

名 称	说 明
ItemUpdated	在请求更新操作且 ListView 控件更新项之后发生
ItemUpdating	在请求更新操作之后、ListView 控件更新项之前发生

（2）GridView 控件

GridView 控件以表格的方式显示数据源的值，其中每列表示一个字段，每行表示一条记录，并可选择和编辑这些项以及对它们进行分页和排序。

GridView 控件常用的属性、方法和事件如表 4-6、表 4-7 和表 4-8 所列。

表 4-6　GridView 控件常用属性

名 称	说 明
AllowPaging	获取或设置一个值，该值指示是否启用分页功能
AllowSorting	获取或设置一个值，该值指示是否启用排序功能
Columns	获取表示 GridView 控件中列字段的 DataControlField 对象的集合
DataKeyNames	获取或设置一个数组，该数组包含显示在 GridView 控件中的项的主键字段的名称
DataKeys	获取 DataKey 对象集合，这些对象表示 GridView 控件中的每一项的数据键值
DataSource	获取或设置对象，数据绑定控件从该对象中检索其数据项列表
DataSourceID	获取或设置控件的 ID，数据绑定控件从该控件中检索其数据项列表
ID	获取或设置分配给服务器控件的编程标识符
PageCount	获取在 GridView 控件中显示数据源记录所需的页数
PageIndex	获取或设置当前显示页的索引
PagerSettings	获取对 PagerSettings 对象的引用，使用该对象可以设置 GridView 控件中的页导航按钮的属性
PageSize	获取或设置 GridView 控件在每页上所显示的记录的数目

表 4-7　GridView 控件常用方法

名 称	说 明
DataBind	数据绑定

表 4-8　GridView 控件常用事件

名 称	说 明
DataBinding	当服务器控件绑定到数据源时发生
DataBound	在服务器控件绑定到数据源后发生
PageIndexChanged	在单击某一页导航按钮时，但在 GridView 控件处理分页操作之后发生
PageIndexChanging	在单击某一页导航按钮时，但在 GridView 控件处理分页操作之前发生
RowDeleted	在单击某一行的"删除"按钮时，但在 GridView 控件删除该行之后发生
RowDeleting	在单击某一行的"删除"按钮时，但在 GridView 控件删除该行之前发生
RowEditing	在单击某一行的"编辑"按钮以后，GridView 控件进入编辑模式之前

续表 4-8

名称	说明
RowUpdated	在单击某一行的"更新"按钮，GridView 控件对该行进行更新之后
RowUpdating	在单击某一行的"更新"按钮以后，GridView 控件对该行进行更新之前
SelectedIndexChanged	在单击某一行的"选择"按钮，GridView 控件对相应的选择操作进行处理之后
SelectedIndexChanging	在单击某一行的"选择"按钮以后，GridView 控件对相应的选择操作进行处理之前
SelectedValue	获取 GridView 控件中的当前记录的数据键值

(3) DetailsView 控件

DetailsView 控件显示数据源的单个记录，其中每个数据行表示记录中的一个字段。此控件经常在主控/详细方案中与 GridView 控件一起使用。

使用 DetailsView 控件，可以从它的关联数据源中一次显示、编辑、插入或删除一条记录。默认情况下，DetailsView 控件将记录的每个字段显示在它自己的一行内。DetailsView 控件通常用于更新和插入新记录，并且通常在主/详细方案中使用。在这些方案中，主控件的选中记录决定要在 DetailsView 控件中显示的记录。即使 DetailsView 控件的数据源公开了多条记录，该控件一次也仅显示一条数据记录。

DetailsView 控件依赖于数据源控件的功能执行，诸如更新、插入和删除记录等任务。DetailsView 控件不支持排序。

DetailsView 控件可以自动对其关联数据源中的数据进行分页，但前提是数据由支持 ICollection 接口的对象表示或基础数据源支持分页。DetailsView 控件提供用于在数据记录之间导航的用户界面（UI）。若要启用分页行为，可将 AllowPaging 属性设置为 true。

DetailsView 控件的应用案例参考 Visual Studio 2010 集成开发工具的帮助文件。

DetailsView 控件常用的属性、方法和事件如表 4-9、表 4-10 和表 4-11 所列。

表 4-9 DetailsView 控件常用属性

名称	说明
AllowPaging	获取或设置一个值，该值指示是否启用分页功能
DataKeyNames	获取或设置一个数组，该数组包含了显示在 DetailsView 控件中的项的主键字段的名称
DataKeys	获取一个 DataKey 对象集合，这些对象表示 DetailsView 控件中的每一项的数据键值
DataSource	获取或设置对象，数据绑定控件从该对象中检索其数据项列表
DataSourceID	获取或设置控件的 ID，数据绑定控件从该控件中检索其数据项列表
ID	获取或设置分配给服务器控件的编程标识符
PageCount	获取在 DetailsView 控件中显示数据源记录所需的页数
PageIndex	获取或设置当前显示页的索引
PagerSettings	获取对 PagerSettings 对象的引用，使用该对象可以设置 DetailsView 控件中的页导航按钮的属性
SelectedValue	获取 DetailsView 控件中的当前记录的数据键值

表 4-10　DetailsView 控件常用方法

名　称	说　明
DataBind	数据绑定

表 4-11　DetailsView 控件常用事件

名　称	说　明
DataBinding	在服务器控件绑定到数据源时发生
DataBound	在服务器控件绑定到数据源后发生
ItemCreated	在 DetailsView 控件中创建记录时发生
ItemDeleted	在单击 DetailsView 的"删除"按钮时,但在删除操作之后发生
ItemDeleting	在单击 DetailsView 的"删除"按钮时,但在删除操作之前发生
ItemInserted	在单击 DetailsView 的"插入"按钮时,但在插入操作之后发生
ItemInserting	在单击 DetailsView 的"插入"按钮时,但在插入操作之前发生
ItemUpdated	在单击 DetailsView 的"更新"按钮时,但在更新操作之后发生
ItemUpdating	在单击 DetailsView 的"更新"按钮时,但在更新操作之前发生
PageIndexChanged	当 PageIndex 属性的值在分页操作后更改时发生
PageIndexChanging	当 PageIndex 属性的值在分页操作前更改时发生

(4) FormView 控件

FormView 控件用于一次显示数据源中的一个记录。在使用 FormView 控件时,可创建模板来显示和编辑绑定值。这些模板包含用于定义窗体的外观和功能的控件、绑定表达式和格式设置。FormView 控件通常与 GridView 控件一起用于主控/详细信息方案。

与 DetailsView 控件类似,FormView 控件使用数据源中的单个记录。FormView 控件和 DetailsView 控件之间的差别在于 DetailsView 控件使用表格布局。在该布局中,记录的每个字段都各自显示为一行。而 FormView 控件不指定用于显示记录的预定义布局,而将创建一个模板,其中包含用于显示记录中的各个字段的控件。该模板中包含用于创建窗体的格式、控件和绑定表达式。

FormView 控件通常用于更新和插入新记录。该控件通常用于主/从方案,在此方案中,主控件的选定记录决定要在 FormView 控件中显示的记录。

FormView 控件依赖于数据源控件的功能执行,诸如更新、插入和删除记录的任务。即使 FormView 控件的数据源公开了多条记录,该控件一次也仅显示一条数据记录。

FormView 控件可以自动对其关联数据源中的数据以一次一个记录的方式进行翻页。但前提是数据由实现 ICollection 接口的对象表示或基础数据源支持分页。FormView 控件提供了用于在记录之间导航的用户界面(UI)。若要启用分页行为,可将 AllowPaging 属性设置为 true,并指定一个 PagerTemplate 值。

DetailsView 与 FormView 的根本区别是 DetailsView 比较格式化,应用便捷,而 FormView 为自定义格式,应用灵活,本项目基于灵活性大量使用了 FormView 控件。

FormView 控件的属性、方法和事件基本上与 DetailsView 控件相同。

(5) Repeater 控件

Repeater 控件用于生成各个项的列表。使用模板来定义网页上的各个项的布局。当该页运行时，该控件为数据源中的每个项重复此布局。

Repeater 控件是一个容器控件，它可以从页的任何可用数据中创建出自定义列表。Repeater 控件不具备内置的呈现功能，这表示用户必须通过创建模板为 Repeater 控件提供布局。当该页运行时，Repeater 控件依次通过数据源中的记录，并为每个记录呈现一个项。

由于 Repeater 控件没有默认的外观，因此可以使用该控件创建许多种列表，其中包括：

- 表布局；
- 逗号分隔的列表（例如，a、b、c、d 等）；
- XML 格式的列表。

若要使用 Repeater 控件，可创建定义控件内容布局的模板。模板可以包含标记和控件的任意组合。如果未定义模板，或者如果模板都不包含元素，则当应用程序运行时，该控件不显示在页上，Repeater 控件支持的模板如表 4-12 所列。

表 4-12 Repeater 控件支持的模板

模板属性	说明
ItemTemplate	包含要为数据源中每个数据项都要呈现一次的 HTML 元素和控件
AlternatingItemTemplate	包含要为数据源中每个数据项都要呈现一次的 HTML 元素和控件。通常可以使用此模板为交替项创建不同的外观
HeaderTemplate 和 FooterTemplate	包含在列表的开始和结束处分别呈现的文本和控件
SeparatorTemplate	包含在每项之间呈现的元素。典型的示例可能是一条直线（hr 元素）

相关案例可参考 Visual Studio 2010 集成开发工具的帮助文件。

Repeater 控件常用的属性、方法和事件如表 4-13、表 4-14 和表 4-15 所列。

表 4-13 Repeater 控件常用属性

名称	说明
DataKeyNames	获取或设置一个数组，该数组包含了显示在 Repeater 控件中的项的主键字段的名称
DataKeys	获取一个 DataKey 对象集合，这些对象表示 Repeater 控件中的每一项的数据键值
DataSource	获取或设置对象，数据绑定控件从该对象中检索其数据项列表
DataSourceID	获取或设置控件的 ID，数据绑定控件从该控件中检索其数据项列表
ID	获取或设置分配给服务器控件的编程标识符
Items	获取 Repeater 控件中的 RepeaterItem 对象的集合

表 4-14 Repeater 控件常用方法

名称	说明
DataBind	数据绑定

表 4-15 Repeater 控件常用事件

名　称	说　明
DataBinding	当服务器控件绑定到数据源时发生
ItemCommand	当单击 Repeater 控件中的按钮时发生
ItemCreated	当在 Repeater 控件中创建一项时发生
ItemDataBound	该事件在 Repeater 控件中的某一项被数据绑定后但尚未呈现在页面之前发生

(6) DataList 控件

DataList 控件用可自定义的格式显示各行数据库信息。显示数据的格式在创建的模板中定义。可以为项、交替项、选定项和编辑项创建模板。也可以使用标题、脚注和分隔符模板自定义 DataList 的整体外观。通过在模板中包括 Button 控件，可将列表项连接到代码，而这些代码允许用户在显示、选择和编辑模式之间进行切换。

DataList 控件以某种格式显示数据，这种格式可以使用模板和样式进行定义。DataList 控件可用于任何重复结构中的数据，如选择表。DataList 控件可以不同的布局显示行，如按列或行对数据进行排序。

DataList 控件使用 HTML 表元素在列表中呈现项。若要精确地控制用于呈现列表的 HTML，可使用 Repeater 控件，而不是 DataList 控件。

DataList 控件配置为允许用户编辑或删除信息。还可以自定义该控件以支持其他功能，如选择行。DataList 控件可以使用模板通过包括 HTML 文本和控件来定义数据项的布局，其支持的模板如表 4-16 所列。

表 4-16 DataList 控件支持的模板

模板属性	说　明
ItemTemplate	包含一些 HTML 元素和控件，将为数据源中的每一行呈现一次 HTML 元素和控件
AlternatingItemTemplate	包含一些 HTML 元素和控件，将为数据源中每两行呈现一次 HTML 元素和控件。可以使用此模板来为交替行创建不同的外观，例如指定一个与在 ItemTemplate 属性中指定的颜色不同的背景色
SelectedItemTemplate	包含一些元素，当用户选择 DataList 控件中的某一项时将呈现这些元素。通常，用户可以使用此模板来通过不同的背景色或字体颜色直观地区分选定的行。还可以通过显示数据源中的其他字段来展开该项
EditItemTemplate	指定当某项处于编辑模式中时的布局。此模板通常包含一些编辑控件，如 TextBox 控件
HeaderTemplate 和 FooterTemplate	包含在列表的开始和结束处分别呈现的文本和控件
SeparatorTemplate	包含在每项之间呈现的元素。典型的示例可能是一条直线(HR 元素)

相关案例可参考 Visual Studio 2010 集成开发工具的帮助文件。

DataList 控件常用的属性、方法和事件如表 4-17、表 4-18 和表 4-19 所列。

表 4-17 DataList 控件常用属性

名称	说明
DataKeyField	获取或设置由 DataSource 属性指定的数据源中的键字段
DataKeys	获取 DataKeyCollection 对象,它存储数据列表控件中每个记录的键值
DataSource	获取或设置对象,数据绑定控件从该对象中检索其数据项列表
DataSourceID	获取或设置控件的 ID,数据绑定控件从该控件中检索其数据项列表
ID	获取或设置分配给服务器控件的编程标识符
Items	获取表示控件内单独项的 DataListItem 对象的集合

表 4-18 DataList 控件常用方法

名称	说明
DataBind	数据绑定

表 4-19 DataList 控件常用事件

名称	说明
DataBinding	当服务器控件绑定到数据源时发生
DeleteCommand	对 DataList 控件中的某项单击 Delete 按钮时发生
EditCommand	对 DataList 控件中的某项单击 Edit 按钮时发生
ItemCommand	当单击 DataList 控件中的任一按钮时发生
ItemCreated	当在 DataList 控件中创建项时在服务器上发生
ItemDataBound	当项被数据绑定到 DataList 控件时发生
SelectedIndexChanged	在数据列表控件中选择了不同的项时发生

4.5.3 AJAX 服务器控件

AJAX 英文全称是 Asynchronous JavaScript and XML,中文名为异步 JavaScript 和 XML。AJAX 是一种在客户端与服务器异步通信的技术,通俗的名称称为无刷新的页面请求技术。在网页界面设计中引入 AJAX 技术可使普通的网页具有窗体界面的效果。

AJAX 不是一个单独的技术,而是一组技术的结合体,由 JavaScript、CSS、HTML、XSLT、DOM 和 XMLHttpRequest 等技术所组成,编写 AJAX 应用程序比较复杂。Visual Studio 2010 集成开发工具引入了一套 AJAX 的开发框架,并提供了大量的服务器扩展控件,使编写 AJAX 程序非常轻松。

Visual Studio 2010 集成开发工具在安装时,在工具箱的"AJAX Extensions"子标签下列出如表 4-20 的几个控件。

表4-20 AJAX常用控件

名 称	说 明
ScriptManager	ScriptManager控件向页面注册Microsoft AJAX Library的脚本,所以ScriptManager必须是网页第一个添加的控件
UpdatePanel	可以刷新页的选定部分,而不是使用回发刷新整个页面,这称为执行"部分页更新"。包含一个ScriptManager控件和一个或多个UpdatePanel控件的ASP.NET网页可自动参与部分页更新,而不需要自定义客户端脚本
Timer	按定义的时间间隔执行回发。如果将Timer控件用于UpdatePanel控件,则可以按定义的时间间隔启用部分更新。也可以使用Timer控件来发送整个页面
UpdateProgress	提供有关UpdatePanel控件中的部分页更新的状态信息。可以自定义UpdateProgress控件的默认内容和布局。若要在部分更新的速度非常快时阻止闪烁,可以在显示UpdateProgress控件之前指定延迟
ScriptManagerProxy	当已在父元素中定义ScriptManager控件时,使嵌套组件(如内容页和用户控件)可以将脚本和服务引用添加到页中

4.5.4 母版页

使用ASP.NET母版页可以为应用程序中的页创建一致的布局。单个母版页可以为应用程序中的所有页(或一组页)定义所需的外观和标准行为。然后创建包含要显示的内容的各个内容页。当用户请求内容页时,这些内容页与母版页合并以将母版页的布局与内容页的内容组合在一起输出。

1. 母版页的工作原理

(1) 可替换内容占位符

除会在所有页上显示的静态文本和控件外,母版页还包括一个或多个ContentPlaceHolder控件。这些占位符控件定义可替换内容出现的区域,接着在内容页中定义可替换内容。定义ContentPlaceHolder控件后,母版页类似于下面代码所示的样子:

```
<%@ Master Language="C#" %>
<!DOCTYPE html PUBLIC "-//W3C//DTD XHTML
    1.1//EN" "http://www.w3.org/TR/xhtml11/DTD/xhtml11.dtd">
<html xmlns="http://www.w3.org/1999/xhtml">
<head runat="server">
    <title>Master page title</title>
</head>
<body>
    <form id="form1" runat="server">
        <table>
            <tr>
                <td><asp:contentplaceholder id="Main" runat="server" /></td>
                <td><asp:contentplaceholder id="Footer" runat="server" /></td>
            </tr>
```

```
        </table>
    </form>
</body>
</html>
```

(2) 内容页

通过创建各个内容页来定义母版页的占位符控件的内容,这些内容页为绑定到特定母版页的 ASP.NET 页。通过包含指向要使用的母版页的 MasterPageFile 属性,在内容页的 @Page 指令中建立绑定。例如,一个内容页可能包含下面的 @Page 指令,该指令将该内容页绑定到 Master1.master 页。

```
<%@ Page Language = "C#" MasterPageFile = "~/MasterPages/Master1.master" Title = "Content Page" %>
```

在内容页中,通过添加 Content 控件并将这些控件映射到母版页上的 ContentPlaceHolder 控件来创建内容。例如,母版页可能包含名为 Main 和 Footer 的内容占位符。在内容页中,可以创建两个 Content 控件,一个映射到 ContentPlaceHolder 控件 Main,而另一个映射到 ContentPlaceHolder 控件 Footer,如图 4-52 所示。

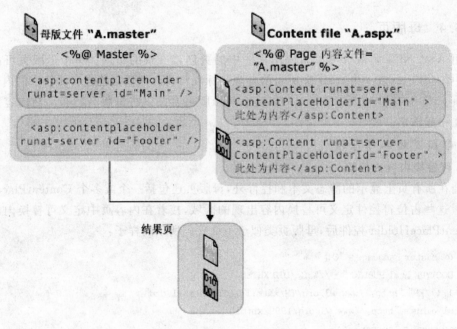

图 4-52 母版页工作原理

创建 Content 控件后,向这些控件添加文本和控件。在内容页中,Content 控件外的任何内容(除服务器代码的脚本块外)都将导致错误。在 ASP.NET 页中所执行的所有任务都可以在内容页中执行。例如,可以使用服务器控件和数据库查询或其他动态机制来生成 Content 控件的内容。

内容页与下面代码相类似:

```
<%@ Page Language = "C#" MasterPageFile = "~/Master.master" Title = "Content Page 1" %>
<asp:Content ID = "Content1" ContentPlaceHolderID = "Main" Runat = "Server">
```

```
    Main content.
</asp:Content>

<asp:Content ID = "Content2" ContentPlaceHolderID = "Footer" Runat = "Server" >
    Footer content.
</asp:content>
```

@ Page 指令将内容页绑定到特定的母版页,并为要合并到母版页中的页定义标题。注意,内容页包含的所有标记都在 Content 控件中。母版页必须包含一个具有属性 runat = "server"的 head 元素,以便在运行时合并标题设置。

可以创建多个母版页为站点不同部分定义不同的布局,并可以为每个母版页创建一组不同的内容页。

2. 母版页的优点

母版页提供了开发人员已通过传统方式创建的功能,这些传统方式包括重复复制现有代码、文本和控件元素;使用框架集;对通用元素使用包含文件;使用 ASP.NET 用户控件等。母版页具有下面的优点:

(1) 使用母版页可以集中处理页的通用功能,以便可以只在一个位置上进行更新。

(2) 使用母版页可以方便地创建一组控件和代码,并将结果应用于一组页。例如,可以在母版页上使用控件来创建一个应用于所有页的菜单。

(3) 通过允许控制占位符控件的呈现方式,母版页使用户可以在细节上控制最终页的布局。

(4) 母版页提供一个对象模型,使用该对象模型可以从各个内容页自定义母版页。

3. 母版页的应用

使用母版页设计项目案例的主界面,读者可以从中体会两种主界面设计方法的优缺点。设计方法和步骤:

(1) 在网站根目录下右击,然后在弹出的快捷菜单中单击"新建项(W)"。

(2) 在弹出的新建文件窗口选择母版页并把文件名改为 ESCMPage.master。

(3) 先剪掉预先加入的一个 ContentPlaceHolder 控件,拖入一个 ScriptManager 和一个 UpdatePanel 控件。

(4) 在 UpdatePanel 容器中插入三行两列的表格,然后合并第一行的单元格。

(5) 在第一行输入"珠宝管理",并配置字体样式和行背景,在第二行的左边单元格拖入一个 Label 控件,在右边单元格的源码窗格输入如下代码:

```
<marquee behavior = "scroll" direction = "left" scrollamount = "1" scrolldelay = "30"
onmouseover = this.stop() onmouseout = this.start()>
"< % = showMsg % >"
</marquee>
```

其中 showMsg 为隐含代码文件定义的字符串变量。

(6) 在表格第三行的左边单元格拖入一个 Panel 控件,然后在 Panel 容器中引入 TreeUC 用户自定义控件(4.5.2 小节的设计过程)。

(7) 把原来剪掉的 ContentPlaceHolder 控件粘贴回表格第三行的右边单元格。

第4章 项目界面设计

（8）创建一个新的页面，在弹出新建文件的窗口中的"选择母版页（S）"的复选框打钩，修改文件名为 Index.aspx，单击确定后将弹出选择母版页的窗口如图 4-53 所示。

（9）选择 ESCMPage 母版页，单击"确定"按钮，这是网页已套用了母版页的框架，只有在 ContentPlaceHolder1 处可对网页进行设计，在代码窗格的第二行注册 Greeting 用户自定义控件。

（10）在 ContentPlaceHolder1 容器中设计网页样式与 MainPage.aspx 网页一样即可。

执行 Index.aspx 网页的样式如图 4-54 所示，这个界面的样式基本上和主界面的样式是一致的，这里要注意，如果母版页使用 ScriptManager 控件，则所有引用母版页的网页要把所引用的 ScriptManager 控件改为 ScriptManagerProxy 控件，否则将出错。

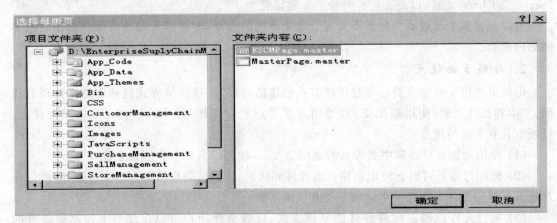

图 4-53 选择母版页窗口

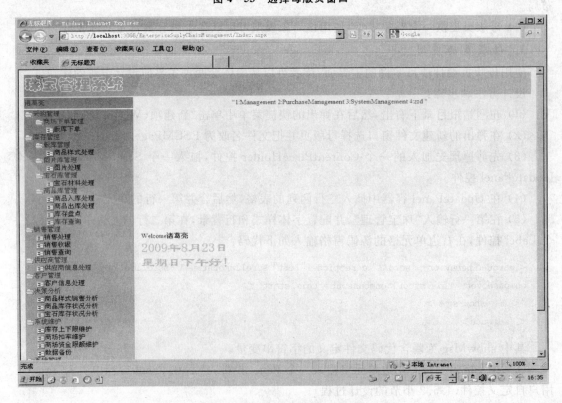

图 4-54 引用母版页的网页

4.5.5 主题和外观

主题是属性设置的集合,使用这些设置可以定义页面和控件的外观,然后在某个 Web 应用程序中的所有页、整个 Web 应用程序或服务器上的所有 Web 应用程序中一致地应用此外观。

主题由一组元素组成:外观(皮肤文件)、级联样式表(CSS)、图像和其他资源。主题将至少包含外观。主题是在网站或 Web 服务器上的特殊目录 App_Themes 中定义的。

1. 外 观

外观文件具有文件扩展名 .skin,它包含各个控件(例如,Button、Label、TextBox 或 Calendar 控件)的属性设置。控件外观设置类似于控件标记本身,但只包含要作为主题的一部分来设置的属性。例如,下面是 Button 控件的控件外观:

```
<asp:button runat = "server" BackColor = "lightblue" ForeColor = "black" />
```

在主题文件夹中创建 .skin 文件。一个 .skin 文件可以包含一个或多个控件类型的一个或多个控件外观。可以为每个控件在单独的文件中定义外观,也可以在一个文件中定义所有主题的外观。

有两种类型的控件外观 —"默认外观"和"已命名外观"。

(1) 当向页应用主题时,默认外观自动应用于同一类型的所有控件。如果控件外观没有 SkinID 属性,则是默认外观。例如,如果为 Calendar 控件创建一个默认外观,则该控件外观适用于使用本主题的页面上的所有 Calendar 控件。默认外观严格按控件类型来匹配,因此 Button 控件外观适用于所有 Button 控件,但不适用于 LinkButton 控件或从 Button 对象派生的控件。

(2) 已命名外观是设置了 SkinID 属性的控件外观。已命名外观不会自动按类型应用于控件。而应当通过设置控件的 SkinID 属性将已命名外观显式应用于控件。通过创建已命名外观,可以为应用程序中同一控件的不同实例设置不同的外观。

2. 级联样式表

主题还可以包含级联样式表(.css 文件)。将 .css 文件放在主题文件夹中时,样式表自动作为主题的一部分加以应用。使用文件扩展名 .css 在主题文件夹中定义样式表。

3. 主题图形和其他资源

主题还可以包含图形和其他资源,例如脚本文件或声音文件。例如,页面主题的一部分可能包括 TreeView 控件的外观。可以在主题中包括用于表示展开按钮和折叠按钮的图形。

通常,主题的资源文件与该主题的外观文件位于同一个文件夹中,但它们也可以位于 Web 应用程序中的其他地方,例如,主题文件夹的某个子文件夹中。若要引用主题文件夹的某个子文件夹中的资源文件,可使用类似于该 Image 控件外观中显示的路径,即

```
<asp:Image runat = "server" ImageUrl = "ThemeSubfolder/filename.ext" />
```

也可以将资源文件存储在主题文件夹以外的位置。如果使用波形符(~)语法来引用资源文件,Web 应用程序将自动查找相应的图像。例如,如果用户将主题的资源放在应用程序的某个子文件夹中,则可以使用格式为 ~/子文件夹/文件名.ext 的路径来引用这些资源文件,

如下面的代码所示：

```
<asp:Image runat = "server" ImageUrl = "~/AppSubfolder/filename.ext" />
```

4. 主题的应用范围

可以定义单个 Web 应用程序的主题，也可以定义供 Web 服务器上的所有应用程序使用的全局主题。定义主题之后，可以使用 @ Page 指令的 Theme 或 StyleSheetTheme 属性将该主题放置在个别页上；或者通过设置应用程序配置文件中的 pages 元素（ASP.NET 设置架构）元素，将其应用于应用程序中的所有页。如果在 Machine.config 文件中定义了 pages 元素（ASP.NET 设置架构），主题将应用于服务器上的 Web 应用程序中的所有页。

(1) 页面主题

页面主题是一个主题文件夹，其中包含控件外观、样式表、图形文件和其他资源。该文件夹是作为网站中的 \App_Themes 的子文件夹创建的。每个主题都是 \App_Themes 文件夹的一个不同的子文件夹。下面的代码演示了一个典型的页面主题，它定义了两个分别名为 BlueTheme 和 PinkTheme 的主题，即

```
MyWebSite
  App_Themes
    BlueTheme
      Controls.skin
      BlueTheme.css
    PinkTheme
      Controls.skin
      PinkTheme.css
```

(2) 全局主题

全局主题可以应用于服务器上的所有网站的主题。当需要维护同一个服务器上的多个网站时，可以使用全局主题定义域的整体外观。

全局主题与页面主题类似，因为它们都包括属性设置、样式表设置和图形。但是，全局主题存储在对 Web 服务器具有全局性质的名为 Themes 的文件夹中。服务器上的任何网站以及任何网站中的任何页面都可以引用全局主题。有关创建全局主题文件夹的更多信息，可参见 Visual Studio 2010 集成开发工具帮助文件中定义的 ASP.NET 主题。

5. 主题设置优先级

可以通过指定主题的应用方式来指定主题设置相对于本地控件设置的优先级。

如果设置了页的 Theme 属性，则主题和页中的控件设置将进行合并，以构成控件的最终设置。如果同时在控件和主题中定义了控件设置，则主题中的控件设置将重写控件上的任何页设置。即使页面上的控件已经具有各自的属性设置，此策略也可以使主题在不同的页面上产生一致的外观。例如，它使用户将主题应用于在 ASP.NET 的早期版本中创建的页面。

此外，也可以通过设置页面的 StyleSheetTheme 属性将主题作为样式表主题来应用。在这种情况下，本地页设置优先于主题中定义的设置（如果两个位置都定义了设置）。这是级联样式表使用的模型。如果用户希望能够设置页面上的各个控件的属性，同时仍然对整体外观应用主题，则可以将主题作为样式表主题来应用。

全局主题元素不能由应用程序级主题元素进行部分替换。如果创建的应用程序级主题的名称与全局主题相同,应用程序级主题中的主题元素不会重写全局主题元素。

6. 可以使用主题来定义的属性

通常,可以使用主题来定义与某个页或控件的外观或静态内容有关的属性。只能设置那些 ThemeableAttribute 属性(Attribute)设置为 true(在控件类中)的属性(Property)。

显式地指定控件行为而不是指定外观的属性不接受主题值。例如,不能使用主题来设置 Button 控件的 CommandName 属性。同样,不能使用主题来设置 GridView 控件的 AllowPaging 属性或 DataSource 属性。

7. 主题与级联样式表

主题与级联样式表类似,因为主题和样式表均定义一组可以应用于任何页的公共属性。但是,主题与样式表在下列方面不同:

(1) 主题可以定义控件或页的许多属性,而不仅仅是样式属性。例如,使用主题,可以指定 TreeView 控件的图形、GridView 控件的模板布局,等等。

(2) 主题可以包括图形。

(3) 主题级联的方式与样式表不同。默认情况下,页面的 Theme 属性所引用主题中定义的任何属性值会重写控件上以声明方式设置的属性值,除非用户使用 StyleSheetTheme 属性显式应用主题。

(4) 每页只能应用一个主题,不能一页应用多个主题,这与样式表不同,样式表可以一页应用多个样式表。

4.6 实 训

模仿本章案例的界面设计方法,按照第 3 章实训一节提供的数据库信息,设计学生成绩管理系统的主界面,数据增、删、改和查询界面。主界面用两种方式设计,及框架和母版页技术,动态菜单采用 Menu 控件取代 TreeView 控件。

4.7 小 结

本章介绍了 ASP.NET 4 网页文件的结构、在软件项目开发中界面设计的方法、界面控件的应用和知识要点,并且充分地介绍了 GridView 等控件的应用技巧。也介绍了 AJAX 技术的应用、主题与外观的应用。读者只要通过实际项目的练习就能够掌握这些控件的应用要领。最后提供学生成绩管理系统界面设计的实训内容。

第 5 章　系统功能控制流程

本章要点
- C#类设计
- ADO.NET 技术
- C#语言基础
- 动态菜单设计
- 异常处理

在项目开发过程中,各个功能界面控制流程的设计是系统原型设计的一部分,要考虑的问题是:

(1) 当用户打开管理系统时应该显示什么样的系统界面和导航菜单,也就是匿名用户所能操作的内容;

(2) 当用户登录后应该显示什么样的系统界面和导航菜单,不同用户所设置的角色不同将有不同的操作权限,从而导航菜单的内容也会不同;

(3) 一个功能界面完成操作之后怎样转向另一个功能界面;

(4) 对数据进行增、删、改和选择等的操作需要触发什么事件;

(5) 用户输入的数据要不要先进行合法性验证;

(6) 系统执行过程遇到错误时要转向什么信息提示窗口或页面。

5.1　成员和角色管理技术应用

要能够通过权限控制来限定不同岗位对系统的操作,应该以工作岗位为依据设定不同的角色,一个角色可对应多个用户,一个用户也可以授予多个角色的权限。用户则根据其所对应的角色来应用系统完成自己的岗位工作职能。

Visual Studio 2010 开发工具内置一套完整的成员管理控件,用来简化重复创建用户登录和管理机制的繁琐。

5.1.1　成员和角色管理环境配置

本项目案例的成员与角色管理方法采取以 Visual Studio 2010 开发工具内置的成员管理控件为基础,结合适当的自主开发。首先要对成员管理环境进行配置,就是要对 Web.config 文件的相关节点进行设置。

1. 设计方法和步骤

(1) 在 Web.config 文件中配置 Form 表单身份验证和启用角色,其代码如下:

```
<!--
    通过 <roleManager> 节点可以指定是否启用角色,默认情况下不启用角色 -->
```

```
            <roleManager enabled = "true" />
<!--
        通过 <authentication> 节点可以配置 ASP.NET 使用的安全身份验证模式,以标识传入的用
户,默认情况下为 Windows 验证模式 -->
            <authentication mode = "Forms" />
```

(2)注册成员数据存储数据库:详见第 2 章第 2.2 节的内容。

(3)配置数据库连接。

```
<connectionStrings>
<remove name = "LocalSqlServer"/>
<add name = "LocalSqlServer" connectionString = "Data Source = localhost;Initial Catalog = EnterpriseDB;Integrated Security = True"/>
</connectionStrings>
```

(4)配置 MembershipProvide 成员提供者:在<system.web></system.web>元素中添加<membership>节点,其内容如下:

```
<!-- 定义成员提供者的相关参数信息 -->
<membership defaultProvider = "EnterpriseDBMembershipProvider">
    <providers>
        <add name = "EnterpriseDBMembershipProvider"
            type = "System.Web.Security.SqlMembershipProvider"
            connectionStringName = "LocalSqlServer"
            enablePasswordRetrieval = "false"
            enablePasswordReset = "true"
            requiresQuestionAndAnswer = "false"
            applicationName = "/"
            requiresUniqueEmail = "false"
            passwordFormat = "Hashed"
            maxInvalidPasswordAttempts = "6"
            minRequiredPasswordLength = "7"
            minRequiredNonalphanumericCharacters = "1"
            passwordAttemptWindow = "10"
            passwordStrengthRegularExpression = ""/>
    </providers>
</membership>
```

相应的属性说明如表 5-1 所列。

表 5-1 <membership>节点属性

属 性	说 明
applicationName	可选的 String 属性。指定在数据源中存储成员资格数据的应用程序名称
connectionStringName	必需的 String 属性。指定在 <connectionStrings> 元素中定义的连接字符串的名称。指定的连接字符串由要添加的提供程序提供

续表 5-1

属 性	说 明
description	可选的 String 属性。指定成员资格提供程序实例的说明
enablePasswordRetrieval	可选的 Boolean 属性。指定成员资格提供程序实例是否支持密码检索。如果为 true，则成员资格提供程序实例支持密码检索
enablePasswordReset	可选的 Boolean 属性。指定成员资格提供程序实例是否支持密码重置。如果为 true，则成员资格提供程序实例支持密码重置
name	必需的 String 属性。指定提供程序实例的名称。此值可用于 membership 元素的 defaultProvider 属性，以便将提供程序实例标识为默认成员资格提供程序
maxInvalidPasswordAttempts	获取锁定成员资格用户以前，所允许的无效密码或密码解答尝试次数的分钟数
minRequiredPasswordLength	获取密码所需的最小长度
passwordAttemptWindow	获取锁定成员资格用户以前，所允许的无效密码或密码解答尝试次数
passwordFormat	仅适用于 SQL 提供程序，可选的 String 属性。MembershipPasswordFormat 值之一，表明密码在成员资格数据存储区中的存储格式默认值为 Hashed
passwordStrengthRegularExpression	密码输入限定的正则表达式
requiresQuestionAndAnswer	可选的 Boolean 属性 指定成员资格提供程序实例是否需要密码提示问题答案才允许进行密码重置和检索。如果为 true，则成员资格提供程序需要使用密码提示问题答案才能进行密码重置和检索
requiresUniqueEmail	可选的 Boolean 属性 指定存储在运行 Active Directory 的服务器上的电子邮件地址是否必须是唯一的
type	必需的 String 属性 指定继承 MembershipProvider 抽象基类的自定义成员资格提供程序的类型

(5) 设置 Profile 用户信息　Profile 用户设置文件用于存储用户的其他相关信息，如姓名、性别和职务等，Profile 用户信息也需要在 web.config 文件中进行设置。

在＜system.web＞＜/system.web＞元素中添加＜profile＞节点，其代码如下：

```
<profile>
    <properties>
        <add name="姓名" type="System.String"/>
        <add name="姓别" type="System.Boolean"/>
        <add name="生日" type="System.DateTime"/>
        <add name="部门" type="System.String"/>
        <add name="职位" type="System.String"/>
        <add name="电话" type="System.String"/>
    </properties>
</profile>
```

(6) 配置是否允许匿名用户登录　本项目案例不允许匿名用户登录，故在＜system.web＞＜/system.web＞元素中设置如下节点代码：

```
<anonymousIdentification enabled="false"/>
```

2. 技术要点

通过这一过程的设置,并第一次运行 Visual Studio 2010 的 ASP.NET Web 站点管理工具 WAT,则开发工具将自动建立一系列的成员管理数据表、视图和存储过程。<membership>节点的设置可以自定义注册窗口内容,配置<profile>节点可随意地给用户添加附加的说明信息,并可通过这些信息为用户设计个性化的界面。

在第 2 章中介绍了 Visual Studio2010 的 ASP.NET Web 站点管理工具 WAT,通过这一工具可以完成所有成员管理的设置内容。但要让客户在实际的应用系统中完成成员管理的各种设置,需要设计一套完整的成员管理模块。如角色添加、用户注册、用户登录和权限分配等功能。

5.1.2 角色管理程序设计

角色管理程序的功能是对角色的添加和删除,因为角色只需要输入一个名称,没有其他的附加信息,所以修改功能可以不要。角色管理程序的界面如图 5-1 所示。

角色管理界面实现角色的添加或删除,程序设计的思想是采用角色管理类 Roles、GridView 控件再结合 JavaScript 来共同完成角色的显示、选择、添加和删除的操作。

图 5-1 角色管理界面

1. 设计方法和步骤

(1) 在子文件夹 SystemManagement 新建一个名为 RolesManage.aspx 的网页文件。

(2) 在网页中插入六行一列的表格,然后在第四行插入一行四列的子表。

(3) 在第二行输入文本"角色管理",在第四行的子表分别输入"角色名称:"、放置一个 Textbox 和两个 Button 控件,分别设置其 id 属性为"RoleName"、"AddRole"和"DeleteRole"。

(4) 在第六行拖入一个 GridView 控件,并定义字段及相关属性,其代码如下:

```
<asp:GridView ID="GridView1" runat="server" AutoGenerateColumns="False" Width="289px" onrowdatabound="Gridview_RowDataBound" >
<Columns>
    <asp:BoundField DataField="RoleName" HeaderText="角色名称" />
</Columns>
<AlternatingRowStyle BackColor="#D2E9FF" />
</asp:GridView>
```

(5) 在<form>标记下方插入一个隐藏控件<input id="hdnEmailID" name="hdnEmailID" type="hidden" value="0" runat="server" />。

(6) 在<head></head>之间插入一个脚本函数用于当触发行选择事件时捕获关键字段的值(把该值置于隐藏域中)和改变选择行的背景色,代码详见随附项目案例(见课件)。

(7) 在隐含代码文件 RolesManage.aspx.cs 中编写事件方法。RolesManage 类的结构如图 5-2 所示,成员解释如图 5-3 所示。

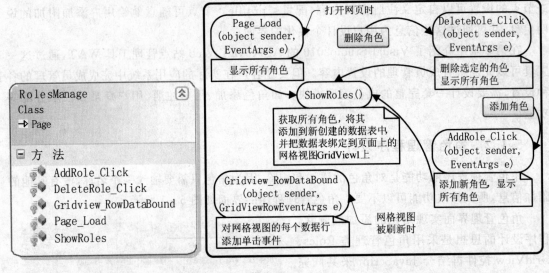

图 5-2 RolesManage 类的结构　　　图 5-3 RolesManage 类的成员解释

RolesManage.aspx.cs 类文件代码:

```
using System;
using System.Data;
using System.Configuration;
using System.Web;
using System.Web.Security;
using System.Web.UI.WebControls;

public partial class RolesManage : System.Web.UI.Page
{
    protected void Page_Load(object sender, EventArgs e)
    {
        if (! IsPostBack)
        {
            ShowRoles();
        }
    }
    //显示角色信息方法
    protected void ShowRoles()
    {
        string[] RolesArray = Roles.GetAllRoles();//获取角色并存于数组
        DataTable AllRolesTable = new DataTable();
        AllRolesTable.Columns.Add("RoleName", typeof(string));
```

```csharp
        foreach (string RoleName in RolesArray)
        {
            DataRow NewRow = AllRolesTable.NewRow();
            NewRow[0] = RoleName;
            AllRolesTable.Rows.Add(NewRow);
        }
        GridView1.DataSource = AllRolesTable;
        GridView1.DataBind();
    }
    //数据行绑定事件方法
    protected void Gridview_RowDataBound(object sender, GridViewRowEventArgs e)
    {
        if (e.Row.RowType == DataControlRowType.DataRow) //判断是否为数据行
        {
            e.Row.ID = e.Row.Cells[0].Text;
            //添加行选择事件
            e.Row.Attributes.Add("onclick","GridView_selectRow(this," + e.Row.Cells[0].Text + ")");
        }
    }
//添加按钮事件方法
    protected void AddRole_Click(object sender, EventArgs e)
    {
        try
        {
            Roles.CreateRole(RoleName.Text); //添加新角色
            ShowRoles();
        }
        catch {
            throw;
        }
    }
//删除按钮事件方法
    protected void DeleteRole_Click(object sender, EventArgs e)
    {
        Roles.DeleteRole(hdnEmailID.Value);//删除指定角色(设置隐藏域的目的)
        ShowRoles();
    }
}
```

2. 技术要点

这一过程的应用技巧主要在三个方面：第一是 Roles 类的应用，通过过程一的环境配置可以利用系统提供的成员管理类 Roles、Membership 等对成员进行增、删、改的简便编程，Roles 和 Membership 都是静态类，其方法可直接引用。第二是如何动态配置控件的事件：

```csharp
e.Row.Attributes.Add("onclick","GridView_selectRow(this," + e.Row.Cells[0].Text + ")");
```

第5章 系统功能控制流程

第三是如何利用 JavaScript 获取 GridView 选择行的字段信息及选择行的背景色变换。如果读者对 JavaScript 代码还不甚了解也不要紧,只要懂得怎样利用这一脚本函数即可,懂得利用现成的代码将能够促进代码部分的学习。

5.1.3 用户管理程序设计过程

用户管理包括用户信息检索、添加、删除和角色分配等内容,界面如图 5-4 所示。

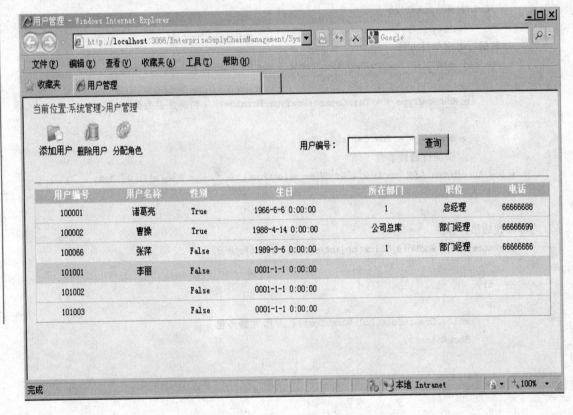

图 5-4 用户管理窗口

1. 设计方法和步骤

(1) 在子文件夹 SystemManagement 新建一个名为 UserManage.aspx 的网页文件。

(2) 依次把 ScriptManager 和 UpdatePanel 控件拖入设计器中。

(3) 在 UpdatePanel 容器中输入"当前位置:系统管理>用户管理",然后按"回车"键。

(4) 插入一行四列的表格,然后在第一列再插入两行三列的子表。

(5) 在子表中放置三个 ImageButtun 控件及说明文字,并设置其 ID 属性分别为 ibNew、ibDel 和 ibDistribution。在第二列输入"用户编号:",在第三列拖入一个 TextBox 控件,并设置其 ID 属性为 txtUserName,在最后一列拖入一个 Button 控件,并设置其 ID 属性为 btQuery,并设计成如图 5-4 的样式。

(6) 单击"删除"按钮的智能标签,在弹出的扩展控件选项窗口中选择 ConfirmButtonExtender 扩展控件,并设置属性 ConfirmText="确定删除该用户吗?",如图 5-5 所示。

(7) 按"回车"键换行,在源码窗格输入标记<hr/>,在设计窗格拖入一个 Panel,并在

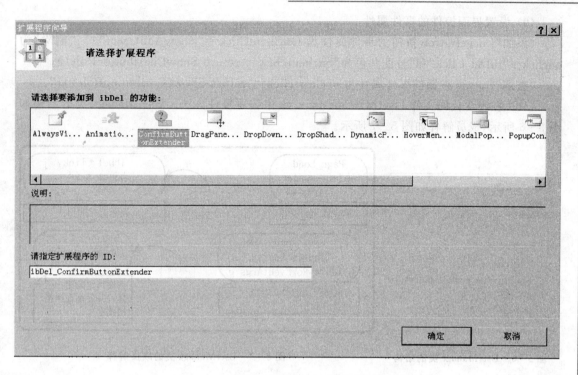

图 5-5 扩展控件窗口

Panel 容器中拖入一个 GridView 控件,配置字段等属性的代码如下所示:

```
<asp:GridView ID="Gridview1" runat="server" AutoGenerateColumns="False" GridLines="Horizontal"
    HorizontalAlign="Center"           onrowdatabound="Gridview_RowDataBound" Width="100%"
    EmptyDataText="查无数据">
    <FooterStyle BackColor="White" ForeColor="#003399" />
    <RowStyle ForeColor="#000066" Height="25px" HorizontalAlign="Center" />
    <Columns>
        <asp:BoundField DataField="UserId" HeaderText="用户编号" />
        <asp:BoundField DataField="UserName" HeaderText="用户名称" />
        <asp:BoundField DataField="Sex" HeaderText="性别" />
        <asp:BoundField DataField="Birthday" HeaderText="生日" />
        <asp:BoundField DataField="Partment" HeaderText="所在部门" />
        <asp:BoundField DataField="Post" HeaderText="职位" />
        <asp:BoundField DataField="Telephone" HeaderText="电话" />
    </Columns>
    <PagerStyle HorizontalAlign="Right" />
    <HeaderStyle BackColor="#5CBEEC" ForeColor="White" HorizontalAlign="Center" />
</asp:GridView>
```

(8) 在<head></head>之间插入 JavaScript 脚本函数,用于获取行信息、弹出子窗口等功能,代码详见随附项目案例(见课件)。

(9) 设置界面控件的事件属性。

"添加"ImageButton 按钮的事件属性为 OnClientClick="ShowAddUser();"、"删除"为 onclick="ibDel_Click"和"分配角色为"onclientclick="return ShowDistributionRole();"。

"查询"Button 按钮的事件属性为 onclientclick="return ShowDistributionRole();"。

(10) 在隐含代码文件 UserManage.aspx.cs 中编写事件方法。UserManage 类的结构如图 5-6 所示,成员解释如图 5-7 所示。

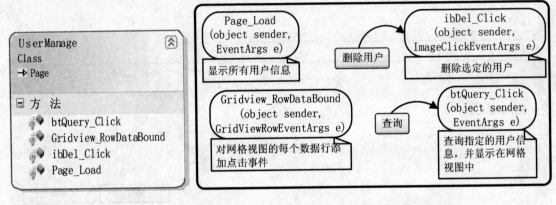

图 5-6 UserManage 类的结构　　　图 5-7 UserManage 类的成员解释

UserManage.aspx.cs 类文件代码:

```
using System;
using System.Collections;
using System.Configuration;
using System.Data;
using System.Web;
using System.Web.Security;
using System.Web.UI;
using System.Web.UI.HtmlControls;
using System.Web.UI.WebControls;

public partial class UserManage : System.Web.UI.Page
{
    protected void Page_Load(object sender, EventArgs e)
    {
        #region//打开网页时显示所有用户信息
//获取所有用户并放入一个MembershipUserCollection集合中
        MembershipUserCollection UserInfo = Membership.GetAllUsers();
        DataTable UserProfileTable = new DataTable();//定义数据表对象
//给数据表添加字段
        UserProfileTable.Columns.Add("UserId", typeof(string));
        UserProfileTable.Columns.Add("UserName", typeof(string));
        UserProfileTable.Columns.Add("Sex", typeof(Boolean));
        UserProfileTable.Columns.Add("Birthday", typeof(DateTime));
        UserProfileTable.Columns.Add("Partment", typeof(string));
```

```csharp
            UserProfileTable.Columns.Add("Post", typeof(string));
            UserProfileTable.Columns.Add("Telephone", typeof(string));
            //循环把用户个人信息装入数据表
            foreach (MembershipUser SingleUser in UserInfo)
            {
                //获取用户个人信息并付给 ProfileCommon 对象
                ProfileCommon UserProfile = Profile.GetProfile(SingleUser.UserName);
                DataRow NewRow = UserProfileTable.NewRow();
                NewRow[0] = SingleUser.UserName;
                NewRow[1] = UserProfile.姓名;
                NewRow[2] = UserProfile.姓别;
                NewRow[3] = UserProfile.生日;
                NewRow[4] = UserProfile.部门;
                NewRow[5] = UserProfile.职位;
                NewRow[6] = UserProfile.电话;
                UserProfileTable.Rows.Add(NewRow);
            }
            Gridview1.DataSource = UserProfileTable;//把数据表绑定到 GridView 控件
            Gridview1.DataBind();
        #endregion
    }
    //删除指定用户
    protected void ibDel_Click(object sender, ImageClickEventArgs e)
    {
        Membership.DeleteUser(hdnEmailID.Value);
    }
    //查询按钮事件
    protected void btQuery_Click(object sender, EventArgs e)
    {
    MembershipUser UserInfo = Membership.GetUser(Convert.ToString(txtUserName.Text));
        DataTable UserProfileTable = new DataTable();
        UserProfileTable.Columns.Add("UserId", typeof(string));
        UserProfileTable.Columns.Add("UserName", typeof(string));
        UserProfileTable.Columns.Add("Sex", typeof(Boolean));
        UserProfileTable.Columns.Add("Birthday", typeof(DateTime));
        UserProfileTable.Columns.Add("Partment", typeof(string));
        UserProfileTable.Columns.Add("Post", typeof(string));
        UserProfileTable.Columns.Add("Telephone", typeof(string));

        ProfileCommon UserProfile = Profile.GetProfile(UserInfo.UserName);
        DataRow NewRow = UserProfileTable.NewRow();
        NewRow[0] = UserInfo.UserName;
        NewRow[1] = UserProfile.姓名;
        NewRow[2] = UserProfile.姓别;
        NewRow[3] = UserProfile.生日;
```

```
            NewRow[4] = UserProfile.部门;
            NewRow[5] = UserProfile.职位;
            NewRow[6] = UserProfile.电话;
            UserProfileTable.Rows.Add(NewRow);
            Gridview1.DataSource = UserProfileTable;
            Gridview1.DataBind();
        }
        #region GridView 数据行绑定事件
        protected void Gridview_RowDataBound(object sender, GridViewRowEventArgs e)
        {
            if (e.Row.RowType == DataControlRowType.DataRow)
            {
                e.Row.ID = e.Row.Cells[0].Text;
                e.Row.Attributes.Add("onclick", "GridView_selectRow(this,'" + e.Row.Cells[0].Text + "','" + e.Row.Cells[1].Text + "')");
            }
        }
        #endregion
    }
```

2. 技术要点

这一过程笔者应用 JavaScript 实现弹出式窗口的设计,当单击"添加用户"按钮或"分配角色"按钮时将弹出一个窗口来添加新用户或给选定的用户分配角色。这里也应用了几个新的成员管理类,注意程序中黑体部分。Membership 是静态类,包含对用户进行增、删、改与检索的方法。MembershipUserCollection 是一个集合类,用于存储用户对象。MembershipUser 类用于公开和更新成员资格数据存储区中的成员资格用户信息。Profile 是个特殊的类,它与 ProfileCommon 类密切相关,互为表里,Profile 用于(其实是调用 ProfileCommon 对象的方法)获取指定的用户配置的个人信息,赋给 ProfileCommon 对象,听起来挺拗口不理解,只要懂得 Profile 必须配合 ProfileCommon 对象使用即可,如若不清可查看圣殿祭司的 ASP.NET2.0 开发详解。

5.1.4 添加用户程序设计

本项目的所有用户都由系统管理员添加,一般用户没有注册用户的权限,所以系统管理员添加用户只是给用户设定一个登录账号和默认密码,当用户第一次登录系统时要修改密码和设置个人信息。添加用户程序界面如图 5-8 所示。

默认的系统注册控件要求输入两次密码,设置回答信息,还要求输入电子邮箱信息,使用 CreateUserWizard 控件设计注册界面不需要编写代码,方便快捷,读者可自行设计。能够设计成这么简单的窗口是由于用户在情境中重新设置了 <membership> 节点信息,默认的 <membership>

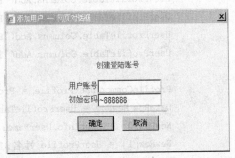

图 5-8 添加用户窗口

节点在 Machine.config 文件中。

1. 设计方法和步骤

(1) 在子文件夹 SystemManagement 中新建一个名为 UserAdd.aspx 的网页文件。

(2) 依次把 ScriptManager 和 UpdatePanel 控件拖入设计器中。

(3) 在 UpdatePanel 容器中插入七行两列的表格，合并第二行的单元格并输入文字"创建登录账号"，在第四行第一列输入"用户账号"，第二列拖入一个 TextBox 控件，在第五行第一列输入"初始密码"，第二列拖入一个 TextBox 控件并设置属性 Text="~888888"，在第六行源码中输入<hr>标记，在最后一行拖入两个 Button 控件，并设置一个为"确定"按钮，另一个为"取消"按钮。

(4) 修改"用户账号"对应 TextBox 的属性 ID="txtUserName"和"初始密码"ID="txtUserName"，"确定"对应 Button 的属性 ID="btAdd"和"取消"ID="btCancel"。

(5) 适当调整表格使其布局成图 5-8 的样式。

(6) 为"确定"按钮添加事件属性为 onclick="btAdd_Click"和"取消"按钮添加事件属性为 onclientclick="window.close()"。

(7) 在隐含代码文件 UserAdd.aspx.cs 编写"确定"按钮事件方法，代码如下：

```
protected void btAdd_Click(object sender, EventArgs e)
{
    MembershipCreateStatus CreateStatus = new MembershipCreateStatus();
    Membership.CreateUser(txtUserName.Text, txtPassword.Text, null, null, null, true, out CreateStatus);
    MessageBox MSG = new MessageBox();
    if (CreateStatus == MembershipCreateStatus.Success)
    {
        MSG.Show(this.UpdatePanel1,"创建用户成功！");
    }else
    {
        MSG.Show(this.UpdatePanel1,"创建用户失败！" + CreateStatus.ToString());
    }
}
```

2. 技术要点

这一过程引用一个新的成员管理类，即 MembershipCreateStatus 类，这是一个状态类，用于反馈用户注册操作反馈的状态信息。方法参数 null 的应用，这一技巧非常有用，用户可以利用 null 实参来构造不同参数的重载方法，在第 6 章的数据库访问类设计中充分利用了这一技巧。另一个新的应用技巧是 MessageBox 类，这是一个自定义类，其代码如下：

```
public class MessageBox
{
    public MessageBox()
    {
        //空构造函数逻辑
    }
```

```
public void Show(UpdatePanel updatepanel,string Str)
{
    ScriptManager.RegisterStartupScript(updatepanel, this.GetType(), "updateScript", "alert('" + Str + "');", true);
}
```

这个类的 Show 方法只包含一行代码,比较简洁,利用 ScriptManager 控件的 RegisterStartupScript 方法实现弹出式消息窗口,在使用 UpdatePanel 控件的网页中都可以使用这个类创建程序出错信息提示窗口。

3. 练 习

用 Visual Studio 2010 的 ASP.NET Web 站点管理工具 WAT 注册新用户。

5.1.5 角色分配程序设计

可以通过 Visual Studio 2010 的 ASP.NET Web 站点管理工具 WAT 来简单地完成角色分配工作,但是否程序离开开发工具就没办法使用 WAT 工具了,所以在软件系统项目中要求独立创建管理程序。本项目的角色分配管理程序的界面如图 5-9 所示。

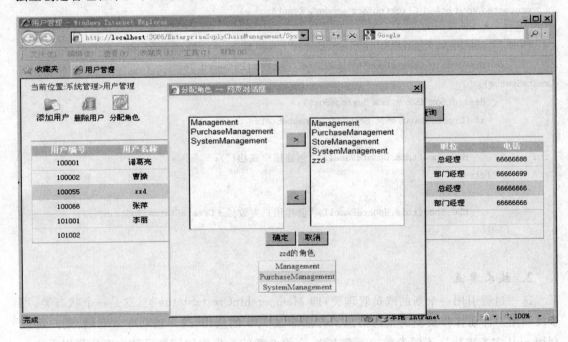

图 5-9 给用户分配角色窗口

1. 设计方法和步骤

(1) 在子文件夹 SystemManagement 中新建一个名为 DistributionRole.aspx 的文件。

(2) 依次把 ScriptManager 和 UpdatePanel 控件拖入设计器中。

(3) 在 UpdatePanel 容器中插入四行一列的表格,然后在第一行中插入两行三列的子表,合并子表第一列和第三列的单元格。

(4) 分别在子表的第一列和第三列中拖入一个 ListBox 控件,在子表的第二列的第一行和第二行分别拖入一个 Button 控件,在表格的第二行拖入两个 Button 控件,在第三行拖入两个 Label 控件,第一个 Label 的 Visible 属性设置为 False,最后一行拖入一个 GridView 控件,设置属性的下代码如下所示:

```
<asp:GridView ID="GridView1" runat="server" ShowHeader="False">
    <AlternatingRowStyle BackColor="#D7FFD7" />
</asp:GridView>
```

(5) 设置四个 Button 控件的 Text 属性(见图 5-9),并适当调整布局。

(6) 修改界面控件的 ID 属性并设置所需的其他属性。

左边 ListBox 控件 ID="lsbLeft",设置其属性 Rows="12"和 SelectionMode="Multiple"。右边 ListBox 控件 ID="lsbRight",设置其属性 Rows="12"和 SelectionMode="Multiple"。

">"按钮 ID="btRight",设置其属性 onclick="btRight_Click"。"<"按钮 ID="btLeft",设置其属性 onclick="btLeft_Click"。"确定"按钮 ID="btOk",设置其属性 onclick="btOk_Click"。"取消"按钮 ID="btCancel",设置其属性 onclientclick="window.close();"。

第一个 Label 控件 ID="lbUserId",并设置其属性 Visible="False"。第二个 Label 控件 ID="lbRole"。

图 5-10 DistributionRole 类的结构

(7) 在隐含代码文件 DistributionRole.aspx.cs 中编写事件方法。DistributionRole 类的结构如图 5-10 所示,成员解释如图 5-11 所示,代码详见随附项目案例。

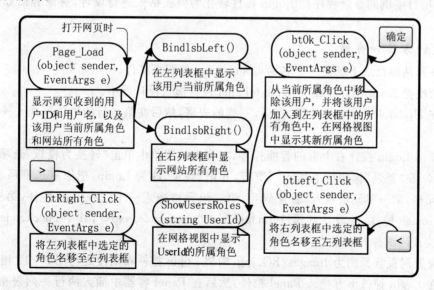

图 5-11 DistributionRole 类的成员解释

2. 技术要点

角色分配利用了一个新的控件 ListBox,这是个多项列表控件,它与 DropDownList 控件类似,不同点是它可以使用户能够从预定义的列表中选择一项或多项,这里以编程的方式对其数据项进行添加和删除,即调用方法 Items. Add 和 Items. Remove,使用 Items. FindByText() 方法查找指定项。

这里也引用了 Roles 静态类的几个新方法,其中 Roles. GetRolesForUser(UserId) 获取用户所分配的所有角色、Roles. IsUserInRole(UserId, s. ToString()) 返回用户是否拥有指定的角色、Roles. AddUserToRole(UserId, s. ToString()) 给用户分配指定的角色、Roles. RemoveUserFromRole(UserId,RoleName) 取消用户的某个角色。

3. 练习

用 Visual Studio 2010 的 ASP. NET Web 站点管理工具 WAT 给用户分配角色。

5.2 信息输入验证

信息输入验证主要是注册信息验证和登录信息验证。注册信息验证主要是验证输入内容是否符合规定的格式要求,如电话输入格式、电子邮件地址格式以及密码比较等;登录信息验证主要有用户与密码对应验证、校验码验证等。

常用的验证技术方法有三种,即 JavaScript 函数验证、正则表达式验证和控件验证,ASP. NET 4 提供了几个比较方便的验证控件,本案例主要采用控件验证方法。

5.2.1 登录程序设计情境

一般情况下登录界面只需要 Login 控件即可,不用编写任何代码,但为了更灵活地使用登录控件,本项目案例的登录程序把 Login 控件转化为模板格式进行设计,登录界面如图 5-12 所示。

1. 设计方法和步骤

(1) 在网站根目录下新建一个名为 Login. aspx 的网页文件。

(2) 依次把 ScriptManager 和 UpdatePanel 控件拖入设计器中。

(3) 在 UpdatePanel 容器中插入三行三列的表格,然后在第二行的第二列拖入一个 Login 控件。

(4) 单击 Login 控件右上方的智能标签,在弹出的菜单中单击"转换为模板"选项,然后把复选框剪掉,在"登录"标题行下插入一空行,并把"登录"改为 Login,把原复选框所在行拆分成三个单元格,第一单元格输入"验证码:",第二单元格拖入一个 TextBox 控件,第三单元格拖入一个 Image 控件,并设计其属性 ImageUrl = "checkcode. aspx",其中 checkcode. aspx 为随机生成验证码图片的程序。

(5) 设置网页背景图为 Images/BG. jpg,调整 Login 控件布局使之与图 5-12 相仿。

(6) 在 Login 控件下方拖入 Panel 控件,然后在 Panel 容器中插入两行一列表格,表格宽度设为 186px(像素),在表格的第一行拖入一个 Label 控件,在第二行拖入一个 Button 控件。

(7) 在 Panel 控件下方拖入一个 Input(Button)控件,并设置 runant = "server"属性。

第5章 系统功能控制流程

图 5-12 登录界面

（8）单击 Panel 控件的职能标签添加扩展控件 ModalPopupExtender，并分别设置扩展控件的属性 Enabled="True"、BehaviorID="Panel1"、PopupControlID="Panel1"、OkControlID="btOk"和 TargetControlID="Button1"，其中 Panel1 为 Panel 控件的 ID、btOk 为 Panel 控件上的 Button 控件的 ID、Button1 为 Input(Button)控件的 ID。

（9）设置 Panel 和 Input(Button)控件的 Display 属性为 none（先在＜style type="text/css"＞＜/style＞设置一个样式为 .style3{display:none;}，其次设置属性 CssClass="style3"或 Class="style3"或 style="display:none"）。

（10）在隐含代码文件 Login.aspx.cs 中编写事件方法。Login 类的结构如图 5-13 所示，成员解释如图 5-14 所示。

Login.aspx.cs 类文件代码：

```
using System;
using System.Configuration;
using System.Web;
using System.Web.Security;
using System.Web.UI.WebControls;

public partial class login : System.Web.UI.Page
{
```

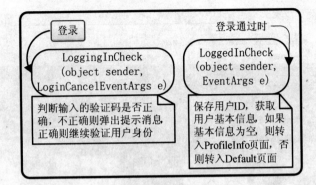

图 5-13 Login 类的结构　　　图 5-14 Login 类的成员解释

```
protected void Page_Load(object sender, EventArgs e){}
protected void LoggedInCheck(object sender, EventArgs e)
{
    Session["uid"] = "'" + ((TextBox)Login1.FindControl("UserName")).Text.ToString() + "'";
    ProfileCommon userInfo = Profile.GetProfile(((TextBox)Login1.FindControl("UserName")).Text.ToString()); //获取用户个人信息
    if (userInfo.姓名 == "")
    {
        Response.Redirect("SystemManagement/ProfileInfo.aspx");
        //转到添加个人信息页面
    }
    else
    {
        Login1.DestinationPageUrl = "~/Default.aspx";//转到主页
    }
}

//登录验证
protected void LoggingInCheck(object sender, LoginCancelEventArgs e)
{
    string Check1 = Convert.ToString(Request.Cookies["CheckCode"].Value);
    string Check2 = Convert.ToString(((TextBox)Login1.FindControl("ValidatorCode")).Text);
    if ((String.Compare(Check1, Check2, true)) != 0)
    {
        this.lblmessage.Text = "验证码输入有误,请重新输入! \n 如看不清请换一张图片";
        this.Panel1_ModalPopupExtender.Show(); //弹出提示窗口
        e.Cancel = true;
    }
}
```

2. 技术要点

通过把 Login 控件转化为模板,即可保留 Login 控件固有的验证模式,又可以设计新的验证控件和验证模式。登录中附加一个验证码,在公共的网站会员登录中普遍使用,目的是为了提高用户信息安全,并使系统能够跟踪用户(通过 Cookies,Cookies 是本机上一个简短的信息文件)。

checkcode.aspx 文件随机产生四位验证码,首先把它存入客户机的 Cookies 文件中,再把它转化为不规则的图形传给 Image 控件。当系统登录时首先取出 Cookies 中的验证码与客户从图中理解并输入 TextBox 的验证码进行比较,如果不对应则弹出一个小小的错误信息窗口。

这里的出错信息窗口采用了新的技巧,即 AJAX 扩展控件 ModalPopupExtender,但这一控件不能单独完成窗口的输出,需要通过借助几个界面控件,应用方法请看第(6)、(7)和(8)步骤的描述。

Login 固有的验证采用的是 RequiredFieldValidator 验证控件和内置的验证程序,用户只需要把 Login 拖入界面即可,用户 ID 和密码验证由 Login 自行解决。

登录程序的文件名称固定使用 Login,用其他名称会出现错误。

5.2.2 用户个人信息添加程序设计

系统管理员给用户只是提供登录账号和初始密码,当用户登录时将判断个人信息文件是否已填写,如果没有则弹出填写个人信息的窗口,要求输入个人信息,主要内容有姓名、性别、生日、部门、职位和联系电话等。个人信息填写窗口如图 5-15 所示。

1. 设计方法和步骤

(1) 在子文件夹 SystemManagement 新建一个名为 ProfileInfo.aspx 的网页文件。

(2) 依次把 ScriptManager 和 UpdatePanel 控件拖入设计器中。

(3) 在设计器中插入八行两列的表格,合并第一行单元格。

(4) 根据图 5-15 所示,在表格中放置相应的界面控件并设置其必要属性。

"姓名"对应的 TextBox 控件的 ID="txtName"、"生日"为 ID="txtBirthday"和"电话"为 ID="txtTelephone"。

"性别"对应的 Radio 控件属性 ID="rdSex"和 RepeatDirection="Horizontal",并设置选择项如下:

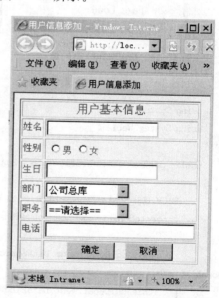

图 5-15 用户信息添加窗口

```
<asp:ListItem Value="1">男</asp:ListItem>
<asp:ListItem Value="0">女</asp:ListItem>
```

"部门"对应的 DropDownList 控件的属性 ID="ddlDepartment"、DataTextField="StoreName"和 DataValueField="StoreName","职务"为 ID="ddlPost",并设置其选择项如下代码所示:

```
<asp:ListItem>==请选择==</asp:ListItem>
```

```
<asp:ListItem>总经理</asp:ListItem>
<asp:ListItem>副总经理</asp:ListItem>
<asp:ListItem>部门经理</asp:ListItem>
<asp:ListItem>财务</asp:ListItem>
<asp:ListItem>销售员</asp:ListItem>
<asp:ListItem>仓管员</asp:ListItem>
```

"确定"Button按钮的属性ID="btAdd"和onclick="btAdd_Click","取消"按钮的属性ID="btCancel"和OnClientClick="window.close()"。

(5) 单击txtBirthday控件智能标签,选择CalendarExtender扩展控件。

(6) 打开隐含代码文件ProfileInfo.aspx.cs,编写事件方法。ProfileInfo类的结构如图5-16所示,成员解释如图5-17所示。

图5-16 ProfileInfo类的结构　　图5-17 ProfileInfo类的成员解释

ProfileInfo.aspx.cs类文件代码:

```csharp
using System;
using System.Web;

public partial class ProfileInfo : System.Web.UI.Page
{
    ESCM.BLL.SystemManage bllSystem = new ESCM.BLL.SystemManage();//调用实体类
    protected void Page_Load(object sender, EventArgs e)
    {
        this.ddlDepartment.DataSource = bllSystem.GetStoreInfo();//获取部门信息绑定到DropDownList
        this.ddlDepartment.DataBind();//执行绑定
    }
    //确定按钮事件方法
    protected void AddClick_Click(object sender, EventArgs e)
    {
        Profile.姓名 = txtName.Text;//给Profile属性赋值
        Profile.性别 = (rdSex.SelectedValue == "1") ? true : false;
        Profile.生日 = Convert.ToDateTime(txtBirthday.Text);
        Profile.部门 = ddlDepartment.SelectedValue;
```

```
        Profile.职位 = ddlPost.SelectedValue;
        Profile.电话 = txtTelephone.Text;
        try
        {
            Profile.Save();//保存用户个人信息
        }
        catch{
            throw;
        }
    }
}
```

2. 技术要点

这一过程的要点还是 Profile 类的应用，即通过对 Profile 类属性的直接赋值，并执行方法 Profile.Save()，简明扼要地完成了个人信息的添加。显然赋值的几个属性是在 Web.config 配置文件已设置好的，请回顾本章情境一的内容。Profile 类属性赋值操作是在登录成功的前提下才能进行的，其保存信息所对应的用户就是当前登录的用户。

SystemManage 类是自定义的实体类，其方法 GetStoreInfo() 是获取所有部门的信息，具体实现方法将在第 7 章中介绍。

5.3 权限分配及网站导航

权限分配与网站导航从总的来说是一致的。权限分配是指当某个用户登录网站时，根据其拥有角色对网站文件的访问权限，呈现相应的菜单项；网站导航就是呈现整个网站的文件链接结构。

一般情况下 ASP.NET 4 采用菜单控件 TreeView 和 Menu 结合站点导航文件 Web.sitemap 与站点地图数据源 SiteMapDataSource 来设计网站菜单结构。站点管理工具 WAT 可创建角色权限规则。但对于较复杂的菜单结构，这种方式应用的不够灵活。本项目采用 TreeView 控件与自定义的权限分配规则来设计用户动态菜单项。

5.3.1 权限分配程序设计

站点管理工具 WAT 权限分配规则应用比较方便但灵活性不够，在要求菜单可变性比较大的管理信息系统项目中显得后劲不足，为此本案例项目设计了更为灵活的权限分配程序，界面如图 5-18 所示。

1. 设计方法和步骤

（1）在子文件夹 SystemManagement 新建一个名为 PermissionsTree.aspx 的网页文件。
（2）依次把 ScriptManager 和 UpdatePanel 控件分别拖入设计器中。
（3）在 UpdatePanel 容器中插入一个四行一列的表格，然后在第二行插入两行六列的子表，在最后一行插入两行两列的子表。
（4）在第一行输入文本"当前位置：系统管理＞权限分配"，在第二行的子表中设置六个 ImageButton 按钮，样式如图 5-18 所示，对应图片在 Icons 子文件夹中查找。

第 5 章 系统功能控制流程

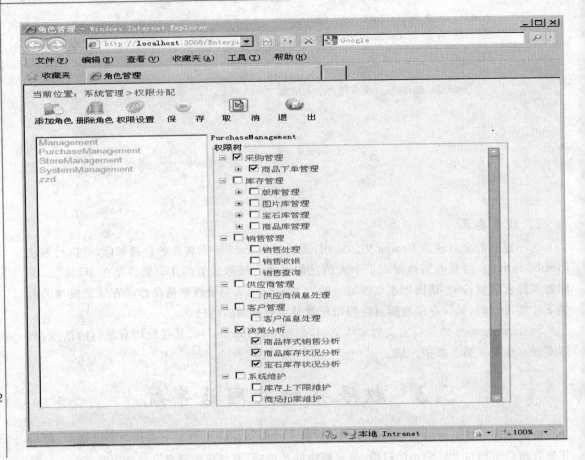

图 5-18 权限分配界面

（5）合并第四行子表第一列的单元格，然后拖入一个 ListBox 控件；在子表第二列第一行拖入一个 Label 控件，在第二行拖入 Panel 控件，接着在 Panel 容器中再拖入一个 Panel 控件，把 TreeView 控件拖入嵌套的 Panel 中，设置 TreeView 属性 onclick = "client_OnTreeNode-Checked(event);"，ShowCheckBoxes = "All"，设置外层 Panel 的属性 GroupingText = "权限树"，设置里层 Panel 的属性 ScrollBars = "Auto"。

（6）修改界面控件的 ID 属性，并添加所需的属性。

"添加角色"对应的 ImageButton 控件设置属性 ID = "ibAdd" 和 OnClientClick = "ShowRoleAdd();"、"删除角色"为 ID = "ibDel" 和 onClick = "ibDel_Click"、"权限设置"为 ID = "ibSet" 和 onclick = "ibSet_Click"、"保存"为 ID = "ibSave" 和 onclick = "ibSave_Click"、"取消"为 ID = "ibCancel" 和 onclick = "ibCancel_Click" 与"退出"为 ID = "ibExit" 和 OnClientClick = "window.close();"。

ListBox 控件设置属性 ID = "lsbRole" 和 onselectedindexchanged = "lsbRole_SelectedIndexChanged"，Label 控件设置属性 ID = "lbRole"。

（7）切换到源码窗格，在 <head></head> 之间插入 JavaScript 代码。该代码的作用是对 TreeView 控件节点进行选择控制，当 TreeView 控件父节点 CheckBox 被选中时，所有的子节点 CheckBox 也被自动选中，当所有子节点的 CheckBox 被取消选择时，父节点的 Check-

Box 也自动被取消选择。最后的 ShowRoleAdd() 函数是一个弹出式窗口设计，要设计一个弹出式窗口都要用到它，要牢记它的应用，代码详见随附项目案例。

由于篇幅的关系本书不对 JavaScript 语言专门讲解，读者可查看其他相关资料。

（8）在隐含代码文件 PermissionsTree.aspx.cs 中编写事件方法。成员解释如图 5-19 所示，RolePermissions 类的结构如图 5-20 所示，代码详见随附项目案例。

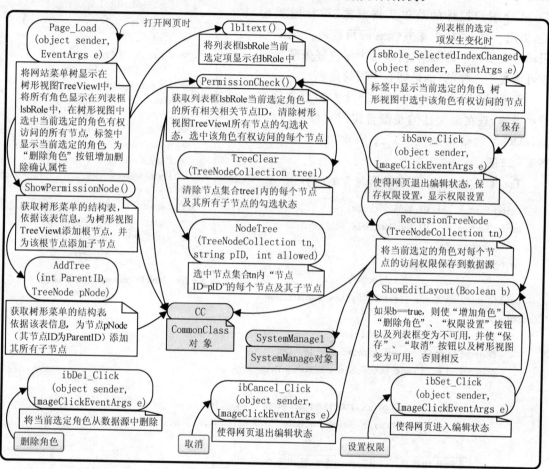

图 5-19 RolePermissions 类的成员解释

2. 技术要点

这一程序设计引用的技巧比较多，都很有代表性。首先在 JavaScript 使用递归算法（通俗讲递归就是自己调用自己，即设计一个方法在方法体中调用自己本身）处理节点的选择，又在类方法中使用递归来添加子节点、保存和检查节点权限。

这个动态菜单得以实现还要归功于为成员管理增加的两个数据表 TreeStructure 和 RolesPermissions。TreeStructure 定义案例项目的总体菜单项结构；RolesPermissions 存储动态分配的权限。对这两个数据表的操作由自定义的类 CommonClass、ESCM.Model.SystemManage 和 DBAccess 共同完成，类的设计方法将在第 6 章和第 7 章详解。

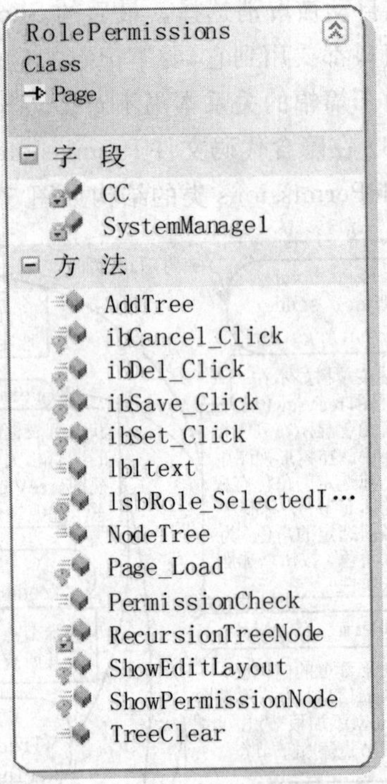

5.3.2 动态菜单程序设计

完成了权限分配之后,便可以设计菜单程序。本案例项目的菜单通过用户自定义控件来呈现,目的是为了在多个项目中引用。现在回过头来讲解 TreeUC 用户控件的菜单实现方法,设计的思想是,当用户登录时,根据其拥有的角色所分配的权限动态显示相应的菜单,所以每个用户登录菜单内容可能是不一样的(如果拥有不同的角色)。

TreeUC 用户控件的界面设计方法已在第 4 章中讲解,现在要关注的是隐含代码文件的内容。TreeUC 类的结构如图 5-21 所示,成员解释如图 5-22 所示。

TreeUC.aspx.cs 类文件所包含的内容:

```csharp
using System.Web.UI.WebControls;
using System.Web.UI.WebControls.WebParts;
using System.Xml.Linq;
using System.Drawing;

public partial class TreeUC : System.Web.UI.UserControl
{
    CommonClass CC = new CommonClass();
    protected void Page_Load(object sender, EventArgs e)
    {
        string uid = Convert.ToString(Session["uid"].ToString());
        string[] RoleArray = Roles.GetRolesForUser(uid);//获取登录用户的角色
```

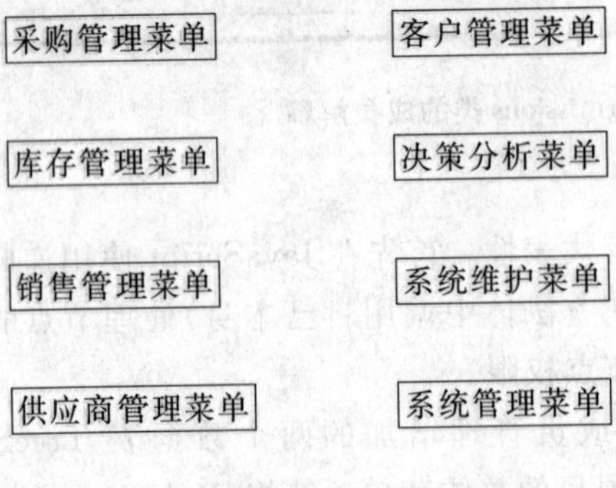

图 5-20 RolePermissions 类的结构

图 5-21 TreeUC 类的结构

图 5-22 TreeUC 类的成员解释

整个菜单树结构由八个一级菜单项组成,每个菜单项可能有二级或三级的下级菜单,呈现什么菜单项,取决于 RoleArray 数组中的角色所对应的权限。每个菜单项编程方法都是一样的,所以这里只列出库存管理菜单项的程序示例,其余的菜单项读者可查看案例程序。

库存管理菜单项实现代码:

```
#region"库存管理"
if (CC.PermissionsIsTrue(200000, RoleArray))//判断角色组是否拥有库存管理权限
{
    TreeNode tree2 = new TreeNode("库存管理");//定义节点
    tree2.SelectAction = TreeNodeSelectAction.None;//未选状态
    TreeView1.Nodes.Add(tree2);//添加节点
    if (CC.PermissionsIsTrue(210000, RoleArray))//是否拥有版库管理权限
    {
        TreeNode tree21 = new TreeNode("版库管理");
        tree21.SelectAction = TreeNodeSelectAction.None;
        tree2.ChildNodes.Add(tree21); //添加子节点
        if (CC.PermissionsIsTrue(210100, RoleArray))//是否拥有商品样式处理权限
        {
            TreeNode treeModeManage = new TreeNode("商品样式处理","","","~/StoreManagement/ModeStoreManagement/ModeStoreManagement.aspx", "MainWindows");
            tree21.ChildNodes.Add(treeModeManage); //添加叶节点
        }
    }
    if (CC.PermissionsIsTrue(220000, RoleArray)) //是否拥有图片库管理权限
    {
        TreeNode tree22 = new TreeNode("图片库管理");
        tree22.SelectAction = TreeNodeSelectAction.None;
        tree2.ChildNodes.Add(tree22);
        if (CC.PermissionsIsTrue(220100, RoleArray)) {
            TreeNode treePhotoManage = new TreeNode("图片处理","","","~/StoreManagement/PhotoManagement/ImageManagement.aspx", "MainWindows");
            tree22.ChildNodes.Add(treePhotoManage);
        }
    }
}
```

```
            if (CC.PermissionsIsTrue(230000, RoleArray)) //是否拥有宝石库管理权限
            {
                TreeNode tree23 = new TreeNode("宝石库管理");
                tree23.SelectAction = TreeNodeSelectAction.None;
                tree2.ChildNodes.Add(tree23);
                if (CC.PermissionsIsTrue(230100, RoleArray)) {
                    TreeNode treeBijouManage = new TreeNode("宝石材料处理", "", "", "~/StoreManagement/BijouStore/BijouManagement.aspx", "MainWindows");
                    tree23.ChildNodes.Add(treeBijouManage);
                }
            }
            if (CC.PermissionsIsTrue(240000, RoleArray)) //是否拥有商品库管理权限
            {
                TreeNode tree24 = new TreeNode("商品库管理");
                tree24.SelectAction = TreeNodeSelectAction.None;
                tree2.ChildNodes.Add(tree24);
                if (CC.PermissionsIsTrue(240100, RoleArray)) {
                    TreeNode treeWareInStore = new TreeNode("商品入库处理", "", "", "~/StoreManagement/WareStore/WareInStore.aspx", "MainWindows");
                    tree24.ChildNodes.Add(treeWareInStore);
                }
                if (CC.PermissionsIsTrue(240200, RoleArray)) {
                    TreeNode treeWareOutStore = new TreeNode("商品出库处理", "", "", "~/StoreManagement/WareStore/WareInStore.aspx", "MainWindows");
                    tree24.ChildNodes.Add(treeWareOutStore);
                }
                if (CC.PermissionsIsTrue(240300, RoleArray)) {
                    TreeNode treeDepotCheck = new TreeNode("库存盘点", "", "", "~/StoreManagement/WareStore/DepotCheck.aspx", "MainWindows");
                    tree24.ChildNodes.Add(treeDepotCheck);
                }
                if (CC.PermissionsIsTrue(240400, RoleArray)) {
                    TreeNode treeStoreQuery = new TreeNode("库存查询", "", "", "~/StoreManagement/WareStore/WareStoreQuery.aspx", "MainWindows");
                    tree24.ChildNodes.Add(treeStoreQuery);
                }
            }
        }
    }
#endregion
```

其中 PermissionsIsTrue(NodeID, Roles) 的 NodeID 对应数据表 TreeStructure 的节点编号，MainWindows 是指主界面的主框架，每个分支的末端必须是叶节点。

5.4 异常处理

异常处理是指当程序执行过程中发生错误时，采取的处理方法。通常的解决办法是首先

捕获错误信息,然后改变方向,执行错误信息,显示程序,常用的捕获错误的语句结构如下:

```
try{
    A
}
catch{
    B
}
```

其中 A 为实际执行的语句,B 为错误输出的语句。在本案例项目中,B 语句常表现为两种方式,第一种为 throw,这种方式适用于调试程序,如果程序出错系统将打开一个详细的错误网页。另一种是打开一个自定义信息的消息窗口,这里提供了设计消息窗口的三种不同风格的类文件,供读者参考,这三个类文件存放在 App_Code 文件夹中,即 AlertMessage.cs、MessageBox.cs 和 XiaoXiKuang.cs。这三个类文件都是用 JavaScript 语句实现弹出式窗口的设计,读者可自行查看随本书附带光盘中的案例代码。

还有一种异常处理方法是在 web.config 配置文件中预先配置好错误信息显示程序,像如下代码所示:

```
<customErrors mode = "RemoteOnly" defaultRedirect = "GenericErrorPage.htm">
        <error statusCode = "403" redirect = "NoAccess.htm" />
        <error statusCode = "404" redirect = "FileNotFound.htm" />
</customErrors>
```

当程序出现未处理的异常时,如果错误状态码为 403 或 404,则自动打开 NoAccess.htm 或 FileNotFound.htm 网页;如果没有对应状态码,则打开默认的 GenericErrorPage.htm 网页。这种方式在公共网站中经常应用,指定属性 mode="RemoteOnly"表示只适应于远程登录用户,mode="On"表示适应于所有登录的用户,mode="Off"表示不启用<customErrors>配置的信息。开发对外发布的公共网站常采用这种方式给用户提供网站出错信息网页。

5.5 相关技术概述

本章主要引用的技术包括登录、验证、Profile 用户配置文件和导航等,这一节对这五类知识内容进行简要的介绍。

5.5.1 登录控件

ASP.NET 登录控件为 ASP.NET Web 应用程序提供了一种可靠的、无需编程的登录解决方案。默认情况下,登录控件与 ASP.NET 成员资格和 Forms 身份验证集成,以帮助实现网站的用户身份验证过程的自动化。

1. Login 控件

Login 控件显示用于执行用户身份验证的用户界面。Login 控件包含用于用户名和密码的文本框和一个复选框。该复选框让用户指示是否需要服务器使用 ASP.NET 成员资格存储其标识并且当下次访问该站点时自动进行身份验证。

Login 控件有用于自定义显示、自定义消息的属性和指向其他页的链接,在哪些页面中用户可以更改密码或找回忘记的密码。Login 控件可用做主页上的独立控件,也可以在专门的登录页上使用它。

如果用户一同使用 Login 控件和 ASP.NET 成员资格,将不需要编写执行身份验证的代码。然而,如果用户想创建自己的身份验证逻辑,则可以处理 Login 控件的 Authenticate 事件并添加自定义身份验证代码,也可以像本案例项目那样把 Login 控件转化为模板以便更自由地使用 Login 控件。

2. LoginView 控件

使用 LoginView 控件,可以向匿名用户和登录用户显示不同的信息。该控件显示以下两个模板之一:AnonymousTemplate 或 LoggedInTemplate。在这些模板中,用户可以分别添加为匿名用户和经过身份验证的用户显示适当信息的标记和控件。

LoginView 控件还包括 ViewChanging 和 ViewChanged 的事件,用户可以为这些事件编写用户登录和更改状态时的处理程序。

3. LoginStatus 控件

LoginStatus 控件为没有通过身份验证的用户显示登录链接,为通过身份验证的用户显示注销链接。登录链接将用户带到登录页。注销链接将当前用户的身份重置为匿名用户。

可以通过设置 LoginText 和 LoginImageUrl 属性自定义 LoginStatus 控件的外观。

4. LoginName 控件

如果用户已使用 ASP.NET 成员资格登录,LoginName 控件将显示该用户的登录名。或者,如果站点使用集成 Windows 身份验证,该控件将显示用户的 Windows 账户名。

5. PasswordRecovery 控件

PasswordRecovery 控件允许根据创建账户时所使用的电子邮件地址来找回用户密码。PasswordRecovery 控件会向用户发送包含密码的电子邮件。

用户可以配置 ASP.NET 成员资格,以使用不可逆的加密来存储密码。在这种情况下,PasswordRecovery 控件将生成一个新密码,而不是将原始密码发送给用户。

用户还可以配置成员资格,包括一个用户为了找回密码必须回答的安全提示问题。如果这样做,PasswordRecovery 控件将在找回密码前提问该问题并核对答案。

PasswordRecovery 控件要求用户的应用程序能够将电子邮件转发给简单邮件传输协议(SMTP)服务器。用户可以通过设置 MailDefinition 属性自定义发送给用户的电子邮件的文本和格式。

注意:电子邮件中的密码信息是以明文形式发送的。

下面的示例演示了一个在 ASP.NET 页中声明的 PasswordRecovery 控件,其 MailDefinition 属性设置用来自定义电子邮件。

```
<asp:PasswordRecovery ID = "PasswordRecovery1" Runat = "server"
    SubmitButtonText = "Get Password" SubmitButtonType = "Link">
    <MailDefinition From = "administrator@Contoso.com"
        Subject = "Your new password"
        BodyFileName = "PasswordMail.txt" />
</asp:PasswordRecovery>
```

6. CreateUserWizard 控件

CreateUserWizard 控件用于收集潜在用户提供的信息。默认情况下,CreateUserWizard 控件将新用户添加到 ASP.NET 成员资格系统中。

CreateUserWizard 控件可收集下列用户信息:

(1) 用户名(UserID);

(2) 密码;

(3) 密码确认;

(4) 电子邮件地址;

(5) 安全提示问题;

(6) 安全答案。

下面的示例演示了 CreateUserWizard 控件的一个典型 ASP.NET 声明:

```
<asp:CreateUserWizard ID = "CreateUserWizard1" Runat = "server"
    ContinueDestinationPageUrl = "~/Default.aspx">
  <WizardSteps>
    <asp:CreateUserWizardStep Runat = "server"
      Title = "Sign Up for Your New Account">
    </asp:CreateUserWizardStep>
    <asp:CompleteWizardStep Runat = "server"
      Title = "Complete">
    </asp:CompleteWizardStep>
  </WizardSteps>
</asp:CreateUserWizard>
```

7. ChangePassword 控件

通过 ChangePassword 控件,用户可以更改其密码。用户必须首先提供原始密码,然后创建并确认新密码。如果原始密码正确,则用户密码将更改为新密码。该控件还支持发送关于新密码的电子邮件。

ChangePassword 控件包含显示给用户的两个模板化视图。第一个模板是 ChangePasswordTemplate,它显示用来收集更改用户密码所需的数据的用户界面。第二个模板是 SuccessTemplate,它定义当用户密码更改成功以后显示的用户界面。

ChangePassword 控件由通过身份验证和未通过身份验证的用户使用。如果用户未通过身份验证,该控件将提示用户输入登录名。如果用户已通过身份验证,该控件将用用户的登录名填充文本框。

5.5.2 验证控件

为用户输入创建 ASP.NET 网页的一个重要目的是检查用户输入的信息是否有效。ASP.NET 提供了一组验证控件,用于提供一种易用但功能强大的检错方式,并在必要时向用户显示错误信息,表 5-2 出了 ASP.NET 验证控件及其使用方法。

表 5-2 ASP.NET 验证控件

验证类型	使用的控件	说明
必需项	RequiredFieldValidator	确保用户不会跳过某一项
与某值的比较	CompareValidator	将用户输入与一个常数值或者另一个控件或特定数据类型的值进行比较(使用小于、等于或大于等比较运算符)
范围检查	RangeValidator	检查用户的输入是否在指定的上下限内。可以检查数字对、字母对和日期对限定的范围
模式匹配	RegularExpressionValidator	检查项与正则表达式定义的模式是否匹配。此类验证使用户能够检查可预知的字符序列,如电子邮件地址、电话号码、邮政编码等内容中的字符序列
用户定义	CustomValidator	使用用户自己编写的验证逻辑检查用户输入。此类验证使用户能够检查在运行时派生的值

1. RequiredFieldValidator 控件

RequiredFieldValidator 控件主要用来验证 TextBox 控件,要求必须输入内容,其常用属性如表 5-3 所列。

表 5-3 RequiredFieldValidator 控件常用属性

属性名称	说明
ControlToValidate	获取或设置要验证的输入控件
EnableClientScript	获取或设置一个值,该值指示是否启用客户端验证
ErrorMessage	获取或设置验证失败时 ValidationSummary 控件中显示错误消息的文本
ID	获取或设置分配给服务器控件的编程标识符
ValidationGroup	获取或设置此验证控件所属的验证组的名称

2. CompareValidator 控件

CompareValidator 控件主要用来验证两个输入控件所输入内容进行比较,输入控件内容与一个常量值进行比较,其常用属性如表 5-4 所列。

表 5-4 CompareValidator 控件常用属性

属性名称	说明
ControlToCompare	获取或设置要与所验证的输入控件进行比较的输入控件
ControlToValidate	获取或设置要验证的输入控件
EnableClientScript	获取或设置一个值,该值指示是否启用客户端验证
ErrorMessage	获取或设置验证失败时 CompareValidator 控件中显示的错误消息的文本
ID	获取或设置分配给服务器控件的编程标识符
ValidationGroup	获取或设置此验证控件所属的验证组的名称
ValueToCompare	获取或设置一个常数值,该值要与由用户输入到所验证的输入控件中的值进行比较

3. RangeValidator 控件

RangeValidator 控件主要用来验证两个输入控件所输入内容进行比较,输入控件内容与一个常量值进行比较,其常用属性如表 5-5 所列。

表 5-5　RangeValidator 控件常用属性

属性名称	说　明
ControlToValidate	获取或设置要验证的输入控件
EnableClientScript	获取或设置一个值,该值指示是否启用客户端验证
ErrorMessage	获取或设置验证失败时,RangeValidator 控件中显示的错误消息的文本
ID	获取或设置分配给服务器控件的编程标识符
MaximumValue	获取或设置验证范围的最大值
MinimumValue	获取或设置验证范围的最小值
ValidationGroup	获取或设置此验证控件所属的验证组的名称

4. RegularExpressionValidator 控件

RegularExpressionValidator 控件验证相关输入控件的值是否匹配正则表达式指定的模式,其常用属性如表 5-6 所列。

表 5-6　RegularExpressionValidator 控件常用属性

属性名称	说　明
ControlToValidate	获取或设置要验证的输入控件
EnableClientScript	获取或设置一个值,该值指示是否启用客户端验证
ErrorMessage	获取或设置验证失败时,RegularExpressionValidator 控件中显示的错误消息的文本
ID	获取或设置分配给服务器控件的编程标识符
ValidationExpression	获取或设置确定字段验证模式的正则表达式
ValidationGroup	获取或设置此验证控件所属的验证组的名称

5. CustomValidator 控件

CustomValidator 控件验证相关输入控件的值是否匹配正则表达式指定的模式,其常用属性和事件如表 5-7 和表 5-8 所列。

表 5-7　CustomValidator 控件常用属性

属性名称	说　明
ClientValidationFunction	获取或设置用于验证的自定义客户端脚本函数的名称
ControlToValidate	获取或设置要验证的输入控件
ErrorMessage	获取或设置验证失败时,CustomValidator 控件中显示的错误消息的文本
ID	获取或设置分配给服务器控件的编程标识符
ValidationGroup	获取或设置此验证控件所属的验证组的名称

表 5-8 CustomValidator 控件常用事件

事件名称	说明
ServerValidate	在服务器上执行验证时发生

5.5.3 Profile 用户配置文件

Profile 用户配置文件主要用来存储用户个性化信息，Profile 有以下几个基本特征：

（1）Profile 依个别用户账号存储个别用户数据。

（2）Profile 数据字段可以自行在 Web.config 中定义而立即生效。

（3）Profile 对于数据的读取属于强类型。

（4）Profile 对于数据的存储不仅限于如 String 或 Integer 之类的简单的数据类型，也能存储复杂的数据类型，如 XML、Binary 或自定义类。

（5）Profile 字段可以分组定义，如地址（Adress）字段可以作为字段组，包含国家、城市等字段。

（6）Profile 也可存储匿名用户的数据，并可把匿名用户的数据迁移到登录用户上。

Profile 常用属性如表 5-9 所示。

表 5-9 CustomValidator 控件常用属性

属性名称	说明
name	定义属性名称
type	指定字段的数据类型
defaultValue	指定字段的初始值
readonly	指定 True 或 False 布尔值设置字段成只读状态，默认是 False
allowAnonymous	指定 True 或 False 布尔值来指示是否准许匿名者使用 Profile 功能默认为 False，但需要 web.config 节点 anonymousIdentification 功能的配合
serialAs	如果要存储复杂的 Class 类型，需要序列化字段，而序列化 serialAs 有三种类型，即 String、Binary 和 XML

5.5.4 导航控件

ASP.NET 4 导航控件有三个，即 Menu、SiteMapPath 和 TreeView，可以使用这些控件在 ASP.NET 网页上创建菜单和其他导航辅助功能。

1. Menu 控件

Menu 控件具有两种显示模式：静态模式和动态模式。静态显示意味着 Menu 控件始终是完全展开的。整个结构都是可视的，用户可以单击任何部位。在动态显示的菜单中，只有指定的部分是静态的，而只有用户将光标指针放置在父节点上时才会显示其子菜单项。

用户可以在 Menu 控件中直接配置其内容，也可通过将该控件绑定到数据源的方式来指定其内容。无须编写任何代码，便可控制 ASP.NET Menu 控件的外观、方向和内容。除该控件公开的可视属性外，该控件还支持 ASP.NET 控件外观和主题。

Menu 控件常用方法、属性和事件如表 5-10、表 5-11 和表 5-12 所列。

表 5-10 Menu 控件常用方法

方法名称	说明
DataBind	将数据源绑定到 Menu 控件
OnDataBinding	引发 DataBinding 事件
OnDataBound	引发 DataBound 事件
OnMenuItemClick	引发 MenuItemClick 事件

表 5-11 Menu 控件常用属性

属性名称	说明
DataSource	获取或设置对象,数据绑定控件从该对象中检索其数据项列表
DataSourceID	获取或设置控件的 ID,数据绑定控件从该控件中检索其数据项列表
ID	获取或设置分配给服务器控件的编程标识符
Items	获取 MenuItemCollection 对象,该对象包含 Menu 控件中的所有菜单项
MaximumDynamicDisplayLevels	获取或设置动态菜单的菜单呈现级别数
Orientation	获取或设置 Menu 控件的呈现方向
StaticDisplayLevels	获取或设置静态菜单的菜单显示级别数

表 5-12 Menu 控件常用事件

事件名称	说明
DataBinding	当服务器控件绑定到数据源时发生
DataBound	在服务器控件绑定到数据源后发生
MenuItemClick	在单击 Menu 控件中的菜单项时发生

2. SiteMapPath 控件

SiteMapPath 控件包含来自站点地图的导航数据。此数据包括有关网站中的页的信息,如 URL、标题、说明和导航层次结构中的位置。

SiteMapPath 控件使用户能够向后导航,即从当前页到站点层次结构中更高层的页。但是,SiteMapPath 控件不让用户向前导航,即从当前页到站点层次结构中较低层的页。

只有在站点地图中列出的页才能在 SiteMapPath 控件中显示导航数据。

SiteMapPath 控件一般只用做为当前显示页在站点中位置的引用点,所以这里只关注它的两个属性 PathDirection 和 PathSeparator,PathDirection 属性获取或设置导航路径节点的呈现顺序,有两个值可供选择,即 RootToCurrent 和 RootToCurrent,其中 RootToCurrent 为默认值。PathSeparator 属性获取或设置一个字符串,该字符串在呈现的导航路径中分隔 SiteMapPath 节点。

3. TreeView 控件

TreeView 控件可以显示几种不同类型的数据:在控件中以声明方式指定的静态数据,绑定到控件的数据，或作为对用户操作的响应通过执行代码添加到 TreeView 控件中的数据。

TreeView 控件用于在树形结构中显示分层数据，例如目录或文件目录，并且支持下列功能：

(1) 数据绑定，它允许控件的节点绑定到 XML、表格或关系数据。
(2) 站点导航，通过与 SiteMapDataSource 控件集成实现。
(3) 节点文本既可以显示为纯文本，也可以显示为超链接。
(4) 借助编程方式访问 TreeView 对象模型以动态地创建树、填充节点、设置属性等。
(5) 客户端节点填充(在支持的浏览器上)。
(6) 在每个节点旁显示复选框的功能。
(7) 通过主题、用户定义的图像和样式可实现自定义外观。

TreeView 控件由节点组成。树中的每个项都称为一个节点，它由一个 TreeNode 对象表示。节点类型的定义如下：

(1) 包含其他节点的节点称为"父节点"。
(2) 被其他节点包含的节点称为"子节点"。
(3) 没有子节点的节点称为"叶节点"。
(4) 不被其他任何节点包含，同时所有其他节点的上级的节点是"根节点"。

一个节点可以同时是父节点和子节点，但是不能同时为根节点、父节点和叶节点。节点为根节点、父节点还是叶节点决定节点的几种可视化属性和行为属性。

尽管通常的树形结构只具有一个根节点，但是 TreeView 控件允许用户向树形结构中添加多个根节点。如果要在不显示单个根节点的情况下显示项列表(如同在产品类别列表中)，这种控件非常有用。

每个节点具有一个 Text 属性和一个 Value 属性。Text 属性的值显示在 TreeView 中，而 Value 属性用于存储有关节点的任何其他数据，例如传递到与该节点相关联的回发事件的数据。

节点可以处于以下两种状态之一：选定状态和导航状态。默认情况下，会有一个节点处于选定状态。若要使一个节点处于导航状态，可将该节点的 NavigateUrl 属性值设置为空字符串("")以外的值。若要使一个节点处于选定状态，可将该节点的 NavigateUrl 属性值设置为空字符串("")。

TreeView 控件常用方法、属性和事件如表 5-13、表 5-14 和表 5-15 所列。

表 5-13 TreeView 控件常用方法

方法名称	说明
DataBind	将数据源绑定到 TreeView 控件
OnDataBinding	引发 DataBinding 事件
OnDataBound	引发 DataBound 事件
OnSelectedNodeChanged	引发 TreeView 控件的 SelectedNodeChanged 事件
OnTreeNodeCheckChanged	引发 TreeView 控件的 TreeNodeCheckChanged 事件

表 5-14 TreeView 控件常用属性

属性名称	说 明
DataSource	获取或设置对象,数据绑定控件从该对象中检索其数据项列表
DataSourceID	获取或设置控件的 ID,数据绑定控件从该控件中检索其数据项列表
ExpandImageUrl	获取或设置自定义图像的 URL,该图像用做可展开节点的指示符
ID	获取或设置分配给服务器控件的编程标识符
NoExpandImageUrl	获取或设置自定义图像的 URL,该图像用做不可展开节点的指示符
ShowCheckBoxes	获取或设置一个值,它指示哪些节点类型将在 TreeView 控件中显示复选框

表 5-15 TreeView 控件常用事件

事件名称	说 明
DataBinding	当服务器控件绑定到数据源时发生
DataBound	在服务器控件绑定到数据源后发生
SelectedNodeChanged	当选择 TreeView 控件中的节点时发生
TreeNodeCheckChanged	当 TreeView 控件中的复选框在向服务器的两次发送过程之间状态有所更改时发生

如果要通过编程添加 TreeView 控件的节点,则必须调用 TreeNode 节点对象,TreeNode 对象的常用方法和属性如表 5-16 和表 5-17 所列。

表 5-16 TreeNode 对象常用方法

方法名称	说 明
Select	选择 TreeView 控件中的当前节点
TreeNode()	构造方法,不使用文本或值初始化 TreeNode 类的新实例
TreeNode(String)	方法重载,使用指定的文本初始化 TreeNode 类的新实例
TreeNode(String, String)	方法重载,使用指定的文本和值初始化 TreeNode 类的新实例
TreeNode(TreeView, Boolean)	方法重载,使用指定的所有者初始化 TreeNode 类的新实例
TreeNode(String, String, String)	方法重载,使用指定的文本、值和图像 URL 初始化 TreeNode 类的新实例

表 5-17 TreeNode 对象常用属性

属性名称	说 明
Checked	获取或设置一个值,该值指示节点的复选框是否被选中
ChildNodes	获取 TreeNodeCollection 集合,该集合包含当前节点的第一级子节点
ImageUrl	获取或设置节点旁显示的图像的 URL
NavigateUrl	获取或设置单击节点时导航到的 URL
Parent	获取当前节点的父节点
SelectAction	获取或设置选择节点时引发的事件
Selected	获取或设置一个值,该值指示是否选择节点

续表 5-17

属性名称	说 明
ShowCheckBox	获取或设置一个值,该值指示是否在节点旁显示一个复选框
Text	获取或设置为 TreeView 控件中的节点显示的文本

5.6 实 训

模仿本案例的程序流程控制方法,设计学生管理系统的用户注册、登录、菜单设置、角色与权限管理。动态菜单采用 Menu 控件,任课老师对所教的课程具有输入和修改权限,学生和其他教师只有查询权限。

5.7 小 结

本章介绍了在实际的项目开发中常用的程序流程控制方法。涉及的内容有用户注册、用户登录、个性化设置、角色与权限管理、输入验证、菜单设置和出错处理方法等技巧。然后介绍了相关的控件知识。希望读者能够通过多练来掌握其中的要领,起到举一反三的效果,能够把这些技巧应用于实战训练中。最后提供设计学生管理系统程序流程控制的实训内容。

第 6 章 数据库访问类设计

本章要点
- C#类设计
- ADO.NET 技术
- C#语言基础

信息管理系统项目对数据库的操作无非是增、删、改和查询,各大小项目基本上都离不开这四项基本操作。考虑到这一共同特点,许多项目都专门构建一个实现这四项基本操作的类,当需要对数据库进行操作时只要调用该类即可。

这里参考微软的 Data Access Application Block for .NET 访问数据库的通用组件,设计一个数据库访问类。这一过程要在业务实体对象建立之前完成,因为实体类方法需要操作数据库。数据库访问类文件置于项目中的 App_Code 系统文件夹中,为了文件管理的方便,笔者在 App_Code 系统文件夹中新建 DataAccess 子文件夹存放数据库访问类文件。

6.1 数据库访问类设计

数据库访问类包含了在整个项目中对数据库进行操作的基本方法,数据库访问类设计完成后应该能够在各个项目中、项目的所有程序中直接引用,考虑到这一点,类成员都设计为静态方法。整个类的设计过程分为几个部分进行。

6.1.1 数据访问类整体结构设计

这一过程主要从总体上来考虑数据访问类所应包含的成员。

1. 设计方法和步骤

(1) 右击在项目解决方案资源管理器中的 DataAccess,单击快捷菜单的"添加新项"菜单,则弹出如图 6-1 所示的新建文件窗口。

(2) 在窗口中选择 C#类文件,并把文件名改为 DataAccess.cs,然后单击"添加"按钮,则生成如下 C#类框架文件代码:

```
using System;
using System.Data;
using System.Configuration;
using System.Linq;
using System.Web;
using System.Web.Security;
using System.Web.UI;
using System.Web.UI.HtmlControls;
using System.Web.UI.WebControls;
```

第6章 数据库访问类设计

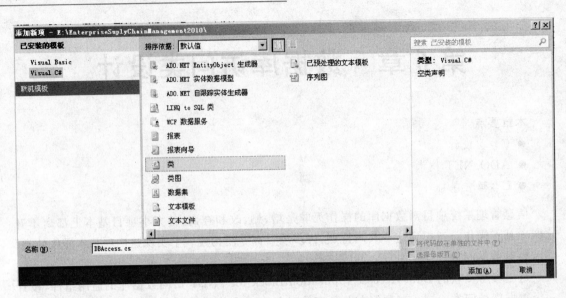

图6-1 类文件生成窗口

```
using System.Web.UI.WebControls.WebParts;
using System.Xml.Linq;
/// <summary>
///DBAccess 的摘要说明
/// </summary>
public class DBAccess
{
    public DBAccess()
    {
        //
        //TODO：在此处添加构造函数逻辑
        //
    }
}
```

其中 using System;等语句表示引入命名空间，命名空间包含已定义好的各种类，每个类都包含在指定的命名空间中。类的构造函数名称必须与类的名称相同，且没有返回类型，构造函数用于对类私有变量的初始化。

（3）在以上类框架中删除不需要的引用空间，加入 System.Data.SqlClient 命名空间，定义一个新的命名空间 ESCM.DataAccess，其代码如下所示：

```
using System;
using System.Data;
using System.Configuration;
using System.Data.SqlClient;

namespace ESCM.DataAccess
{
```

```
/// <summary>
///DBAccess 的摘要说明
/// </summary>
public class DBAccess
{
    public DBAccess(){
        //TODO：在此处添加构造函数逻辑
    }
}
```

在默认引用的一大串命名空间中，有些命名空间在本程序中从未用到其所包含的类，为了程序的简洁性应该删除。System.Data.SqlClient 命名空间包括本程序所需要的对数据库操作的系统类，如果使用的不是 SQLServer 数据库，则引用 System.Data.OLEDB 命名空间。可通过 VS2010 开发工具的帮助文件中查找到各个系统类库所在的命名空间。

为了项目系统管理的方便，笔者定义一个命名空间 ESCM.DataAccess，在 ESCM.DataAccess 命名空间下设计两个类，其中 DBAccess 类用于数据操作，DBAccessParameterCache 类用于缓存存储过程参数，DBAccess 类是必须的，DBAccessParameterCache 类在复杂的项目开发中经常使用。

DBAccess 类的结构如图 6-2 所示。

DBAccess.cs 类文件所包含的内容：

```
public sealed class DBAccess
{
    public static int _totalRecords = 0;//一个静态字段存储总记录数
    public static string StrConn = ConfigurationManager.ConnectionStrings["ConnectionStringIntegrated"].ConnectionString;// 一个静态字段存储数据库连接字符串
```

私有构造函数和命令参数定义方法组

ExecuteNonQuery 方法组

ExecuteDataset 方法组

ExecuteReader 数据阅读器方法组

ExecuteScalar 返回结果集中的第一行第一列方法组

ExecuteXmlReader Xml 阅读器方法组

FillDataset 填充数据集方法组

图 6-2 DBAccess 类的结构

第6章 数据库访问类设计

```
    UpdateDataset 更新数据集方法组
    创建 Command 命令方法组
    分页操作方法
}
```

以 sealed 修饰的类表示不能继承,StrConn 字段变量是从 Web.config 配置文件中获取数据库的连接字符串。每一个方框代表数据库操作的不同方法组。随后将进一步介绍这些方法的设计过程,这九种方法组基本涵盖了一般信息系统项目开发中的数据库操作方法。

DBAccessParameterCache 类内容如下(DBAccessParameterCach 类的结构如图6-3所示)。

```
public sealed class DBAccessParameterCache
{
    私有构造函数、字段和方法组
    缓存方法组
    检索指定的存储过程的参数集方法组
}
```

DBAccessParameterCache 类主要用于对存储过程参数的缓存处理,并从存储过程参数中探索出 Command 对象的参数集合。

2. 技术要点

这一过程的主要技术是连接字符串的获取方法,可以直接在本文件中定义连接字符串,如:

StrConn = "Data Source = localhost;Initial Catalog = EnterpriseDB;Integrated Security = True"

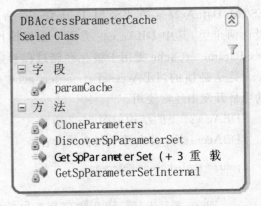

图6-3 DBAccessParameterCach 类的结构

还有更常用的方法是在 Web.config 文件中配置好连接节点,然后在程序中通过 ConfigurationManager 系统类的 ConnectionStrings 集合属性获取连接字符串,这可参照第2章第2.1小节的内容。在 Web.config 配置连接节点的好处是当更改连接时,只在配置文件中修改,不涉及应用程序。不同的数据库链接字符串也不相同,这可参阅本章的相关知识点一节。

6.1.2 DBAccess 类的方法设计

类方法设计:为了简化类成员的引用,DBAccess 类的成员都定义为静态成员,以下分别介绍 DBAccess 类的方法,所有类成员在类中是没有先后之分的。DBAccess 类的成员解释如图6-4所示。

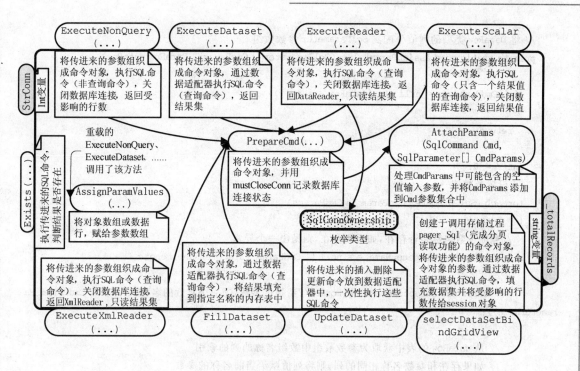

图 6-4 DBAccess 类的成员解释

1. 私有构造函数和命令参数定义方法组

private DBAccess(){ } //私有构造函数防止类实例化
//将 SqlParameter 参数数组(参数值)分配给 SqlCommand 命令
//这个方法将给任何一个参数分配 DBNull.Value,该操作将阻止默认值的使用
private static void AttachParams(SqlCommand Cmd, SqlParameter[] CmdParams)
{
　if (Cmd == null) throw new ArgumentNullException("Cmd");//抛出异常
　if (CmdParams ! = null)
　{
　　foreach (SqlParameter p in CmdParams)//遍历参数
　　{
　　if (p ! = null)
　　{
　　　// 检查未分配值的输入参数,将给其分配 DBNull.Value
　　　　if ((p.Direction == ParameterDirection.InputOutput || p.Direction == ParameterDirection.Input) && (p.Value == null))
　　　　{
　　　　　p.Value = DBNull.Value;
　　　　}
　　　Cmd.Parameters.Add(p);//把参数加到 Command 命令参数组中
　　}
　}
}

```csharp
}
// 将 DataRow 类型的列值分配到 SqlParameter 参数数组
private static void AssignParamValues(SqlParameter[] CmdParams, DataRow dataRow)
{
    if ((CmdParams == null) || (dataRow == null))
    {
        return;
    }
    int i = 0;
    // 设置参数值
    foreach (SqlParameter CmdParam in CmdParams)
    {
        //判断参数名称是否存在,如果不存在,则抛出一个异常
        if (CmdParam.ParameterName == null || CmdParam.ParameterName.Length <= 1)
        {
            throw new Exception(string.Format("请提供参数{0}一个有效的名称{1}.", i, CmdParam.ParameterName));
        }
        // 从 dataRow 的表中获取为参数数组中数组名称的列的索引
        // 如果存在和参数名称相同的列,则将列值赋给当前名称的参数
        if(dataRow.Table.Columns.IndexOf(CmdParam.ParameterName.Substring(1)) != -1)
        {
            CmdParam.Value = dataRow[CmdParam.ParameterName.Substring(1)];
        }
        i++;
    }
}
// 将一个对象数组分配给 SqlParameter 参数数组,方法重载
private static void AssignParamValues(SqlParameter[] CmdParams, object[] paramValues)
{
    if ((CmdParams == null) || (paramValues == null))
    {
        return;
    }
    // 确保对象数组个数与参数个数匹配,如果不匹配,抛出一个异常
    if(CmdParams.Length != paramValues.Length)
    {
        throw new ArgumentException("参数值个数与参数不匹配");
    }
    // 给参数赋值
    for (int i = 0, j = CmdParams.Length; i < j; i++)
    {
        if (paramValues[i] is SqlParameter) //检查对象是否与给定类型兼容
        {
            SqlParameter paramInstance = (SqlParameter)paramValues[i];
```

```csharp
        if (paramInstance.Value == null)
        {
            CmdParams[i].Value = DBNull.Value; //给参数付空值
        }
        else
        {
          CmdParams[i].Value = paramInstance.Value; //把对象数组的值赋给参数数组
        }
    }
    else if (paramValues[i] == null)
    {
      CmdParams[i].Value = DBNull.Value;
    }
    else
    {
      CmdParams[i].Value = paramValues[i];
    }
  }
}
// 预处理用户提供的命令,数据库连接/事务/命令类型/参数
private static void PrepareCmd(SqlCommand Cmd, SqlConnection Conn, SqlTransaction Trans, CommandType CmdType, string CmdText, SqlParameter[] CmdParams, out bool mustCloseConn)
{
   if (Cmd == null) throw new ArgumentNullException("Cmd ");
   if (CmdText == null || CmdText.Length == 0) throw new ArgumentNullException("CmdText");
   if (Conn.State != ConnectionState.Open)//判断数据库连接对象是否打开
   {
     mustCloseConn = true;
     Conn.Open();
   }
   else
   {
     mustCloseConn = false;
   }
   Cmd.Connection = Conn; // 给命令分配一个数据库连接
   Cmd.CommandText = CmdText; // 设置命令文本(存储过程名或 SQL 语句)
   if (Trans != null)
   {
     if (Trans.Connection == null)
     {
         throw new ArgumentException("The transaction was rollbacked or commited, please provide an open transaction.", "transaction");
     }
     Cmd.Transaction = Trans; // 分配事务
   }
```

第6章 数据库访问类设计

```
    Cmd.CommandType = CmdType; // 设置命令类型
    if (CmdParams ! = null)
    {
        AttachParams(Cmd, CmdParams); // 分配命令参数
    }
    return;
}
```

类的构造函数默认的访问类型为 public。因为类的成员都设计为静态成员,所以,为防止类进行实例化,修改其访问类型为 private。

数据操作类采用的是 ADO.NET 技术,执行数据库的查询语句或存储过程要通过 SqlCommand(SQLServer)对象来进行,在进行条件查询、增、删、改操作都需要给查询语句或存储过程传递变量参数,所以,Command 对象提供了相应的参数集合对象用于向查询语句或存储过程传递参数。以上这几个方法就是实现为 Command 对象的参数集合提供参数和参数值。

参数传递给 Command 对象时要求必须先赋值,否者会引发方法参数未赋值的错误,但在实际操作中有些信息是可以暂时不填写的,这时对应不填写信息的输入控件的参数要求设置一个默认值。为了避免设置默认值,在 AttachParams 方法中对未赋值的参数都赋予 DBNull.Value 值。

在 Command 对象执行方法之前要对其相关属性如 Connection、CommandType、CommandText 和 Parameters 等进行预先配置好,所以这里设计了一个预处理的方法 PrepareCmd()。

2. ExecuteNonQuery 命令方法组

ExecuteNonQuery 命令方法有两个基本方法,一个未采用事务管理,另一个采用事务管理功能,具体代码如下所示:

```
// 执行指定数据库连接对象的命令,返回影响的行数
public static int ExecuteNonQuery(SqlConnection Conn, CommandType CmdType, string CmdText, params SqlParameter[] CmdParams)
{
    if (Conn == null) throw new ArgumentNullException("Conn");
    // 创建 SqlCommand 命令,并进行预处理
    SqlCommand Cmd = new SqlCommand();
    bool mustCloseConn = false;
    PrepareCmd(Cmd,Conn, (SqlTransaction)null, CmdType, CmdText, CmdParams, out mustCloseConn);
    int retval = Cmd.ExecuteNonQuery();// 执行 Cmd 对象的 ExecuteNonQuery()方法完成数据操作
    Cmd.Parameters.Clear();// 清除参数,以便再次使用
    if (mustCloseConn) Conn.Close();//关闭连接
    return retval; //返回一个整数
}
// 执行带事务的 SqlCommand(指定参数),返回影响的行数
public static int ExecuteNonQuery(SqlTransaction trans, CommandType CmdType, string CmdText, params SqlParameter[] CmdParams)
{
    if (trans == null) throw new ArgumentNullException("transaction");
```

```
        if (trans ! = null && trans.Connection == null) throw new ArgumentException("事务已提交或回
滚。请连接事务", "transaction");
        SqlCommand cmd = new SqlCommand();// 预处理
        bool mustCloseConn = false;
        PrepareCmd(cmd, trans.Connection, trans, CmdType, CmdText, CmdParams, out mustCloseConn);
        int retval = cmd.ExecuteNonQuery();// 执行 Command 命令方法
        cmd.Parameters.Clear();// 清除参数集,以便再次使用
        return retval;
    }
```

params 关键字指定在参数数目可变处采用参数的方法参数。

在方法声明中的 params 关键字之后不允许任何其他参数,并且在方法声明中只允许一个 params 关键字。

Command 对象的 ExecuteNonQuery 方法执行的是对数据库数据的增、删、改操作,对数据库的增、删、改操作一般来说要赋予事务管理,以保证数据的完整性。事务管理可作用于应用程序层次,也可作用于数据库层次(在存储过程应用事务),如果已在数据库层次使用事务,应用程序层次就可不考虑使用事务,否则,必须使用事务。这里设计一个应用事务,一个未应用事务的重载方法,以便根据实际参数自主调用。

除了以上这两个基本方法以外,还派生出多个不同参数个数或参数类型的 ExecuteNonQuery 重载方法,这些派生的方法设计模型都为:

```
public static int ExecuteNonQuery(参数组)
{
        参数转化语句;
        return ExecuteNonQuery(基本方法实参);
}
```

转化语句就是要把与基本方法类型不对应的参数转化为对应的参数,如基本方法的参数是数据连接对象,而重载方法是连接字符串,这是要把连接字符串作为参数实例化一个连接对象赋给相应的基本方法实参。如果重载方法参数少于基本方法参数,则对应的基本方法实参赋予 null 值,并把 null 强类型转换为相应的基本参数类型。通过这个设计思想可以派生出多个重载方法,详见本书随附的案例项目的 DBAccess 类原代码。

3. ExecuteDataset 方法组

Command 对象的 ExecuteDataset 方法返回一个数据检索的结果集,设计的 ExecuteDataset 方法组,是要通过不同的参数检索数据库的数据并存储到一个数据集 DataSet 对象中,基本方法如下代码所示:

```
// 执行指定数据库连接对象的命令,指定存储过程参数,返回 DataSet,返回一个包含结果集的 DataSet
public static DataSet ExecuteDataset(SqlConnection Conn, CommandType  CmdType, string CmdText, params SqlParameter[] CmdParams)
    {
        if (Conn == null) throw new ArgumentNullException("Conn");
        SqlCommand cmd = new SqlCommand();
```

```csharp
        bool mustCloseConn = false;
        PrepareCmd(cmd, Conn, (SqlTransaction)null, CmdType, CmdText, CmdParams, out mustCloseConn); // 调用预处理方法
        // 创建 SqlDataAdapter 和 DataSet.
        using (SqlDataAdapter da = new SqlDataAdapter(cmd))
        {
            DataSet ds = new DataSet();//定义数据集
            da.Fill(ds); // 填充 DataSet
            cmd.Parameters.Clear();
            if (mustCloseConn)
                Conn.Close();
            return ds; //返回数据集
        }
    }
    // 执行指定事务的命令,指定参数,返回 DataSet,返回一个包含结果集的 DataSet
    public static DataSet ExecuteDataset(SqlTransaction trans, CommandType CmdType, string CmdText, params SqlParameter[] CmdParams)
    {
        if (trans == null) throw new ArgumentNullException("未定义事务!");
        if (trans != null && trans.Connection == null) throw new 数执 UV.ArgumentException("事务回滚或已提交!", "transaction");
        SqlCommand cmd = new SqlCommand();
        bool mustCloseConn = false;
        PrepareCmd(cmd, trans.Connection, trans, CmdType, CmdText, CmdParams, out mustCloseConn); // 预处理
        // 创建 DataAdapter & DataSet
        using (SqlDataAdapter da = new SqlDataAdapter(cmd))
        {
            DataSet ds = new DataSet();
            da.Fill(ds);
            cmd.Parameters.Clear();
            return ds;
        }
    }
```

ExecuteDataset 方法组也设计了两个基本方法,一个未引用事务,另一个引用事务,这里引入了两个新的对象 Dataset 和 DataAdapter,DataSet 为数据集对象,存储 ExecuteDataset 方法执行返回的结果集,DataAdapter 为数据适配器,用于执行 Command 对象的查询语句或存储过程,并把返回的结果集赋给 DataSet,DataAdapter 在 Command 和 DataSet 之间起到了适配器的作用,而 SqlDataAdapte 为 SQLServer 数据库专用对象。

这里引用了一个新的语句,即 using 语句,它提供能确保正确使用 IDisposable 对象的方便语法,当 using 语句块的代码执行完毕,将自动调用 Idisposable 接口对象的 Dispose 方法,并释放在 using(...)中声明的对象资源,即使中途出错也执行 Dispose 方法。

ExecuteDataset 方法的其他重载方法的设计原理跟 ExecuteNonQuery 重载方法的设计

原理是一样的,详见本书随附的案例项目的 DBAccess 类原代码。

4. ExecuteReader 数据阅读器方法组

Command 对象的 ExecuteReader 方法返回一个只读的结果集,这个结果集使用 DataReader 对象存储,ExecuteReader 方法组有一个基本方法,可以通过这个基本方法派生出多个重载方法,其基本方法代码如下:

```csharp
// 枚举,标识数据库连接是由 DBAccess 提供还是由调用者提供
    private enum SqlConnOwnership
    {
        /// <summary>由 DBAccess 提供连接</summary>
        Internal,
        /// <summary>由调用者提供连接</summary>
        External
    }
// 执行指定数据库连接对象的数据阅读器,如果是 DBAccess 打开连接,当连接关闭 DataReader 也将关闭。如果是调用者打开连接,DataReader 由调用者管理。返回包含结果集的 SqlDataReader
    private static SqlDataReader ExecuteReader(SqlConnection Conn, SqlTransaction trans, CommandType CmdType, string CmdText, SqlParameter[] CmdParams, SqlConnOwnership ConnOwnership)
    {
        if (Conn == null) throw new ArgumentNullException("Conn");
        bool mustCloseConn = false;
        SqlCommand cmd = new SqlCommand();// 创建命令
        try
        {
            PrepareCmd(cmd,Conn, trans, CmdType, CmdText, CmdParams, out mustCloseConn);
            SqlDataReader dataReader; // 创建数据阅读器
            if (ConnOwnership == SqlConnOwnership.Internal)
            {
                dataReader = cmd.ExecuteReader();//内部 Conn
            }
            else
            {
                dataReader = cmd.ExecuteReader(CommandBehavior.CloseConnection);//外部 Conn
            }
            bool canClear = true;
            foreach (SqlParameter CmdParam in cmd.Parameters)
            {
                if (CmdParam.Direction != ParameterDirection.Input){ canClear = false;}
            }
            if (canClear) { cmd.Parameters.Clear();// 清除参数,以便再次使用}
            return dataReader;
        }
        catch
        {
```

```
            if (mustCloseConn)
                Conn.Close();
            throw;
        }
    }
```

DataReader 对象称为数据阅读器，它不像 Dataset 一样把结果集全部读出，而是一行一行地读出。也就是说，只有读到的记录才从数据库中调出，而且读出的记录不能进行修改和删除操作。Command 的 ExecuteReader 方法返回的是只读结果集，所以必须用 DataReader 对象存储。SqlDataReader 为 SQLServer 数据库专用的数据阅读器。

Command 的 ExecuteReader 有一个带参数的重载方法 ExecuteReader(CommandBehavior.CloseConnection)，这一方法表示当方法一执行完毕就关闭连接对象，是否要执行带 CommandBehavior 属性参数的方法，可根据 DBAccess 类的 ExecuteReader 方法参数中数据库连接对象是来自 DBAccess 类本身还是调用 DBAccess 的应用程序。为此，应定义一个枚举类型 SqlConnOwnership 对象作为 DBAccess 类的 ExecuteReader 方法参数指示 Conn 参数的来源。

5. ExecuteScalar 返回结果集中的第一行第一列方法组

Command 对象的 ExecuteScalar 方法执行数据检索时，不管检索出多少条记录，它只返回第一行记录对应的第一个字段的值，这个方法常用于集合函数返回一个计算结果。这个方法组的基本方法有两个，一个未引用事务，另一个引用事务，代码如下所示：

```
// 执行指定数据库连接对象的命令，指定参数，返回结果集中的第一行第一列，返回结果集中的第一行第一列
public static object ExecuteScalar(SqlConnection Conn, CommandType CmdType, string CmdText, params SqlParameter[] CmdParams)
{
    if (Conn == null) throw new ArgumentNullException("Conn");
    SqlCommand cmd = new SqlCommand();//创建 SqlCommand 命令对象
    bool mustCloseConn = false;
    PrepareCmd(cmd, Conn, (SqlTransaction)null, CmdType, CmdText, CmdParams, out mustCloseConn); //调用预处理方法
    object retval = cmd.ExecuteScalar();// 执行 SqlCommand 命令，并返回结果
    cmd.Parameters.Clear();// 清除参数，以便再次使用
    if (mustCloseConn)
        Conn.Close();
    return retval;
}
// 执行指定数据库事务的命令，指定参数，返回结果集中的第一行第一列，返回结果集中的第一行第一列
public static object ExecuteScalar(SqlTransaction trans, CommandType CmdType, string CmdText, params SqlParameter[] CmdParams)
{
    if (trans == null) throw new ArgumentNullException("transaction");
    if (trans != null && trans.Connection == null) throw new
```

ArgumentException("The transaction was rollbacked or commited, please provide an open transaction.", "transaction");
        SqlCommand cmd = new SqlCommand();// 创建 SqlCommand 命令
        bool mustCloseConn = false;
        PrepareCmd(cmd, trans.Connection, trans, CmdType, CmdText, CmdParams, out mustCloseConn); //调用预处理方法
        object retval = cmd.ExecuteScalar();// 执行 SqlCommand 命令,并返回结果
        cmd.Parameters.Clear();// 清除参数,以便再次使用
        return retval;
}

Command 对象的 ExecuteScalar 方法只返回一个值,这个值可以是数据表的一个字段(必须是查询语句检索字段排序中的第一位字段)的值,也可以是集合函数,如 sum、count 等的结果值。考虑到方法适应返回值不同的数据类型,这里使用 object 类型作为方法的返回值类型,object 类型是所有数据类型的基类型,任何数据类型都可隐式转化为 object 类型。

6. ExecuteXmlReader Xml 阅读器方法组

Command 对象的 ExecuteXmlReader 方法与 ExecuteDataReader 方法相类似都是返回一个只读结果集,不同点是存储对象不同,ExecuteXmlReader 方法返回值存储于 XmlReader 对象中,XmlReader 对象是提供对 XML 数据进行快速、非缓存、只进访问的读取器。其基本方法代码如下所示:

// 执行指定数据库连接对象的 SqlCommand 命令,并产生一个 XmlReader 对象作为结果集返回,指定参数
//返回 XmlReader 结果集对象
public static XmlReader ExecuteXmlReader(SqlConnection Conn, CommandType CmdType, string CmdText, params SqlParameter[] CmdParams)
{
        if (Conn == null) {throw new ArgumentNullException("Conn");}
        bool mustCloseConn = false;
        SqlCommand cmd = new SqlCommand();// 创建 SqlCommand 命令
        try
        {
            PrepareCmd(cmd, Conn, (SqlTransaction)null, CmdType, CmdText, CmdParams, out mustCloseConn); //调用预处理方法
            XmlReader retval = cmd.ExecuteXmlReader();// 执行命令
            cmd.Parameters.Clear();// 清除参数,以便再次使用
            return retval;
        }
        catch{
            if (mustCloseConn){ Conn.Close();}
            throw;
        }
}

XmlReader 对象以 XML 文件格式存储数据,可直接读取 XML 文件的元素、属性和内容

等信息。通过这一方法可把数据库数据转化为 XML 文件数据。

7. FillDataset 填充数据集方法组

// [私有方法][内部调用]执行指定数据库连接对象/事务的命令,映射数据表并填充数据集,DataSet/TableNames/SqlParameters

```
private static void FillDataset(SqlConnection Conn, SqlTransaction trans, CommandType CmdType,string CmdText, DataSet dataSet, string[] tableNames,params SqlParameter[] CmdParams)
{
    if (Conn == null) {throw new ArgumentNullException("Conn");}
    if (dataSet == null) {throw new ArgumentNullException("dataSet");}
    // 创建 SqlCommand 命令,并进行预处理
    SqlCommand Cmd = new SqlCommand();
    bool mustCloseConn = false;
    PrepareCmd(Cmd,Conn, trans, CmdType, CmdText, CmdParams, out mustCloseConn);
    // 执行命令
    using (SqlDataAdapter dataAdapter = new SqlDataAdapter(Cmd))
    {
        // 追加表映射
        if (tableNames != null && tableNames.Length > 0)
        {
            string tableName = "Table";
            for (int index = 0; index < tableNames.Length; index++)
            {
                if (tableNames[index] == null || tableNames[index].Length == 0) throw new ArgumentException("The tableNames parameter must contain a list of tables, a value was provided as null or empty string.", "tableNames");
                dataAdapter.TableMappings.Add(tableName, tableNames[index]);
                tableName += (index + 1).ToString();
            }
        }
        dataAdapter.Fill(dataSet); // 填充数据集使用默认表名称
        Cmd.Parameters.Clear();// 清除参数,以便再次使用
    }
    if (mustCloseConn){ Conn.Close();}
}
```

整个方法的关键应用体现在以下的一条语句上:

`dataAdapter.TableMappings.Add(tableName, tableNames[index]);`

这条语句实现两个数据表之间的映射关系,再通过 dataAdapter.Fill(dataSet)语句把表数据传递到对应的 tableNames[index]数据表,TableMappings 是 DataAdapter 数据适配器的表映射集合属性,它提供源表和 Date Table 之间的主映射。

8. UpdateDataset 更新数据集方法组

dataAdapter 提供了 UpdateCommand、InsertCommand 和 DeleteCommand 属性,用这些属性可以很方便地执行数据库的增、删、改操作。UpdateDataset 更新数据集方法代码如下

所示：

```csharp
// 执行数据集更新到数据库,指定 inserted, updated, or deleted 命令。
    public static void UpdateDataset(SqlCommand insertCmd, SqlCommand deleteCmd, SqlCommand updateCmd, DataSet dataSet, string tableName)
    {
        if (insertCmd == null) throw new ArgumentNullException("insertCmd");//抛出异常
        if (deleteCmd == null) throw new ArgumentNullException("deleteCmd");
        if (updateCmd == null) throw new ArgumentNullException("updateCmd");
        if (tableName == null || tableName.Length == 0) throw new ArgumentNullException("tableName");
        // 创建 SqlDataAdapter,当操作完成后释放
        using (SqlDataAdapter dataAdapter = new SqlDataAdapter())
        {
            // 设置数据适配器命令
            dataAdapter.UpdateCommand = updateCmd;
            dataAdapter.InsertCommand = insertCmd;
            dataAdapter.DeleteCommand = deleteCmd;
            dataAdapter.Update(dataSet, tableName); // 更新数据集改变到数据库
            dataSet.AcceptChanges();// 提交所有改变到数据集
        }
    }
```

前面已经设计了 Command 对象的 ExecuteNonquery 方法实现对数据库的增、删、改操作,这一方法从另一种途径来实现增、删、改操作,即通过 dataAdapter 的 UpdateCommand、InsertCommand 和 DeleteCommand 属性和 Update 方法。这里使用了 Update 的重载方法 Update(DataSet, String),其中 tableName 为数据集中的数据表名称。

9. 创建 Command 命令方法组

这个方法的设计思想是通过给定一个存储过程和源数据表列名数组,创建一个 Command 对象,具体的代码如下所示:

```csharp
// 创建 SqlCommand 命令,指定数据库连接对象,存储过程名和参数,返回 SqlCommand 命令
    public static SqlCommand CreateCmd(SqlConnection Conn, string spName, params string[] sourceColumns)
    {
        if (Conn == null) throw new ArgumentNullException("Conn");
        if (spName == null || spName.Length == 0) throw new ArgumentNullException("spName");
        SqlCommand Cmd = new SqlCommand(spName,Conn); // 创建命令
        Cmd.CommandType = CommandType.StoredProcedure;
        // 如果有参数值
        if ((sourceColumns != null) && (sourceColumns.Length > 0))
        {
            // 从缓存中加载存储过程参数,如果缓存中不存在则从数据库中检索参数信息并加载到缓存中
            SqlParameter[] CmdParams = DBAccessParameterCache.GetSpParameterSet(Conn, spName);
```

第6章 数据库访问类设计

```
            // 将源表的列映射到 Command 命令参数集合中
            for (int index = 0; index < sourceColumns.Length; index++)
                CmdParams[index].SourceColumn = sourceColumns[index];
            AttachParams(Cmd, CmdParams);//调用参数分配方法
        }
        return Cmd;
    }
```

这是一个由存储过程创建 Command 对象的方法,Command 对象的参数由存储过程参数自动产生,这是由以下的语句来完成的。

```
SqlParameter[] CmdParams = DBAccessParameterCache.GetSpParameterSet(Conn, spName);
```

然后把源数据表指定列数组映射到 Command 对象对应的参数中。

10. 分页操作与返回总记录数方法

这个方法设计的目的是要编写一个针对 GridView 控件的公共分页排序方法,并按页读取数据的方式检索数据保存到 DataSet 对象中,而不是把符合条件的信息全部检索到 DataSet 对象中。这种方式与 DataReader 检索信息的方式类似,不同的是 DataReader 一次检索一行数据,而本方法则根据 GridView 设置的一页中包含的数据行数,一次检索一页的数据并进行排序。

第二项功能是统计检索的所有行数,赋给类的私有变量_totalRecords,并把总记录数打包到 Session 对象中用于其他网页文件。

```
//针对 GridView 控件和数据源的分页操作方法
public static DataSet selectDataSetBindGridView(string strTableName, string strColumnName,
 string strSqlWhere, string strDefaultOrderColumn, int startRowIndex, int maxinumRows, string sortExpression)
    {
        SqlConnection sqlConn = null; //定义参数
        SqlCommand sqlCmd = null; //定义 Command 对象
        SqlDataAdapter sqlAdapter = null; //定义 DataAdapter 对象
        DataSet ds = null; //定义 DataSet 对象
        string strOrderBy = null;//定义降序或升序变量
        try
        {
            sqlConn = new SqlConnection(StrConn);
            sqlConn.Open();
            if (sqlConn.State == ConnectionState.Open)
            {
                ds = new DataSet();
//IsNullOrEmpty 方法判断参数变量为空,返回 True 或 false 值
                if (string.IsNullOrEmpty(sortExpression))
                {
                    strOrderBy = strDefaultOrderColumn + " DESC";//GridView 预设排序方式,由大到小排序
                }
```

```csharp
            else if ((! string.IsNullOrEmpty(sortExpression)) && (sortExpression.IndexOf(" DESC")
== -1))
            {
                strOrderBy = sortExpression + " ASC";//按下title时由小到大排序
            }
            else if ((! string.IsNullOrEmpty(sortExpression)) && (sortExpression.IndexOf(" DESC")
!= -1))
            {
                sortExpression = sortExpression.Remove(sortExpression.Length - 5, 5);//删除 objectDataSourse自动在后面加desc字样
                strOrderBy = sortExpression + " DESC";//大到小
            }
            //如果为空
            if (string.IsNullOrEmpty(strSqlWhere)) { strSqlWhere = " 1=1 ";}
            sqlCmd = new SqlCommand("dbo.pager_Sql", sqlConn);
            sqlCmd.CommandType = CommandType.StoredProcedure;
            sqlCmd.Parameters.Add(new SqlParameter("@StartRowIndex", startRowIndex));
            sqlCmd.Parameters.Add(new SqlParameter("@PageSize", maxinumRows));
            sqlCmd.Parameters.Add(new SqlParameter("@tableName", strTableName));
            sqlCmd.Parameters.Add(new SqlParameter("@columnName", strColumnName));
            sqlCmd.Parameters.Add(new SqlParameter("@sqlWhere", strSqlWhere));
            sqlCmd.Parameters.Add(new SqlParameter("@orderBy", strOrderBy));
            sqlCmd.Parameters.Add(new SqlParameter("@rowCount", SqlDbType.Int));
            sqlCmd.Parameters["@rowCount"].Direction = ParameterDirection.Output;//返回总记录
              sqlAdapter = new SqlDataAdapter(sqlCmd);
              sqlAdapter.Fill(ds);
              _totalRecords = Convert.ToInt32(sqlCmd.Parameters["@rowCount"].Value);//传至aspx页面,显示总记录
              HttpContext.Current.Session["s_RecordTotalCount"] = _totalRecords;//用session保存
            }
        }
        catch (SqlException ex) { Console.Write(ex.ToString()); }
        catch (Exception ex) { Console.Write(ex.ToString()); }
        finally
        {
            sqlCmd.Dispose();
            sqlAdapter.Dispose();
            ds.Dispose();
            if (sqlConn.State == ConnectionState.Open) { sqlConn.Close();}
            sqlConn.Dispose();
        }
        return ds;
    }
    public static int sendRecordCount()
```

```
            return _totalRecords;
        }
    }
```

　　HttpContext 对象打包通过 Http 请求信息。可通过 HttpContext.Current.Session 把一个对象的变量信息传递给另一个文件的某一对象中。

　　这一过程的主要技巧是 pager_Sql 存储过程的编写，pager_Sql 完成了数据检索与分区排序，返回检索的总记录数，并按一次输送一个区域数据给应用程序。pager_Sql 存储过程的代码如下：

```
ALTER PROCEDURE dbo.pager_Sql
        @StartRowIndex    int,
        @PageSize int,
        @tableName nvarchar(3000),
        @columnName nvarchar(2000),
        @sqlWhere nvarchar(1000),
        @orderBy nvarchar(1000),
        @rowCount int output
WITH RECOMPILE   -- 指示数据库引擎不缓存该过程的计划,该过程在运行时编译
AS
        Declare @sqlCount nvarchar(1000), @sqlDataTable nvarchar(3000), @LowerBand int, @UpperBand int

        /* * * * 返回数据表检索的总记录(Total Row Count) * * * */
    SET @sqlCount = 'SELECT @rowCount = COUNT( * ) FROM ' + @tableName + ' WHERE ' + @sqlWhere
    EXEC sp_executesql   @sqlCount,N'@rowCount int output',@rowCount output  /* sp_executesql 执行可以多次重复使用或动态生成的 Transact-SQL 语句或批处理。*/
        /* 设置返回记录区域的上边界和下边界 */
    if (@StartRowIndex = 0)
    begin
        SET @LowerBand    = 0
        SET @UpperBand    = @PageSize
    end
    else
    begin
        SET @LowerBand    = @StartRowIndex + 1
        SET @UpperBand    = @StartRowIndex + @PageSize
    end
        /* 创建带分区序列号字段的临时结果集。WITH tempTable 指定临时命名的结果集,这些结果集称为公用表表达式(CTE)。ROW_NUMBER()返回结果集分区内行的序列号,每个分区的第一行从 1 开始。OVER()子句确定在应用关联的窗口函数之前,行集的分区和排序。cast(@LowerBand as nvarchar)将一种数据类型的表达式显式转换为另一种数据类型的表达式。*/
    SET @sqlDataTable = 'WITH tempTable AS(SELECT ' + @columnName + ', ROW_NUMBER() OVER(ORDER BY ' + @orderBy + ') AS tempRowNum FROM ' + @tableName + ' WHERE ' + @sqlWhere + ')
    SELECT * FROM tempTable WHERE tempRowNum BETWEEN ' + cast(@LowerBand as nvarchar) + ' AND ' +
```

```
cast(@UpperBand as nvarchar) + ';
```

　　exec(@sqlDataTable)-- 执行查询语句，按指定区间返回数据表数据记录

```
RETURN
```

6.1.3　DBAccessParameterCache 类的方法设计

　　DBAccessParameterCache 类是 DBAccess 类的辅助功能，其方法由 DBAccess 类方法调用。DBAccessParameterCache 类的成员解释如图 6-5 所示。该类的主要功能有两个，一个是参数缓存，另一个是从存储过程参数探索出 Command 对象的参数。它分成三个方法组，三个方法组共同实现这两个功能的设计，以下分别介绍这三个方法组。

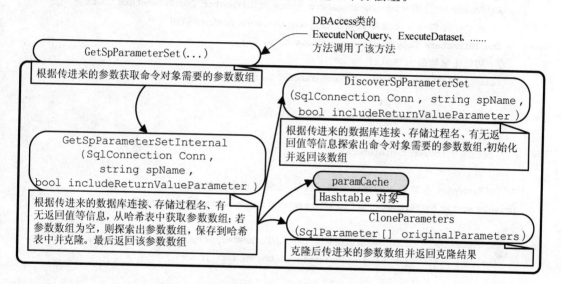

图 6-5　DBAccessParameterCache 类的成员解释

1. 私有构造函数、字段和方法组

　　与 DBAccess 类一样，DBAccessParameterCache 类的所有方法和字段成员都定义为静态成员，类成员的访问可直接访问而不需要对类进行实例化，所以把构造函数定义为私有，以禁止对类进行实例化，有些方法和字段只是用于类内部调用，不对外公开，因此也定义为私有的，代码如下所示：

```
// 私有构造函数，防止类被实例化
private DBAccessParameterCache() { }
// 定义一个同步的哈希表字段
private static Hashtable paramCache = Hashtable.Synchronized(new Hashtable());
// 探索运行时的存储过程，返回 SqlParameter 参数数组，初始化参数值为 DBNull.Value
// 返回 SqlParameter 参数数组
private static SqlParameter[] DiscoverSpParameterSet(SqlConnection Conn, string spName, bool includeReturnValueParameter)
{
    if (Conn == null) throw new ArgumentNullException("Conn");
```

第 6 章　数据库访问类设计

```
    if (spName == null || spName.Length == 0) throw new
ArgumentNullException("spName");
    SqlCommand Cmd = new SqlCommand(spName,Conn);
    Cmd.CommandType = CommandType.StoredProcedure;
    Conn.Open();
    //检索cmd指定的存储过程参数信息,并填充到cmd的Parameters参数集中
SqlCommandBuilder 为系统类
    SqlCommandBuilder.DeriveParameters(Cmd);
    Conn.Close();
    // 如果不包含返回值参数,将DeriveParameters方法产生参数集中的第一个参数删除
    if (! includeReturnValueParameter) { Cmd.Parameters.RemoveAt(0); }
    // 创建参数数组
    SqlParameter[] discoveredParameters = new SqlParameter[Cmd.Parameters.Count];
    // 将cmd的Parameters参数集复制到discoveredParameters数组
    Cmd.Parameters.CopyTo(discoveredParameters, 0);
    // 初始化参数值为DBNull.Value
    foreach (SqlParameter discoveredParameter in discoveredParameters)
    {
        discoveredParameter.Value = DBNull.Value;
    }
    return discoveredParameters;
}
// SqlParameter 参数数组的深层复制,返回一个同样的参数数组
private static SqlParameter[] CloneParameters(SqlParameter[] originalParameters)
{
    SqlParameter[] clonedParameters = new SqlParameter[originalParameters.Length];
    for (int i = 0, j = originalParameters.Length; i < j; i++)
    {
        clonedParameters[i] = (SqlParameter)((ICloneable)originalParameters[i]).Clone();
    }
    return clonedParameters;
}
```

　　这个方法组是为以下的两个方法组提供服务的,哈希表字段 ParamCache 用来实现缓存功能。哈希表是一个表示键/值对的集合,这些键/值对根据键的哈希代码进行组织,Synchronized 方法实现同步包装功能,同步指的是线程同步,通俗地讲就是当某一线程在访问 aramCache 时其他也要访问 aramCache 的线程只能等待。值得注意的是,如果没有任何线程在读取 Hashtable,则 Synchronized 支持使用多个写入线程,关于线程笔者将在相关知识一节简要介绍。

　　DiscoverSpParameterSet 方法返回探索存储过程参数的结果,关键在于通过 SqlCommandBuilder 类的 DeriveParameters 方法从在 SqlCommand 指定的存储过程中检索参数信息并填充指定的 SqlCommand 对象的 Parameters 集合。

　　CloneParameters 方法是以克隆的方式复制参数数组,实现过程是把要克隆的对象强类型转化为 Icloneable 接口,再执行 Clone 方法。

2. 缓存方法组

缓存方法有两个,一个是把参数集合存到哈希表中,另一个是从哈希表中读取参数集合,代码如下所示:

```csharp
// 追加参数数组到缓存
    public static void CacheParameterSet(string StrConn, string CmdText, params SqlParameter[] CmdParams)
    {
        if (StrConn == null || StrConn.Length == 0) throw new ArgumentNullException("StrConn");
        if (CmdText == null || CmdText.Length == 0) throw new ArgumentNullException("CmdText");
        string hashKey = StrConn + ":" + CmdText;
        paramCache[hashKey] = CmdParams;
    }
// 从缓存中获取参数数组,返回参数数组
    public static SqlParameter[] GetCachedParameterSet(string StrConn, string CmdText)
    {
        if (StrConn == null || StrConn.Length == 0) throw new ArgumentNullException("StrConn");
        if (CmdText == null || CmdText.Length == 0) throw new ArgumentNullException("CmdText");
        string hashKey = StrConn + ":" + CmdText;
        SqlParameter[] cachedParameters = paramCache[hashKey] as SqlParameter[];
        if (cachedParameters == null) { return null; }
        else{ return CloneParameters(cachedParameters); }
    }
```

这一过程的要点是通过键名设置哈希表的键值对 paramCache[hashKey] = CmdParams,通过键名读取哈希表指定键所对应的值 cachedParameters = paramCache[hashKey],as 运算符用于在兼容的引用类型之间执行转换。as 运算符类似于强制转换操作,但是,如果无法进行转换,则 as 返回 null 而非引发异常。

3. 检索指定的存储过程的参数集方法组

这一方法组包含五个方法,四个为重载方法,一个为基本方法,基本方法实现任务细节,重载方法以不同参数类型和参数数量调用基本方法。基本方法的代码如下所示:

```csharp
//[私有]返回指定的存储过程的参数集(使用连接对象),返回 SqlParameter 参数数组
    private static SqlParameter[] GetSpParameterSetInternal(SqlConnection Conn, string spName, bool includeReturnValueParameter)
    {
        if (Conn == null) throw new ArgumentNullException("Conn");
        if (spName == null || spName.Length == 0) throw new ArgumentNullException("spName");
        string hashKey = Conn.ConnectionString + ":" + spName + (includeReturnValueParameter ? ":include ReturnValue Parameter" : "");
        SqlParameter[] cachedParameters;
        cachedParameters = paramCache[hashKey] as SqlParameter[];
        if (cachedParameters == null)
        {
            SqlParameter[] spParameters = DiscoverSpParameterSet(Conn, spName, includeReturnVal-
```

```
ueParameter);
            paramCache[hashKey] = spParameters;
            cachedParameters = spParameters;
        }
        return CloneParameters(cachedParameters);
    }
```

这一过程只是使用前面两个方法组的工作成果，通过数据库连接字符串和存储过程名称从哈希表中检索 Command 对象的参数集合，并以克隆的方式返回。如果在哈希表中找不到，则调用方法 DiscoverSpParameterSet 生成，存于哈希表中，再以克隆的方式返回。

几个重载方法，详见本书随附的案例项目的 DBAccessParameterCache 类原代码。

6.2 相关技术概述

6.2.1 ADO.NET 技术应用

本程序使用的数据库操作技术是 ADO.NET。ADO.NET 对 Microsoft SQL Server 和 XML 等数据源以及通过 OLE DB 和 XML 公开的数据源提供一致的访问。数据共享使用者应用程序可以使用 ADO.NET 来连接到这些数据源，并检索、处理和更新所包含的数据。

ADO.NET 的基本模型如图 6-6 所示。

在 ASP.NET 程序中使用 ADO.NET 执行数据库操作分为两种方式：

(1) 使用 ADO.NET 的 Command 对象配合 SQL 语法。

(2) 使用 ADO.NET 的 DataSet 对象

在决定应用程序应使用 DataReader 还是使用 DataSet 时，应考虑应用程序所需的功能类型。DataSet 用于执行以下功能：

(3) 在应用程序中将数据缓存在本地，以便可以对数据进行处理。如果只需要读取查询结果，DataReader 是更好的选择。

(4) 在层间或从 XML Web 服务对数据进行远程处理。

(5) 与数据进行动态交互，例如绑定到 Windows 窗体控件或组合并关联来自多个源的数据。

(6) 对数据进行大量的处理，不需要与数据源保持打开的连接，从而将该连接释放给其他客户端使用。

(7) 如果不需要 DataSet 所提供的功能，则可以使用 DataReader 以只进、只读方式返回数据，从而提高应用程序的性能。

不管采用哪种方式，都必须调用 SqlConnection 类（或 OleDbConnection 类，非 SQLServer）建立数据库连接对象，调用 SqlCommand 类（或 OleDbCommand 类，非 SQLServer）建立操作数据库查询语句对象。表 6-1 为常用数据库系统的连接字符串，表 6-2 和表 6-3 分别为 Connection 类的常用属性和方法的描述，表 6-4 和表 6-5 分别为 Command 类的常用属性和方法。

第 6 章 数据库访问类设计

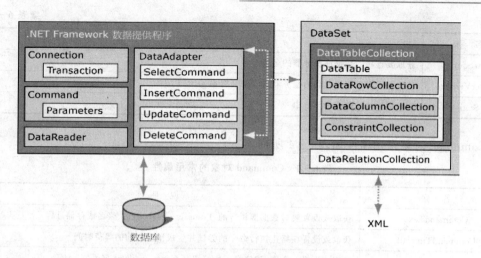

图 6-6 ADO.NET 对象模型

表 6-1 常用数据库系统的连接字符串

数据库	StrDbConn
Access	Provider=Microsoft.Jet.OLEDB.4.0;&_Data Source=Server.Mappath("/CH6/Users.mdb")
Oracle	Provider=MSDAORA;Data Source=Oracle8i7;User ID=zzd;Password=666666
SQLServer	Server=localhost;database=users;uid=zzd;pwd
SQLServer	Data &_ Source=.\SQLEXPRESS;AttachDbFilename=Server.Mappath("/CH6/App_Data/MyDB.mdf");Integrated Security=True;TrustServerCertificate=False;User Instance=True;Context Connection=False
SQLServer	DSN=MyDB;uid=zzd;pwd=666666
SQLServer	Provider=SQLOLEDB;Data Source=MySQLServer;Integrated Security=SSPI

Connection 对象的相关方法如表 6-2 所列。

表 6-2 Connection 对象的常用方法

方法	说明
Open()	打开数据库连接
Close()	关闭打开的数据库连接

Connection 对象的常用属性如表 6-3 所列。

表 6-3 Connection 对象的常用属性

名称	说明
ConnectionString	获取或设置用于打开连接的字符串
ConnectionTimeout	获取在建立连接时终止尝试并生成错误之前所等待的时间
Database	在连接打开之后获取当前数据库的名称,或者在连接打开之前获取连接字符串中指定的数据库名

第6章 数据库访问类设计

续表6-3

名称	说明
DataSource	获取要连接的数据库服务器的名称
ServerVersion	获取表示对象所连接到的服务器版本的字符串
State	获取描述连接状态的字符串

Command 对象常用属性如表6-4所列。

表6-4 Command 对象的常用属性

名称	说明
CommandText	获取或设置要对数据源执行的 Transact-SQL 语句、表名或存储过程
CommandTimeout	获取或设置在终止执行命令的尝试并生成错误之前的等待时间
CommandType	获取或设置一个值,该值指示如何解释 CommandText 属性
Connection	获取或设置 SqlCommand 的此实例使用的 SqlConnection
Parameters	获取 SqlParameterCollection
Transaction	获取或设置将在其中执行 SqlCommand 的 SqlTransaction

Command 对象的几种 Execute()方法如表6-5所列。

表6-5 Command 对象的 Execute()方法

名称	说明
ExecuteNonQuery	对连接执行 Transact-SQL 语句并返回受影响的行数
ExecuteReader	将 CommandText 发送到 Connection 并生成一个 DataReader
ExecuteScalar	执行查询,返回查询所返回的结果并集中于第一行的第一列,忽略其他列或行
ExecuteXmlReader	将 CommandText 发送到 Connection 并生成一个 XmlReader 对象

DataAdapter 称为数据适配器是 ADO.NET 中非常重要的一个对象,从图6-2 ADO.NET 对象模型来看,该对象是连接和非连接类型之间的桥梁,DataAdapter 是从连接类,比如 SqlCommand 对象中获取数据库的结果,然后将结果填充到非连接数据集,如 DataSet 或 DataTable 中去,同时非连接数据集也会使用 DataAdapter 来更新其所做的修改。同样 DataAdapter 也有两种形式,如 SqlDataAdapter 和 OleDbDataAdapter(非 SQLServer),表6-5 和表6-6 分别为 DataAdapter 对象的常用属性和方法。

DataAdapter 对象的常用属性如表6-6所列。

表6-6 DataAdapte 对象的常用属性

名称	说明
DeleteCommand	获取或设置一个 Transact-SQL 语句或存储过程,以从数据集中删除记录
InsertCommand	获取或设置一个 Transact-SQL 语句或存储过程,以在数据源中插入新记录
SelectCommand	获取或设置一个 Transact-SQL 语句或存储过程,用于在数据源中选择记录
UpdateCommand	获取或设置一个 Transact-SQL 语句或存储过程,用于更新数据源的记录

DataAdapter 对象的常用方法如表 6-7 所列。

表 6-7 DataAdapte 对象的常用方法

名　称	说　明
Fill(DataSet)	在 DataSet 中添加或刷新行(继承自 DbDataAdapter)
Fill(DataTable)	在 DataSet 的指定范围中添加或刷新行,以与使用 DataTable 名称的数据源中的行匹配(继承自 DbDataAdapter)
Fill(DataSet, String)	在 DataSet 中添加或刷新行以匹配使用 DataSet 和 DataTable 名称的数据源中的行(继承自 DbDataAdapter)
FillSchema(DataSet, SchemaType)	将名为"Table"的 DataTable 添加到指定的 DataSet 中,并根据指定的 SchemaType 配置架构以匹配数据源中的架构
FillSchema(DataTable, SchemaType)	根据指定的 SchemaType 配置指定 DataTable 的架构
Update()	为对象数组中每个已插入、已更新或已删除的行调用相应的 INSERT、UPDATE 或 DELETE 语句

使用 ADO.NET 技术操作数据库的一般步骤:
(1) 获取数据库连接字符串。
(2) 定义 Connection 数据库连接对象,并打开连接。
(3) 编写操作数据库的查询语句或存储过程。
(4) 定义 Command 命令对象,并确定是执行查询语句还是存储过程。
(5) 如果需要为命令对象设置参数。
(6) 如果使用 DataSet 或 DataTable,则定义 DataSet 或 DataTable、DataAdapter 对象。
(7) 命令对象赋给 DataAdapter 对象相应的属性,即 DeleteCommand、InsertCommand、SelectCommand 和 UpdateCommand。
(8) 通过 DataAdapter 对象把数据库数据添加到 DataSet 或 DataTable 对象。
(9) 执行 Command 命令对象的 Execute 方法(对于使用 DataAdapter 对象这一步不需要)。
(10) 关闭连接,释放命令。

6.2.2 C#语言简介

本项目采用的架构形式是 B/S 架构,动态网页设计采用 ASP.NET 技术,而 ASP.NET 技术需要结合其他语言才能实现信息处理与控制,ASP.NET 常用的语言为 VB.NET 和 C#。本项目使用 ASP.NET(C#)方式来完成设计,因此在这里对 C#语言的基本语法和功能进行简要的介绍。

1. C#语言程序结构

C#语言中的组织结构的关键概念是程序(program)、命名空间(namespace)、类型(type)、成员(member)和程序集(assembly)。C#程序由一个或多个源文件组成。程序中声明类型,类型包含成员,并且可按命名空间进行组织。类和接口就是类型的示例。字段(field)、方法、属性和事件是成员的示例。在编译 C#程序时,它们被物理地打包为程序集。

程序集通常具有文件扩展名.exe 或.dll,具体取决于它们是实现应用程序(application)还是实现库(library)。C♯语言程序基本结构代码如下所示：

```
using 命名空间名称; //引入命名空间
namespace 命名空间名称 //定义命名空间
{
    public class 类名称1    //定义类
    {
        常量；
        字段；
        构造函数；   ⎫
        属性；       ⎬ 类成员
        索引器；     ⎪
        事件；       ⎪
        方法；       ⎭
    }
    public class 类名称2    //定义类
    {
        ……
    }
    ……
}
```

2. C♯数据类型

C♯语言中的数据类型有两种：值类型(value type)和引用类型(reference type),表6-8为C♯语言类型系统的概述。

表6-8 C♯类型系统

类别		说 明
值类型	简单类型	有符号整型：sbyte、short、int 和 long
		无符号整型：byte、ushort、uint 和 ulong
		Unicode 字符型：char
		IEEE 浮点型：float 和 double
		高精度小数型：decimal
		布尔型：bool
	枚举类型	enum E {…} 形式的用户定义的类型
	结构类型	struct S {…} 形式的用户定义的类型
	可以为 null 的类型	其他所有具有 null 值的值类型的扩展

续表 6-8

类 别		说 明
引用类型	类类型	其他所有类型的最终基类如 object
		Unicode 字符串型如 string
		class C {...} 形式的用户定义的类型
	接口类型	interface I {...} 形式的用户定义的类型
	数组类型	一维和多维数组,例如 int[]和 int[,]
	委托类型	例如,delegate int D(...) 形式的用户定义的类型

八种整型类型分别支持 8 位、16 位、32 位和 64 位整数值的有符号和无符号的形式。

两种浮点类型:float 和 double,分别使用 32 位单精度和 64 位双精度的 IEEE 754 格式表示。

decimal 类型是 128 位的数据类型,适合用于财务计算和货币计算。

C#语言的 bool 类型用于表示布尔值,该值为 true 或者 false 的值。

在 C#语言中,字符和字符串处理使用 Unicode 编码。char 类型表示一个 UTF-16 编码单元,string 类型表示 UTF-16 编码单元的序列。

表 6-9 总结了 C#的数值类型。

表 6-9 C#数值类型

类 别	位 数	类 型	范围/精度
有符号整型	8	sbyte	-128~127
	16	short	-32 768~32 767
	32	int	-2 147 483 648~2 147 483 647
	64	long	-9 223 372 036 854 775 808~9 223 372 036 854 775 807
无符号整型	8	byte	0~255
	16	ushort	0~65 535
	32	uint	0~4 294 967 295
	64	ulong	0~18 446 744 073 709 551 615
浮点型	32	float	1.5×(10~45)至 3.4×1 038,7 位精度
	64	double	5.0×(10~324)至 1.7×10 308,15 位精度
小 数	128	decimal	1.0×(10~28)至 7.9×1 028,28 位精度

C#语言程序使用类型声明(type declaration)创建新类型,类型声明指定新类型的名称和成员。在 C# 类型分类中,有五类是用户可定义的:类类型(class type)、结构类型(struct type)、接口类型(interface type)、枚举类型(enum type)和委托类型(delegate type)。

C#语言的类型系统是统一的,因此任何类型的值都可以按对象处理。C#语言中的每个类型直接或间接地从 object 类类型派生,而 object 是所有类型的最终基类。引用类型的值都被当做"对象"来处理,这是因为这些值可以简单地被视为是属于 object 类型。值类型的值则通过执行装箱(boxing)和拆箱(unboxing)操作亦按对象处理。

3. C#语言表达式

表达式(expression)由操作数(operand)和运算符(operator)构成。表达式的运算符指示对操作数适用什么样的运算。运算符的示例包括＋、－、*、/ 和 new。操作数的示例包括文本(literal)、字段、局部变量和表达式。

当表达式包含多个运算符时,运算符的优先级(precedence)控制各运算符的计算顺序。例如,表达式 x ＋ y * z 按 x ＋ (y * z) 计算,因为 * 运算符的优先级高于 ＋ 运算符。

大多数运算符都可以重载(overload)。运算符重载允许指定用户定义的运算符实现来执行运算,这些运算的操作数中至少有一个,甚至所有都属于用户定义的类类型或结构类型。

表 6-10 总结了 C# 运算符,并按优先级从高到低的顺序列出各运算符类别。同一类别中的运算符优先级相同。

表 6-10　C# 语言表达式

类　别	表达式	说　明
基　本	x.m	成员访问
	x(...)	方法和委托调用
	x[...]	数组和索引器访问
	x＋＋	后增量
	x－－	后减量
	new T(...)	对象和委托创建
	new T(...){...}	使用初始值设定项创建对象
	new {...}	匿名对象初始值设定项
	new T[...]	数组创建
	typeof(T)	获得 T 的 System.Type 对象
	checked(x)	在 checked 上下文中计算表达式
	unchecked(x)	在 unchecked 上下文中计算表达式
	default(T)	获取类型 T 的默认值
	delegate {...}	匿名函数(匿名方法)
一　元	＋x	恒　等
	－x	求相反数
	！x	逻辑求反
	～x	按位求反
	＋＋x	前增量
	－－x	前减量
	(T)x	显式将 x 转换为类型 T
乘　除	x * y	乘　法
	x / y	除　法
	x % y	求　余

续表 6-10

类别	表达式	说明
加减	x + y	加法、字符串串联、委托组合
	x − y	减法、委托移除
移位	x << y	左移
	x >> y	右移
关系和类型检测	x < y	小于
	x > y	大于
	x <= y	小于或等于
	x >= y	大于或等于
	x is T	如果 x 属于 T 类型,则返回 true,否则返回 false
	x as T	返回转换为类型 T 的 x,如果 x 不是 T 则返回 null
相等	x == y	等于
	x != y	不等于
逻辑 AND	x & y	整型按位 AND,布尔逻辑 AND
逻辑 XOR	x ^ y	整型按位 XOR,布尔逻辑 XOR
逻辑 OR	x | y	整型按位 OR,布尔逻辑 OR
条件 AND	x && y	仅当 x 为 true 才对 y 求值
条件 OR	x || y	仅当 x 为 false 才对 y 求值
空合并	X ?? y	如果 x 为 null,则对 y 求值,否则对 x 求值
条件	x ? y : z	如果 x 为 true,则对 y 求值,如果 x 为 false,则对 z 求值
赋值或匿名函数	x = y	赋值
	x op= y	复合赋值;支持的运算符有: *= /= %= += −= <<= >>= &= ^= |=
	(T x) => y	匿名函数(lambda 表达式)

4. C#语言语句

程序的操作是使用语句(statement)来表示的。C#语言支持几种不同的语句,其中许多以嵌入语句的形式定义。

块(block)用于在只允许使用单个语句的上下文中编写多条语句。块由位于一对大括号{和}之间的语句列表组成。

声明语句(declaration statement)用于声明局部变量和常量。

表达式语句(expression statement)用于对表达式求值。可用做语句的表达式包括方法调用、使用 new 运算符的对象分配、使用＝ 和复合赋值运算符的赋值,以及使用＋＋ 和－－ 运算符的增量和减量运算。

选择语句(selection statement)用于根据表达式的值从若干个给定的语句中选择一个来执行。这一组语句有 if 和 switch 语句。

第 6 章 数据库访问类设计

迭代语句(iteration statement)用于重复执行嵌入语句。这一组语句有 while、do、for 和 foreach 语句。

跳转语句(jump statement)用于转移控制。这一组语句有 break、continue、goto、throw、return 和 yield 语句。

try...catch 语句用于捕获在块的执行期间发生的异常,try...finally 语句用于指定终止代码,不管是否发生异常,该代码都始终要执行。

checked 语句和 unchecked 语句用于控制整型算术运算和转换的溢出检查上下文。

lock 语句用于获取某个给定对象的互斥锁,执行一个语句,然后释放该锁。

using 语句用于获得一个资源,执行一个语句,然后释放该资源。

表 6-11 列出了 C# 的各语句,并提供每个语句的示例。

表 6-11 C# 语句说明

语句说明	示 例
局部变量声明	```static void Main() {
int a;
int b = 2, c = 3;
a = 1;
Console.WriteLine(a + b + c);
}```
局部常量声明	```static void Main() {
const float pi = 3.1415927f;
const int r = 25;
Console.WriteLine(pi * r * r);
}```
表达式语句	```static void Main() {
int i;
i = 123;   // Expression statement
Console.WriteLine(i); // Expression statement
i++;   // Expression statement
Console.WriteLine(i); // Expression statement
}```
if 语句: 根据逻辑表达式的真假值,执行相应的语句块	```static void Main(string[] args) {
if (args.Length == 0) {
Console.WriteLine("No arguments");
}
else {
Console.WriteLine("One or more arguments");
}
}```

续表 6-11

语句说明	示 例

switch 语句：
根据表达式的值，执行相应的 case 标号所对应的语句，如果没有对应的 case 标号，执行 default 语句
	``cs
	static void Main(string[] args) {
	    int n = args.Length;
	    switch (n) {
	        case 0:
	            Console.WriteLine("No arguments");
	            break;
	        case 1:
	            Console.WriteLine("One argument");
	            break;
	        default:
	            Console.WriteLine("{0} arguments", n);
	            break;
	    }
	}
	``

while 语句：
如果逻辑表达式的值为 true，则执行循环体，否则退出循环
	``cs
	static void Main(string[] args) {
	    int i = 0;
	    while (i < args.Length) {
	        Console.WriteLine(args[i]);
	        i++;
	    }
	}
	``

do 语句：
先执行循环体，在进行条件判断，如果逻辑表达式的值为 true，则执行循环体，否则退出循环
	``cs
	static void Main() {
	    string s;
	    do {
	        s = Console.ReadLine();
	        if (s != null) Console.WriteLine(s);
	    } while (s != null);
	}
	``

for 语句：
有固定次数的循环语句
	``cs
	static void Main(string[] args) {
	    for (int i = 0; i < args.Length; i++) {
	        Console.WriteLine(args[i]);
	    }
	}
	``

foreach 语句：
遍历的枚举循环
	``cs
	static void Main(string[] args) {
	    foreach (string s in args) {
	        Console.WriteLine(s);
	    }
	}
	``

续表 6-11

语句说明	示例
| break 语句：<br>退出循环体语句 | ```csharp
static void Main() {
    while (true) {
        string s = Console.ReadLine();
        if (s == null) break;
        Console.WriteLine(s);
    }
}
``` |
| continue 语句：<br>继续循环的语句，continue 语句下面的语句不再执行 | ```csharp
static void Main(string[] args) {
    for (int i = 0; i < args.Length; i++) {
        if (args[i].StartsWith("/")) continue;
        Console.WriteLine(args[i]);
    }
}
``` |
| goto 语句：<br>转向语句，执行指定标号的语句 | ```csharp
static void Main(string[] args) {
    int i = 0;
    goto check;
    loop:
    Console.WriteLine(args[i++]);
    check:
    if (i < args.Length) goto loop;
}
``` |
| return 语句：<br>在方法或函数体中用于返回一个结果值 | ```csharp
static int Add(int a, int b) {
    return a + b;
}
static void Main() {
    Console.WriteLine(Add(1, 2));
    return;
}
``` |
| yield 语句：<br>在迭代器块中用于向枚举数对象提供值或发出迭代结束信号 | ```csharp
static IEnumerable<int> Range(int from, int to) {
    for (int i = from; i < to; i++) {
        yield return i;
    }
    yield break;
}
static void Main() {
    foreach (int x in Range(-10,10)) {
        Console.WriteLine(x);
    }
}
``` |
```

续表 6-11

语句说明	示 例

throw 和 try 语句：
异常处理语句,用于捕获异常,抛出异常和输出异常信息
	``csharp
	static double Divide(double x, double y) {
	    if (y == 0) throw new DivideByZeroException();
	    return x / y;
	}
	static void Main(string[] args) {
	    try {
	        if (args.Length != 2) {
	            throw new Exception("Two numbers required");
	        }
	        double x = double.Parse(args[0]);
	        double y = double.Parse(args[1]);
	        Console.WriteLine(Divide(x, y));
	    }
	    catch (Exception e) {
	        Console.WriteLine(e.Message);
	    }
	    finally {
	        Console.WriteLine("Good bye!");
	    }
	}
	``

checked 和 unchecked 语句：
检查或不检查语句上下文,在已检查的上下文中,算法溢出引发异常。在未检查的上下文中,算法溢出被忽略并且结果被截断
	``csharp
	static void Main() {
	    int i = int.MaxValue;
	    checked {
	        Console.WriteLine(i + 1); // Exception
	    }
	    unchecked {
	        Console.WriteLine(i + 1); // Overflow
	    }
	}
	``

lock 语句：
lock 关键字将语句块标记为临界区,方法是获取给定对象的互斥锁,执行语句,然后释放该锁
	``csharp
	class Account
	{
	    decimal balance;
	    public void Withdraw(decimal amount) {
	        lock (this) {
	            if (amount > balance) {
	                throw new Exception("Insufficient funds");
	            }
	            balance -= amount;
	        }
	    }
	}
	``

续表 6-11

语句说明	示 例
| using 语句：<br>提供能确保正确使用 IDisposable 对象的方便语法，当 using 语句块中的语句执行完毕，则主动释放所有资源 | ```
static void Main() {
    using (TextWriter w = File.CreateText("test.txt"))
    {
        w.WriteLine("Line one");
        w.WriteLine("Line two");
        w.WriteLine("Line three");
    }
}
``` |

5. 类和对象

类(class)是最基础的 C# 类型。类是一个数据结构，将状态(字段)和操作(方法和其他函数成员)组合在一个单元中。类为动态创建的类实例(instance)提供了定义，实例也称为对象(object)。类支持继承(inheritance)和多态性(polymorphism)，是派生类(derived class)可用来扩展和专用化基类(base class)的机制。

使用类声明可以创建新的类。类声明以一个声明头开始，其组成方式是先指定类的属性和修饰符，然后是类的名称，接着是基类(如有)以及该类实现的接口。声明头后面跟着类体，它由一组位于一对大括号{和}之间的成员声明组成。

(1) 类成员：类成员是静态成员(static member)，或者是实例成员(instance member)。静态成员属于类，实例成员属于对象(类的实例)，表 6-12 提供了类所能包含的成员种类的概述。

表 6-12 类成员概述

成 员	说 明
常量	与类关联的常量值
字段	类的变量
方法	类可执行的计算和操作
属性	与读写类的命名属性相关联的操作
索引器	与以数组方式索引类的实例相关联的操作
事件	可由类生成的通知
运算符	类所支持的转换和表达式运算符
构造函数	初始化类的实例或类本身所需的操作
析构函数	在永久丢弃类的实例之前执行的操作
类型	类所声明的嵌套类型

(2) 可访问性：类的每个成员都有关联的可访问性，它控制能够访问该成员的程序文本区域。有五种可能的可访问性形式，表 6-13 概述了这些可访问性，即类的作用域。
```

第6章 数据库访问类设计

表 6-13 类的作用域

可访问性	含 义
public	访问不受限制
protected	访问仅限于此类或从此类派生的类
internal	访问仅限于此程序
protected internal	访问仅限于此程序或从此类派生的类
private	访问仅限于此类

(3) 类型形参：类定义可以通过在类名后添加用尖括号括起来的类型参数名称列表来指定一组类型参数。类型参数可用于在类声明体中定义类的成员。在下面的示例中，Pair 的类型参数是 TFirst 和 TSecond：

```
public class Pair<TFirst,TSecond>
{
        public TFirst First;
        public TSecond Second;
}
```

要声明为采用类型参数的类类型称为泛型类类型。结构类型、接口类型和委托类型也可以是泛型。

当使用泛型类时，必须为每个类型形参提供类型实参：

```
Pair<int,string> pair = new Pair<int,string> { First = 1, Second = "two" };
int i = pair.First;       // TFirst is int
string s = pair.Second; // TSecond is string
```

将提供了类型实参的泛型类型（例如上面的 Pair<int,string>）称为构造的类型。

(4) 基类：类声明可通过在类名和类型参数后面添加一个冒号和基类的名称来指定一个基类。省略基类的指定等同于从类型 object 派生。在下面的示例中，Point3D 的基类为 Point，而 Point 的基类为 object。

例：基类的引用，即类的继承示例。

程序名称：point.cs

```
public class Point
{
        public int x, y;
        public Point(int x, int y) { this.x = x; this.y = y; }
}
public class Point3D: Point
{       public int z;
        public Point3D(int x, int y, int z): base(x, y) { this.z = z; }
}
```

一个类继承它的基类的成员。继承意味着一个类隐式地包含其基类的所有成员，但基类的构造函数除外。派生类能够在继承基类的基础上添加新的成员,但是它不能移除继承成员的定义。在前面的示例中,Point3D 类从 Point 类继承了 x 字段和 y 字段,每个 Point3D 实例都包含三个字段 x、y 和 z。

从某个类类型到它的任何基类类型存在隐式的转换。因此,类类型的变量可以引用该类的实例或任何派生类的实例。例如,对于前面给定的类声明,Point 类型的变量既可以引用 Point 也可以引用 Point3D,即

```
Point a = new Point(10, 20);
Point b = new Point3D(10, 20, 30);
```

6. 方 法

方法(method)是一种用于实现可以由对象或类执行的计算或操作的成员。静态方法(static method)通过类来访问。实例方法(instance method)通过类的实例来访问。

方法具有一个参数(parameter)列表(可能为空),表示传递给该方法的值或变量引用;方法还具有一个返回类型(return type),指定该方法计算和返回值的类型。如果方法不返回值,则其返回类型为 void。

与类型一样,方法也可以有一组类型形参,当调用方法时必须为类型形参指定类型实参。与类型不同的是,类型实参经常可以从方法调用的实参推断出,而无需显示指定。

方法的签名(signature)在声明该方法的类中必须唯一。方法的签名由方法的名称、类型参数的数目以及该方法的参数的数目、修饰符和类型组成。方法的签名不包含返回类型。

(1) 虚方法、重写方法和抽象方法

若一个实例方法的声明中含有 virtual 修饰符,则称该方法为虚方法(virtual method)。若其中没有 virtual 修饰符,则称该方法为非虚方法(non-virtual method)。

在调用一个虚方法时,该调用所涉及的那个实例的运行时类型(runtime type)确定了要被调用的究竟是该方法的哪一个实现。在非虚方法调用中,实例的编译时类型(compile-time type)是决定性因素。

虚方法可以在派生类中重写(override)。当某个实例方法声明包括 override 修饰符时,该方法将重写所继承的具有相同签名的虚方法。虚方法声明用于引入新方法,而重写方法声明则用于使现有的继承虚方法专用化(通过提供该方法的新实现)。

抽象(abstract)方法是没有实现的虚方法。抽象方法使用 abstract 修饰符进行声明,并且只有在同样被声明为 abstract 的类中才允许出现。抽象方法必须在每个非抽象派生类中重写。

(2) 方法重载

方法重载(overloading)允许同一类中的多个方法具有相同名称,条件是这些方法具有唯一的签名。在编译一个重载方法的调用时,编译器使用重载决策(overload resolution)确定要调用的特定方法。重载决策将查找与参数最佳匹配的方法,如果没有找到任何最佳匹配的方法则报告错误信息。

7. 结构概述

像类一样,结构(struct)是能够包含数据成员和函数成员的数据结构,但是与类不同,结构是值类型,不需要堆分配。结构类型的变量直接存储该结构的数据,而类类型的变量则存储

对动态分配的对象的引用。结构类型不支持用户指定的继承,并且所有结构类型都隐式地从类型 object 继承。

结构对于具有值语义的小型数据结构尤为有用。复数、坐标系中的点或字典中的"键-值"对都是结构的典型示例。对小型数据结构而言,使用结构而不使用类会大大节省应用程序分配的内存量。例如,下面的程序创建并初始化一个含有 100 个点的数组。对于作为类实现的 Point,出现了 101 个实例对象,其中,数组需要一个,它的 100 个元素每个都需要一个,代码如下:

```
class Point
{
    public int x, y;
    public Point(int x, int y) { this.x = x; this.y = y; }
}
class Test
{
    static void Main() {
        Point[] points = new Point[100];
        for (int i = 0; i < 100; i++) points[i] = new Point(i, i);
    }
}
```

一种替代办法是将 Point 定义为结构。

```
struct Point
{
    public int x, y;
    public Point(int x, int y) { this.x = x; this.y = y; }
}
```

现在,只有一个对象被实例化(即用于数组的那个对象),而 Point 实例以值的形式直接内联存储在数组中。

结构构造函数也是使用 new 运算符调用,但是这并不意味着会分配内存。与动态分配对象并返回对它的引用不同,结构构造函数直接返回结构值本身(通常是堆栈上的一个临时位置),然后根据需要复制该结构值。

对于类,两个变量可能引用同一对象,因此对一个变量进行的操作可能影响另一个变量所引用的对象。对于结构,每个变量都有自己的数据副本,对一个变量的操作不可能影响另一个变量。例如,下面的代码段产生的输出取决于 Point 是类还是结构:

```
Point a = new Point(10, 10);
Point b = a;
a.x = 20;
Console.WriteLine(b.x);
```

如果 Point 是类,输出将是 20,因为 a 和 b 引用同一对象。如果 Point 是结构,输出将是 10,因为 a 对 b 的赋值创建了该值的一个副本,因此接下来对 a.x 的赋值不会影响 b 这一副本。

第6章 数据库访问类设计

前一示例突出了结构的两个限制。首先,复制整个结构通常不如复制对象引用的效率高,因此结构的赋值和值参数传递可能比引用类型的开销更大。其次,除了 ref 和 out 参数,不可能创建对结构的引用,这样限制了结构的应用范围。

8. 接 口

接口(interface)定义了一个可由类和结构实现的协定。接口可以包含方法、属性、事件和索引器。接口不提供它所定义的成员的实现——它仅指定实现该接口的类或结构必须提供的成员。

接口可支持多重继承(multiple inheritance)。在下面的示例中,接口 IComboBox 同时从 ITextBox 和 IListBox 继承,代码是:

```
interface IControl{ void Paint();}
interface ITextBox: IControl{ void SetText(string text);}
interface IListBox: IControl{ void SetItems(string[] items);}
interface IComboBox: ITextBox, IListBox {}
```

类和结构可以实现多个接口。在下面的示例中,类 EditBox 同时实现 IControl 和 IDataBound,代码是:

```
interface IDataBound{ void Bind(Binder b); }
public class EditBox: IControl, IDataBound
{
        public void Paint() {...}
        public void Bind(Binder b) {...}
}
```

当类或结构实现某个特定接口时,该类或结构的实例可以隐式地转换为该接口类型,代码是:

```
EditBox editBox = new EditBox();
IControl control = editBox;
IDataBound dataBound = editBox;
```

在无法静态知道某个实例是否实现某个特定接口的情况下,可以使用动态类型强制转换。例如,下面的语句使用动态类型强制转换获得对象的 IControl 和 IDataBound 接口实现。由于该对象的实际类型为 EditBox,此强制转换成功,代码是:

```
object obj = new EditBox();
IControl control = (IControl)obj;
IDataBound dataBound = (IDataBound)obj;
```

在前面的 EditBox 类中,来自 IControl 接口的 Paint 方法和来自 IDataBound 接口的 Bind 方法使用 public 成员来实现。C#语言还支持显式接口成员实现(explicit interface member implementation),类或结构可以使用它来避免将成员声明为 public。显式接口成员实现使用完全限定的接口成员名。例如,EditBox 类可以使用显式接口成员实现来实现 IControl.Paint 和 IDataBound.Bind 方法。

```
public class EditBox: IControl, IDataBound
{
        void IControl.Paint() {...}
        void IDataBound.Bind(Binder b) {...}
}
```

显式接口成员只能通过接口类型来访问。例如，要调用上面 EditBox 类提供的 IControl.Paint 实现，必须首先将 EditBox 引用转换为 IControl 接口类型。

```
EditBox editBox = new EditBox();
editBox.Paint();              // Error, no such method
IControl control = editBox;
control.Paint();              // Ok
```

笔者在这里只是简要地介绍 C#语言的常用知识，后续章节中将结合项目的实际编程过程进一步讲解这些知识的应用。更多的 C#语言技术请查阅 VS2010 相关的帮助文件。

6.3 小 结

本章介绍了数据库操作类的设计方法，这个类具有普遍适应性的特点，设计好之后可以应用到不同的项目开发中。也可以在实际的项目开发过程中不断添加好的具有共性的数据操作方法到本类中来，已积累更多的功能，简化项目的编码过程。望读者要充分理解这个类的设计原理和方法，将会受益匪浅。

还介绍了 ADO.NET 和 C#语言的基本知识，读者要结合数据库操作类的设计过程来学习这些基本知识，便于领会贯通。

第7章 业务层业务实体对象设计

本章要点
- C#类设计
- ADO.NET 技术
- C#语言基础

在软件系统项目开发中,常用的系统架构模式为二层架构和三层架构,如图7-1和图7-2所示。中型以上的系统项目一般都基于三层架构方式开发。

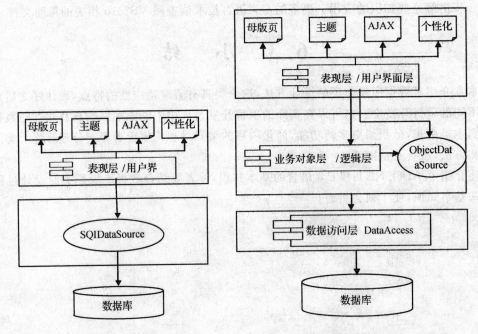

图7-1 通过 SQLDataSource 数据源　　图7-2 通过 ObjectDataSource 数据源

图7-1的开发模式只适用于 SQLServer 数据库的开发模式。在这种模式中,直接通过界面层的数据绑定控件调用 SQLDataSource 数据源,再由数据源建立数据库连接并直接执行数据库的查询语句或存储过程来操作数据库的数据(即增、删、改和检索),编程比较简洁。其缺点是完全依赖于 SQLServer 数据库。图7-1模式从严格意义上讲还属于两层架构模式,因为数据源还应属于界面控件的范畴。

图7-2的开发模式要复杂得多,看起来有四层结构,但业务对象层和数据访问层严格讲都属于业务层,所以还是属于三层架构模式。在这种模式中通过界面层的数据绑定控件调用 ObjectDataSource 数据源,而该数据源调用业务对象,业务对象则通过专门的数据库访问类实现对数据库的操作。也可以不通过 ObjectDataSource 数据源,而由界面层的数据绑定控件直接调用业务实体类。这种模式虽然比使用 SQLDataSource 数据源模式复杂一些,但其具有很

大的灵活性，它结合 ADO.NET 技术实现对来自不同的数据库或数据文件的数据进行处理。在中大型的管理信息系统项目中普遍采用。

在案例项目的开发过程中，笔者为扩展知识面采用两种模式相结合的方式进行项目设计，但主要偏重于第二种模式的应用。

7.1 业务实体类设计

在图 7-2 的开发模式中，最关键而繁重的工作是要进行业务实体类的设计。业务实体类要从整个项目所需要的业务实体及其关系通盘考虑，来确定建立什么实体类，一般主要是把数据库的每个数据表和视图作为实体来建立对应的实体类，也可为其他的数据文件建立实体类。实体类主要是设计对应实体对象的字段访问和操作方法，但在实际项目开发中往往把实体类分层次、分组进行开发，把类的属性和方法成员分开在不同的类，同一个子模块的属性或方法都归为同一个类。本案例项目就是采用这一思想对实体类进行设计的。

实体类的设计不是孤立的，要与实际业务的功能实现紧密关联，在实际的开发过程中要与第 4 章、第 5 章和第 8 章的相关过程迭代进行。为了更好地理解实体类的设计方法，笔者把实体类作为单独一章来介绍。

7.1.1 供应商管理模块实体类设计

本情境的设计思想是把跟供应商管理有关的数据表的不同字段组织起来构成一个属性类，把供应商管理涉及的数据库操作方法组合成一个类，再设计一个调用方法的方法类对具体方法进行调用。

1. 设计方法和步骤

（1）在 App_Code 文件夹下分别新建三个子文件夹 BLL、DAL 和 Model。

（2）在 Model 文件夹中新建名为 SupplierInfo.cs 的属性类文件，定义 Model.SupplierInfo 类，该类包含所有与供应商管理有关的属性（主要是供应商管理相关数据表的字段）。Model.SupplierInfo 类的结构及成员解释如图 7-3 所示。

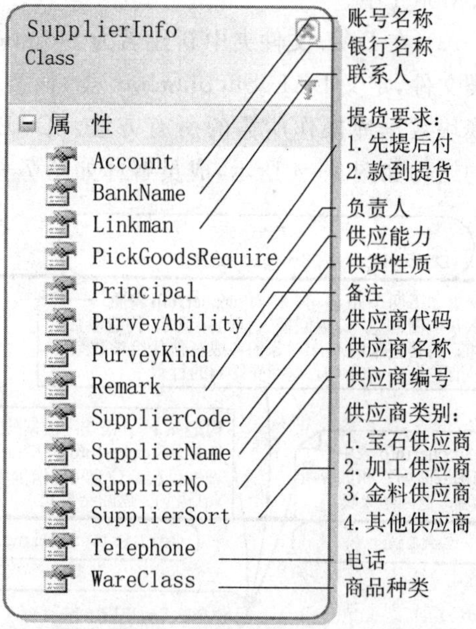

Model\SupplierInfo.cs 类文件代码：

```
using System;
using System.Collections.Generic;
using System.Text;

namespace ESCM.Model
{
    public class SupplierInfo
    {
```

图 7-3 Model.SupplierInfo 类的结构及成员解释

第7章 业务层业务实体对象设计

```csharp
    public SupplierInfo(){}
#region Model
    /// <summary>
    /// 供应商编号
    /// </summary>
    public int SupplierNo { set; get; }
    /// <summary>
    /// 供应商名称
    /// </summary>
    public string SupplierName { set; get; }
    /// <summary>
    /// 供应商类别(1宝石供应商,2加工供应商,3金料供应商,4其他供应商)
    /// </summary>
    public string SupplierSort { set; get; }
…… //更多信息参阅随附的案例项目源代码
#endregion
}
```

该类只包含属性成员,但要注意属性的返回类型要与其对应数据表字段的类型相兼容,如所有的 char 类对应 string 类,int 对应 int,等等。属性设计中 get 和 set 称为读写器,直接对属性进行读写操作。

在 Model 文件夹中设计的类都要包含在命名空间 ESCM.Model 中。

(3) 在 DAL 文件夹中新建名为 SupplierInfo.cs 的方法类文件,定义 DAL.SupplierInfo 类,该类包含供应商管理模块数据库操作所需的所有方法。DAL.SupplierInfo 类的结构如图 7-4 所示,成员解释如图 7-5 所示。

图 7-4 DAL.SupplierInfo 类的结构

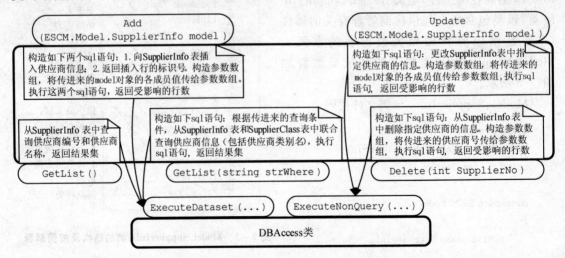

图 7-5 DAL.SupplierInfo 类的成员解释

DAL\SupplierInfo.cs 类文件代码：

```csharp
using System;
using System.Data;
using System.Data.SqlClient;
using System.Collections.Generic;
using System.Text;
using ESCM.DataAccess;

namespace ESCM.DAL
{
    public class SupplierInfo
    {
        public SupplierInfo(){ }
        #region  成员方法
        //获取供应商编号和名称列表
        public DataSet GetList()
        {
            StringBuilder strSql = new StringBuilder();//定义字符串对象
            strSql.Append("select SupplierNo,SupplierName ");//字符串添加
            strSql.Append(" FROM SupplierInfo ");//字符串添加(连接到已有字符串的尾部)
            //调用数据库操作类 DBAccess 的方法实现数据添加操作(参考第 6 章内容)
            return DBAccess.ExecuteDataset(DBAccess.StrConn, CommandType.Text, strSql.ToString());
        }
        // 以某一个检索条件获取供应商列表
        public DataSet GetList(string strWhere)
        {
            StringBuilder strSql = new StringBuilder();
            strSql.Append("select SupplierInfo.SupplierNo, SupplierName,SupplierClass as SupplierSort,SupplierCode,BankName,Account,WareClass,PurveyKind,PickGoodsRequire,PurveyAbility,Telephone,Linkman,Principal,Remark");
            strSql.Append(" FROM SupplierInfo,SupplierClass ");
            strSql.Append(" where SupplierInfo.SupplierSort = SupplierClass.idNo ");
            if (strWhere.Trim() ! = "")
            {
                strSql.Append(" and " + strWhere);
            }
            return DBAccess.ExecuteDataset(DBAccess.StrConn, CommandType.Text, strSql.ToString());
        }
        /// <summary>
        /// 增加一个供应商信息
        /// </summary>
        public int Add(ESCM.Model.SupplierInfo model)
        {
```

第7章 业务层业务实体对象设计

```csharp
            StringBuilder strSql = new StringBuilder();
            strSql.Append("insert into SupplierInfo(");
    strSql.Append("SupplierName,SupplierSort,SupplierCode,BankName,Account,WareClass,PurveyKind,PickGoodsRequire,PurveyAbility,Telephone,Linkman,Principal,Remark)");
            strSql.Append(" values (");
    strSql.Append("@SupplierName,@SupplierSort,@SupplierCode,@BankName,@Account,@WareClass,@PurveyKind,@PickGoodsRequire,@PurveyAbility,@Telephone,@Linkman,@Principal,@Remark)");
            strSql.Append(";select @@IDENTITY");//返回插入行的标识号
    //定义 Command 对象参数数组
            SqlParameter[] parameters = {
                new SqlParameter("@SupplierName", SqlDbType.VarChar,24),
                …  …  …  //更多属性信息可参阅案例项目源代码
    //为参数赋值
            parameters[0].Value = model.SupplierName;
            …  …  …   //更多属性信息可参阅案例项目源代码
            object obj = DBAccess.ExecuteNonQuery(DBAccess.StrConn, CommandType.Text, strSql.ToString(), parameters);
            if (obj == null)
            {
                return 0;
            }
            else
            {
                return Convert.ToInt32(obj);//类型转换
            }
        }
        /// <summary>
        /// 修改一个供应商信息
        /// </summary>
        public void Update(ESCM.Model.SupplierInfo model)
        {
            StringBuilder strSql = new StringBuilder();
            strSql.Append("update SupplierInfo set ");
            …  …  …   //更多属性信息可参阅案例项目源代码
            SqlParameter[] parameters = {
                new SqlParameter("@SupplierNo", SqlDbType.Int,4),
                …  …  …   //更多属性信息可参阅案例项目源代码
            parameters[0].Value = model.SupplierNo;
            …  …  …   //更多属性信息可参阅案例项目源代码
            DBAccess.ExecuteNonQuery(DBAccess.StrConn, CommandType.Text, strSql.ToString(), parameters);
        }
        /// <summary>
        /// 删除一个供应商信息
```

```csharp
///  </summary>
public void Delete(int SupplierNo)
{
    StringBuilder strSql = new StringBuilder();
    strSql.Append("delete from SupplierInfo ");
    strSql.Append(" where SupplierNo = @SupplierNo ");
    SqlParameter[] parameters = {
        new SqlParameter("@SupplierNo", SqlDbType.Int,4)};
    parameters[0].Value = SupplierNo;
    DBAccess.ExecuteNonQuery(DBAccess.StrConn, CommandType.Text, strSql.ToString(), parameters);
}
#endregion
```

注意黑体字部分，SupplierInfo 方法类包含五个方法，两个重载的检索信息方法，对数据表信息的增、删、改方法。五个方法的设计技巧基本一样。

首先定义一个 StringBuilder 类实例对象用于设置查询语句，如果查询语句带有参数，可定义一个 Command 参数数组，设置参数的名称与查询语句的参数名称一样，参数类型与对应数据表字段的类型一样，然后用方法实参配置对应 Command 参数的 Value 属性，或从 ESCM.Model.SupplierInfo 类的实例对象实参中取出相应的属性赋给对应的参数，最后执行 DBAccess 类的相应方法完成方法的设计。

类里面的参数有几种，即方法形参、方法实参、查询语句参数、存储过程参数和 Command 对象参数等。这些参数的命名规则和数据类型要与其对应数据表字段的名称和数据类型相一致。比如说，供应商编号在数据表中的字段命名为 SupplierNo，类型为 int，则所有与 SupplierNo 字段对应的参数都统一命名为 SupplierNo，数据类型也为 int。这样命名规则的好处是显而易见的，假如不同参数采用不同的命名规则，将是一团乱麻，程序的可读性将非常的差。因为各个对象内部的参数是互相透明的，所以可以定义相同的参数名而不会起冲突。

@@IDENTITY 是 SqlServer 系统参数，用于捕获数据表记录的标识号，当数据表新增记录时将为该记录赋予一个唯一性的标识号。

该类要包含在 ESCM.DAL 命名空间中。

(4) 在 BLL 文件夹中新建名为 SupplierInfo.cs 的类文件，定义 BLL.SupplierInfo 类，该类包含与 DAL.SupplierInfo 类对应的同名方法。BLL.SupplierInfo 类的结构如图 7-6 所示，成员解释如图 7-7 所示。

BLL\SupplierInfo.cs 类文件代码：

```csharp
using System;
using System.Data;
using System.Collections.Generic;
using System.Text;
```

图 7-6 BLL.SupplierInfo 类的结构

第7章 业务层业务实体对象设计

```
namespace ESCM.BLL
{
    public class SupplierInfo
    {
        private readonly ESCM.DAL.SupplierInfo dal = new ESCM.DAL.SupplierInfo();
        public SupplierInfo(){}
        // 获得供应商编号和名称列表
        public DataSet GetList(){return dal.GetList();}
        // 以某一个检索条件获取供应商列表
        public DataSet GetList(string strWhere) { return dal.GetList(strWhere); }
        #region  成员方法
        // 增加一个供应商信息
        public int Add(ESCM.Model.SupplierInfo model) { return dal.Add(model); }
        // 修改一个供应商信息
        public void Update(ESCM.Model.SupplierInfo model) { dal.Update(model); }
        // 删除一个供应商信息
        public void Delete(int SupplierNo) { dal.Delete(SupplierNo); }
    }
}
```

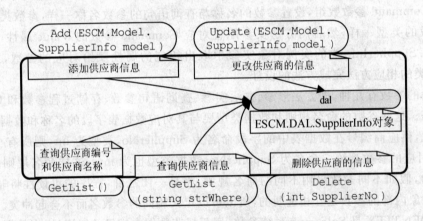

图 7-7　BLL.SupplierInfo 类的成员解释

该类的方法只是简单调用 ESCM.DAL.SupplierInfo 类，做法是首先定义一个只读、私有的 ESCM.DAL.SupplierInfo 类实例对象字段，然后设计与 ESCM.DAL.SupplierInfo 类的方法一一对应，且其方法与签名一样，此方法只是调用 ESCM.DAL.SupplierInfo 类实例的相应方法。这样当网页文件需要调用 ESCM.DAL.SupplierInfo 类的方法对数据表进行增、删、改或查询操作时，只需要调用 ESCM.BLL.SupplierInfo 类即可，ESCM.DAL.SupplierInfo 类得到保护，增强了应用程序的安全。

该类应包含在 ESCM.BLL 命名空间中。

2．技术要点

这一过程是设计业务实体类的方法技巧，把实体类拆分成三个层次，第一层次是属性类，第二层次是方法调用类，第三个层次是方法类。类的名称相同，都为 SupplierInfo，且存于不同的命名空间，即 ESCM.Model、ESCM.BLL 和 ESCM.DAL。

这三个类的关系是,ESCM. BLL. SupplierInfo 引用 ESCM. Model. SupplierInfo 的对象属性,调用 ESCM. DAL. SupplierInfo 的方法,直接面对应用程序的是 ESCM. Model. Supplier-Info 和 ESCM. BLL. SupplierInfo 类,而 ESCM. DAL. SupplierInfo 在幕后,从而得到了很好的保护。

通过把实体类拆分成三个层次,使程序设计结构分明,易于调试与维护,把操作细节的方法保护起来,大大提高了程序的安全性能。

7.1.2 客户管理模块实体类设计

客户管理实体类设计与供应商管理的实体类设计思想基本一样,这里的客户管理只对购买会员卡的客户的管理,但也完全具备一般的客户管理功能。

1. 设计方法和步骤

(1) 在 Model 文件夹中新建名为 CustomerInfo. cs 的类文件,定义 Model. CustomerInfo 类,该类包含所有与客户管理有关的属性。Model. CustomerInfo 类的结构及成员解释如图 7-8 所示。

Model\CustomerInfo. cs 类文件代码:

```
using System;

namespace ESCM.Model
{
    //CustomerInfo 的摘要说明
    public class CustomerInfo
    {
        public CustomerInfo() { }
        // 会员名称
        public string AssociatorName { set; get; }
        // 会员编号
        public int AssociatorNo { set; get; }

        … … …    //更多属性信息可参阅案例项目源代码
    }
}
```

该类编写的关键在于如何找出相关的属性及其对应的类型,要找出所有相关的属性,必须与本模块实际的业务功能联系起来,审查哪个数据表、视图和存储过程与本模块的业务处理相关联。

(2) 在 DAL 文件夹中新建一个名为 CustomerInfo. cs 的类文件,定义 DAL. CustomerInfo 类,该类包含客户管理模块所需要的所有方法。DAL. CustomerInfo 类的结构如图 7-9 所示,DAL. CustomerInfo 成员解释如图 7-10 所示。

第 7 章 业务层业务实体对象设计

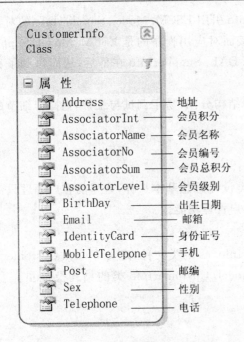

图 7-8 Model.CustomerInfo 类的结构及成员解释

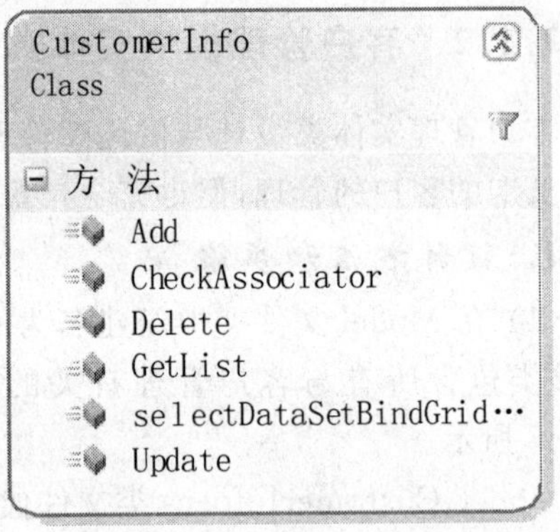

图 7-9 DAL.CustomerInfo 类的结构

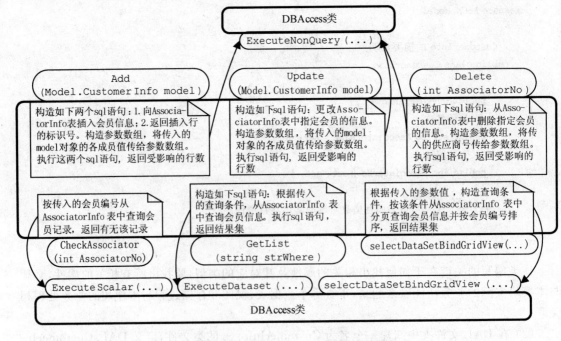

图 7-10 DAL.CustomerInfo 类的成员解释

DAL\CustomerInfo.cs 类文件代码：

```csharp
using System;
using System.Data;
using System.Data.SqlClient;
using System.Collections.Generic;
using System.Text;
using ESCM.DataAccess;
using ESCM.Model;

namespace ESCM.DAL
{
    //CustomerInfo 的摘要说明
    public class CustomerInfo
    {
        public CustomerInfo(){}
        // 获取会员信息列表,返回 DataSet 数据集
        public DataSet selectDataSetBindGridView(string ddlCondition, string txtStrWhere, int startRowIndex, int maxinumRows, string sortExpression)
        {
            string strSqlWhere = null;
            string strTableName = "AssociatorInfo";// 表名
            string strColumnName = "AssociatorNo,AssociatorInt,AssociatorName,AssociatorLevel,sex = (case sex when 1 then '女' when 0 then '男' end),Telephone,MobileTelephone"; // 要显示的字段名,可用"*"显示全部
            string strDefaultOrderColumn = "AssociatorNo";// 预设的排序字段
            if (txtStrWhere == null)
            {
                strSqlWhere = "";// where 条件
            }
            else
            {
                switch (ddlCondition)
                {
                    case "会员编号":
                        strSqlWhere = " AssociatorNo like '%" + txtStrWhere + "%'";
                        break;
                    case "会员姓名":
                        strSqlWhere = " AssociatorName like '%" + txtStrWhere + "%'";
                        break;
                    case "会员手机":
                        strSqlWhere = " MobileTelephone like '%" + txtStrWhere + "%'";
                        break;
                    case "会员积分":
                        strSqlWhere = " AssociatorInt like '%" + txtStrWhere + "%'";
                        break;
```

第7章 业务层业务实体对象设计

```
            case "会员电话":
                strSqlWhere = " Telephone like '%" + txtStrWhere + "%'";
                break;
        }
    }
    DataSet ds = DBAccess.selectDataSetBindGridView(strTableName, strColumnName, strSqlWhere, strDefaultOrderColumn, startRowIndex, maxinumRows, sortExpression);
    return ds;
}
…… …… ……   //更多信息可参阅案例项目源代码
    }
}
```

注意黑体字部分，DAL.CustomerInfo 类设计什么方法，由第 4 章图 4-10 客户信息管理界面所介绍的客户管理功能来定。这里省略了打印和导出的功能，增加了设计检索、增、删、改等功能的方法。

每个方法实质上都是调用相应的数据库操作公共类 DBAccess 的方法，每个方法所要做的只是为执行 DBAccess 的方法提供实参，如果调用的方法没有参数，则可直接调用，如获取总记录数方法。

（3）在 BLL 文件夹中新建名为 CustomerInfo.cs 的类文件，定义 BLL.CustomerInfo 类，该类包含一个私有、只读字段和一系列与 DAL.CustomerInfo 类对应的方法。BLL.CustomerInfo 类的成员解释如图 7-11 所示，其结构如图 7-12 所示。

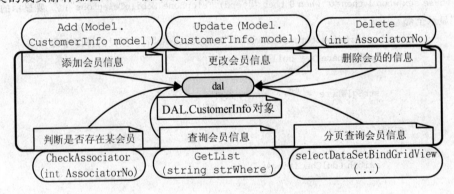

图 7-11 BLL.CustomerInfo 类的成员解释

BLL\CustomerInfo.cs 类文件代码：

```
using System;
using System.Data;
using ESCM.DAL;
namespace ESCM.BLL
{
    //CustomerInfo 的摘要说明
    public class CustomerInfo
    {
        private readonly DAL.CustomerInfo dal = new DAL.CustomerInfo();
```

```
public CustomerInfo(){}
// 获取会员信息列表
public    DataSet    selectDataSetBindGridView
(string ddlCondition, string txtStrWhere, int startRowIndex, int maxinumRows, string sortExpression)
        {
            return dal.selectDataSetBindGridView(ddlCondition, txtStrWhere, startRowIndex, maxinumRows, sortExpression);
        }
        ……    //更多信息可参阅案例项目源代码
    }
}
```

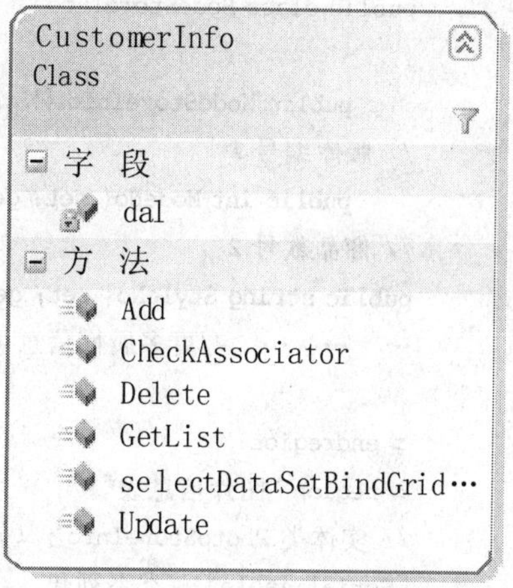

图 7-12 BLL.CustomerInfo 类的结构

该类是一个方法包装类，设计什么方法取决于其调用的 DAL.CustomerInfo 对象所包含的方法，方法签名也必须与其调用的 DAL.CustomerInfo 对象的方法签名一致。

2. 技术要点

三个类的设计并没有严格要求先后顺序，但一开始最好是先设计 Model 类，然后设计 DAL 类，再设计 BLL 类，在整个设计过程中这三个类要迭代进行。"迭代"通常是当 Model 类还没有完成设计就启动 DAL 类的设计，DAL 类还没有完成设计就启动 BLL 类的设计，DAL 类设计中途又返回设计 Model 类，BLL 类设计中途又返回设计 VAL 类，只有 Model 类设计完成了 DAL 类设计才能完成，只有 DAL 类设计完成了 BLL 类设计才能完成。

7.1.3 版库管理模块实体类设计

从第 4 章的图 4-16 和图 4-18 的界面来看，版库管理包含两部分的内容，一个是版库信息处理，另一个是图片库信息处理，图片库中的图片字段为 image 类型，在类属性中应系列化，以便字节系列处理，所以把这两部分的内容分在两个类中分别处理。

1. 设计方法和步骤

（1）在 Model 文件夹中新建一个名为 ModeManage.cs 的类文件。

（2）在文件中定义两个类，且分别命名 ModeStoreInfo 和 PhotoStoreInfo。

（3）两个类中根据图 4-14 和图 4-16 的界面所生成的数据表 ModeStoreInfo 和 PhotoStoreInfo 的字段，定义 ModeStoreInfo 和 PhotoStoreInfo 类的属性成员。Model.ModeStoreInfo 类的结构及成员解释如图 7-13 所示，其类的结构及成员解释如图 7-14 所示。

Model\ModeManage.cs 类文件代码：

```
using System;
using System.Collections.Generic;
using System.Text;

namespace ESCM.Model
{
    #region "版库信息管理"
```

第7章 业务层业务实体对象设计

```csharp
public class ModeStoreInfo
{
    public ModeStoreInfo {} //构造函数
// 版库编号 1
    public int ModeNo{ set; get; }
// 商品款号 2
    public string StyleNo{ set; get; }
    … … …   //更多属性信息可参阅案例项目源代码
}
#endregion
#region "图片信息表"
// 实体类 PhotoStoreInfo。(属性说明自动提取数据库字段的描述信息)
[Serializable] //类系列化
public class PhotoStoreInfo
{
    public PhotoStoreInfo {} //构造函数
    // 图片编号
    public int PhotoNo{ set; get; }
    // 图片名称
    public string PhotoName{ set; get; }
    // 图片
    public byte[] Photo{ set; get; }
}
#endregion
```

图 7-13 Model.ModeStoreInfo 类的结构及成员解释

图 7-14 Model.PhotoStoreInfo 类的结构及成员解释

版库的属性类设计文件包含两个属性,在一个文件集中可以设计多个类文件。在类名的直接上方冠以[Serializable],表示对该类进行系列化处理。系列化是指对象转化为字节系列来处理。所以 Photo 属性可定义为 byte[]类型来对应数据表中的 Image 类型。

(4) 在 DAL 文件夹新建一个名为 ModeManage.cs 的类文件。该文件也把方法分为两组,分别放在 ModeStoreInfo 和 PhotoStoreInfo 两个类中。DAL.ModeStoreInfo 类的成员解释和结构如图 7-15 和图 7-16 所示,DAL.PhotoStoreInfo 类的结构和成员解释如图 7-17

和图 7-18 所示。

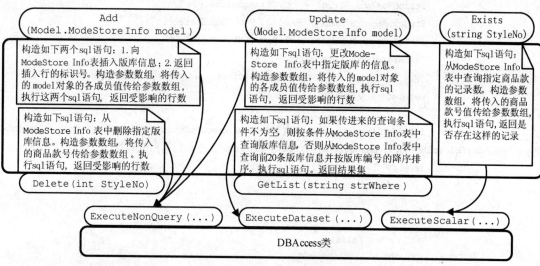

图 7-15 DAL.ModeStoreInfo 类的成员解释

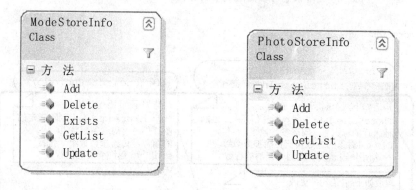

图 7-16 DAL.ModeStoreInfo 类的结构　　图 7-17 DAL.PhotoStoreInfo 类的结构

DAL\ModeManage.cs 类文件代码（DAL.ModeStoreInfo 类的定义）：

```
using System;
using System.Data;
using System.Data.SqlClient;
using System.Text;
using ESCM.DataAccess;

namespace ESCM.DAL
{
    #region"版库信息管理"
    public class ModeStoreInfo
    {
        public ModeStoreInfo(){ } //构造函数
        // 验证商品款号是否存在
        public bool Exists(string StyleNo)
```

第 7 章　业务层业务实体对象设计

```
        {
            StringBuilder StrSql = new StringBuilder();
            StrSql.Append("Select count(1) From ModeStoreInfo");
            StrSql.Append(" Where StyleNo=@StyleNo");
            SqlParameter[] parameters = {
                            new SqlParameter("@StyleNo", SqlDbType.VarChar,30)};
            parameters[0].Value = StyleNo;

            int i = Convert.ToInt32(DBAccess.ExecuteScalar(DBAccess.StrConn, Command-
Type.Text, StrSql.ToString(), parameters));//调用 DBAccess 方法并把返回值转换为整型数
            if (i > 0){
                return true;
            }
            else{
                return false;
            }
        }
        … … …    //更多信息可参阅案例项目源代码
}
#endregion
```

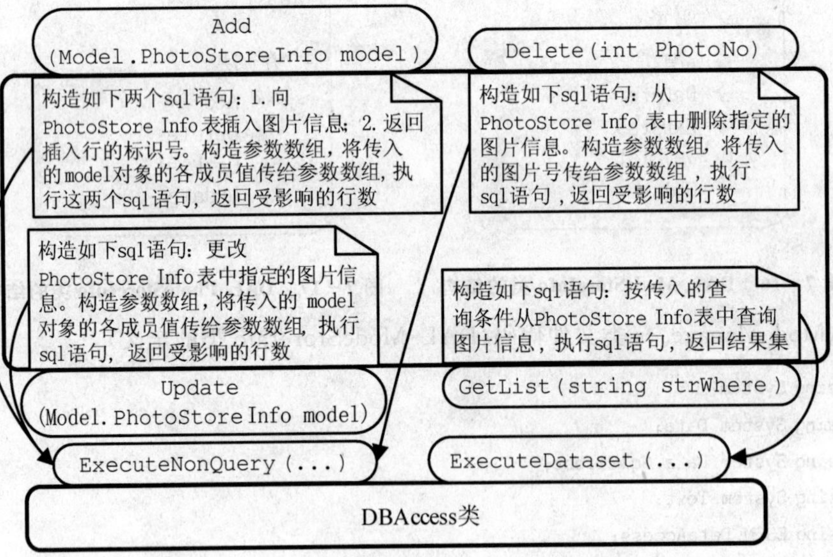

图 7-18　DAL.PhotoStoreInfo 类的成员解释

DAL\ModeManage.cs 类文件代码(DAL.PhotoStoreInfo 类的定义)：

```
#region 图片信息管理
public class PhotoStoreInfo
{
    public PhotoStoreInfo(){ }    //构造函数
    // 获得数据列表
```

```csharp
public DataSet GetList(string strWhere)
{
    StringBuilder StrSql = new StringBuilder();
    StrSql.Append("Select PhotoNo,PhotoName,Photo ");
    StrSql.Append(" From PhotoStoreInfo ");
    if (strWhere.Trim() ! = ""){
        StrSql.Append(" Where " + strWhere);
    }
    return DBAccess.ExecuteDataset(DBAccess.StrConn, CommandType.Text, StrSql.ToString());
    //更多信息可参阅案例项目源代码
}
#endregion 图片管理
}
```

对数据表 ModeStoreInfo 操作的方法放在 ModeStoreInfo 类中,对数据表 PhotoStoreInfo 操作的方法放在 PhotoStoreInfo 类中,这样做纯粹是为了迎合 Model 命名空间中属性类的分组,不是必然。数据表的增、删、改以及查询操作方法千篇一律,区别在于参数数量和参数类型。对 DAL 命名空间中所有类方法的设计,归根结底就是要为其调用的 DBAccess 类的方法设计实例参数。

(5) 在 BLL 文件夹中新建一个名为 ModeManage.cs 的类文件。该文件也把方法分为两组,分别放在 ModeStoreInfo 和 PhotoStoreInfo 两个类中。BLL.ModeStoreInfo 类的结构和成员解释如图 7-19 和图 7-20 所示,BLL.PhotoStoreInfo 类的结构和成员解释如图 7-21 和图 7-22 所示。

图 7-19　BLL.ModeStoreInfo 类的结构

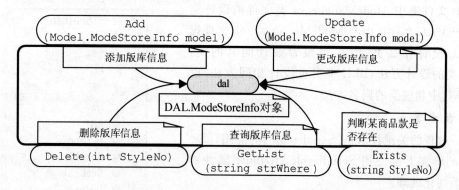

图 7-20　BLL.ModeStoreInfo 类的成员解释

BLL\ModeManage.cs 类文件代码:

```csharp
using System;
```

第7章 业务层业务实体对象设计

```
using System.Data;
using System.Collections.Generic;
using System.Text;
namespace ESCM.BLL
{
    #region "版库信息管理"
    public class ModeStoreInfo
    {
        private readonly ESCM.DAL.ModeStoreInfo dal = new ESCM.DAL.ModeStoreInfo();
        public ModeStoreInfo() { }
        // 验证商品款号是否存在
        public bool Exists(string StyleNo) {
            return dal.Exists(StyleNo);
        }
        … … …    //更多内容可查看源代码文件
    }
    #endregion
    #region "图片信息管理"
    public class PhotoStoreInfo
    {
        private readonly ESCM.DAL.PhotoStoreInfo dal = new ESCM.DAL.PhotoStoreInfo();
        public PhotoStoreInfo() { }
        // 获得数据列表
        public DataSet GetList(string strWhere) {
            return dal.GetList(strWhere);
        }
        … … …    //更多内容可查看源代码文件
    }
    #endregion
}
```

　　BLL 文件夹中 ModeManage.cs 类文件的设计完全依赖于 VAL 文件夹中的 ModeManage.cs 类文件设计。VAL 设计什么类，BLL 也跟着设计同名的类，VAL 中类的设计方法，BLL 中类也设计相同方法，以调用 VAL 中相应类的同名方法。

2. 技术要点

　　这一过程的关键技术是[Serializable]的应用，[Serializable]事实上是使用 SerializableAttribute 属性对类进行系列化处理。

　　一般来说，同一个管理模块实体类的划分是这样的，DAL 中类的划分向 Model 中看齐，BLL 中类的划分向 DAL 中看齐。

图 7 - 21　BLL.PhotoStoreInfo 类的结构

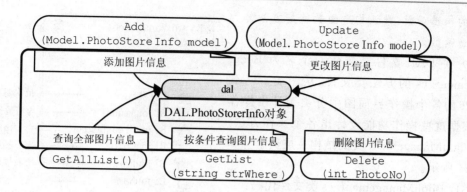

图 7-22　BLL.PhotoStoreInfo 类的成员解释

7.1.4　原材料库存管理模块实体类设计

原材料库包括宝石材料库、金料材料库和配件库等信息内容,但这里只介绍比较复杂的宝石材料库,只要掌握了宝石材料库管理的各种设计技巧,其他的材料库管理设计方法将迎刃而解。

宝石材料库管理模块的实体类设计跟前面介绍的实体类设计思想一样,所以首先要充分理解第 4 章中图 4-19 到图 4-28 中的操作界面设计中所包含的业务处理功能,查找出相关的数据表和操作功能,这样才能开始着手进行实体类设计。

1. 设计方法和步骤

(1) 在 Model 文件夹中新建一个名为 BijouManagement.cs 的类文件,根据相关数据表的字段,设计 BijouManagement 属性类成员。Model.BijouManagement 类的结构及成员解释如图 7-23 所示。

Model\BijouManagement.cs 类文件代码:

```
using System;
namespace ESCM.Model
{
    public class BijouManagement
    {
        #region 宝石管理属性
        //宝石包号
        public string BijouPackageNo { set; get; }
        // 宝石名称
        public string BijouName { set; get; }
        …… ……   //更多内容可查看项目案例源代码文件
        #endregion
    }
}
```

宝石材料库管理模块虽然包含的功能很多,但只要理顺其所涉及的数据表,统计出数据表的各个字段及其对应的数据类型,就很容易设计出属性类。

注意:该属性类没有设置构造函数。在 C#语言中,如果一个类没有设置构造函数,将启

第7章 业务层业务实体对象设计

用默认的构造函数，默认构造函数就是方法体为空的构造函数。

（2）在 DAL 文件夹新建一个名为 BijouManagement.cs 的方法类文件，从图 4-17 到图 4-26 的各个操作界面图中分类统计出操作功能，根据这些操作功能设计出各个操作方法。DAL.BijouManagement 类的结构及成员解释如图 7-24 所示。

DAL\BijouManagement.cs 类文件代码：

```
using System;
using System.Collections.Generic;
using System.Text;
using System.Data;
using System.Data.SqlClient;
using ESCM.DataAccess;

namespace ESCM.DAL
{
    public class BijouManagement
    {
        public BijouManagement(){ }

        宝石入库方法组

        宝石拆货入库方法组

        宝石材料入库查询方法组

        物料单出库方法组
    }
}
```

本方法类包含的方法比较多，以上只是列出了所包含的各个方法组的名称，同一个方法组的方法包含在同一个区域代码块中，每个区域代码块用 #region……#endregion 来划分，#region 是可折叠或展开式的代码块，便以管理和维护。

对于复杂的类，其成员是通过在开发的过程中逐步地添加进来，该方法类也一样，其方法是逐步添加进来的，在添加新方法时要做好归类分

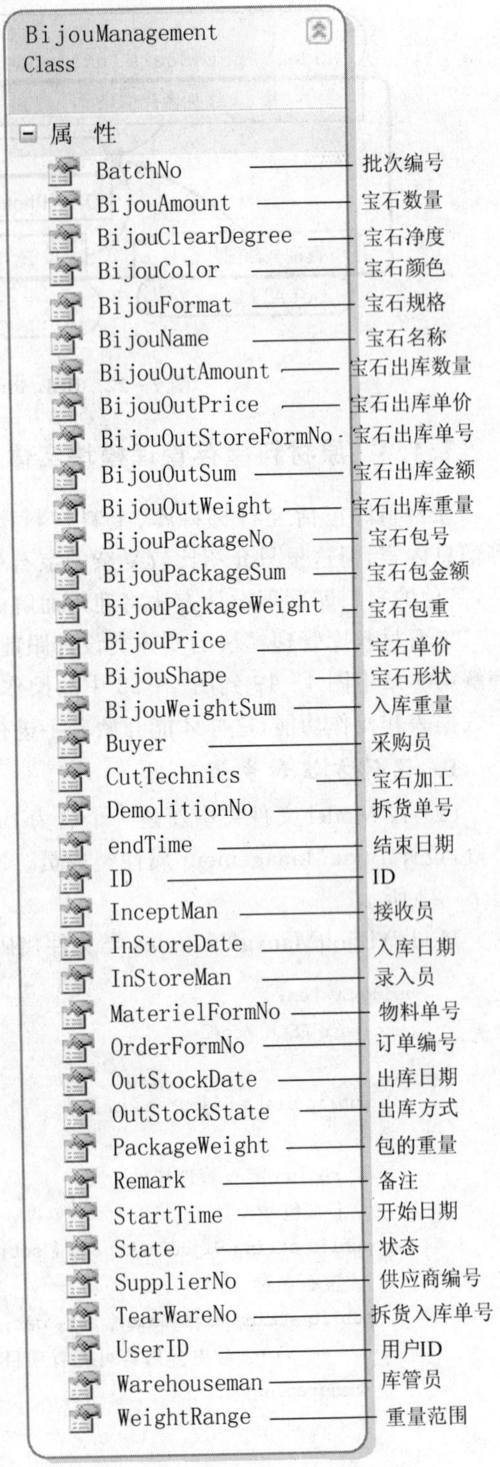

BijouManagement Class	
属性	
BatchNo	批次编号
BijouAmount	宝石数量
BijouClearDegree	宝石净度
BijouColor	宝石颜色
BijouFormat	宝石规格
BijouName	宝石名称
BijouOutAmount	宝石出库数量
BijouOutPrice	宝石出库单价
BijouOutStoreFormNo	宝石出库单号
BijouOutSum	宝石出库金额
BijouOutWeight	宝石出库重量
BijouPackageNo	宝石包号
BijouPackageSum	宝石包金额
BijouPackageWeight	宝石包重
BijouPrice	宝石单价
BijouShape	宝石形状
BijouWeightSum	入库重量
Buyer	采购员
CutTechnics	宝石加工
DemolitionNo	拆货单号
endTime	结束日期
ID	ID
InceptMan	接收员
InStoreDate	入库日期
InStoreMan	录入员
MaterielFormNo	物料单号
OrderFormNo	订单编号
OutStockDate	出库日期
OutStockState	出库方式
PackageWeight	包的重量
Remark	备注
StartTime	开始日期
State	状态
SupplierNo	供应商编号
TearWareNo	拆货入库单号
UserID	用户ID
Warehouseman	库管员
WeightRange	重量范围

图 7-23 BijouManagement 类的结构及成员解释图

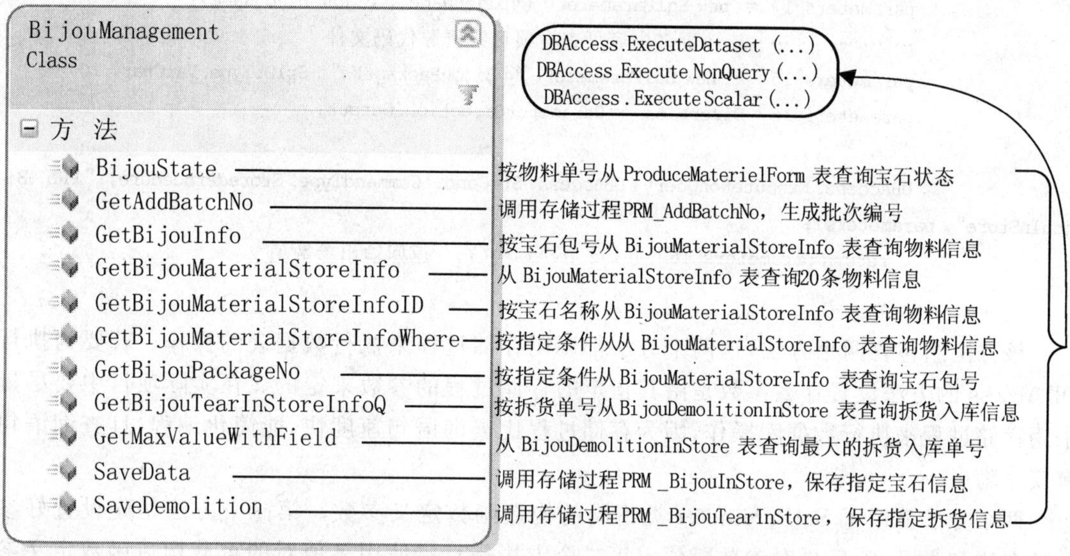

第 7 章 业务层业务实体对象设计

```
BijouManagement
Class

方法
    BijouState ──────────────── 按物料单号从 ProduceMaterielForm 表查询宝石状态
    GetAddBatchNo ──────────── 调用存储过程PRM_AddBatchNo,生成批次编号
    GetBijouInfo ───────────── 按宝石包号从 BijouMaterialStoreInfo 表查询物料信息
    GetBijouMaterialStoreInfo ──── 从 BijouMaterialStoreInfo 表查询20条物料信息
    GetBijouMaterialStoreInfoID ── 按宝石名称从 BijouMaterialStoreInfo 表查询物料信息
    GetBijouMaterialStoreInfoWhere ── 按指定条件从 BijouMaterialStoreInfo 表查询物料信息
    GetBijouPackageNo ──────── 按指定条件从BijouMaterialStoreInfo 表查询宝石包号
    GetBijouTearInStoreInfoQ ── 按拆货单号从BijouDemolitionInStore 表查询拆货入库信息
    GetMaxValueWithField ───── 从 BijouDemolitionInStore 表查询最大的拆货入库单号
    SaveData ───────────────── 调用存储过程PRM_BijouInStore,保存指定宝石信息
    SaveDemolition ─────────── 调用存储过程PRM_BijouTearInStore,保存指定拆货信息
```

DBAccess.ExecuteDataset(...)
DBAccess.ExecuteNonQuery(...)
DBAccess.ExecuteScalar(...)

图 7-24 DAL.BijouManagement 类的结构及成员解释

组。下面对宝石入库方法组进行介绍,其余的方法组请读者可参阅项目案例代码文件 BijouManagement.cs。宝石入库方法组代码如下所示:

```
//宝石入库方法组,生成批次编号
    public string GetAddBatchNo(ESCM.Model.BijouManagement bijou, char classNo)
    {
        SqlParameter[] parameters = new SqlParameter[4];   //参数数组定义
    // SqlParameter 参数定义
        parameters[0] = new SqlParameter("@InStoreDate", SqlDbType.SmallDateTime);
        parameters[0].Value = bijou.InStoreDate;   //参数赋值
        parameters[1] = new SqlParameter("@SupplierNo", SqlDbType.VarChar, 2);
        parameters[1].Value = bijou.SupplierNo;
        parameters[2] = new SqlParameter("@ClassNo", SqlDbType.Char, 1);
        parameters[2].Value = classNo;
        parameters[3] = new SqlParameter("@BatchNo", SqlDbType.VarChar, 10);
        parameters[3].Direction = ParameterDirection.Output;//设置参数为输出参数

        DBAccess.ExecuteNonQuery(DBAccess.StrConn, CommandType.StoredProcedure, "PRM_AddBatchNo", parameters);
            return parameters[3].Value.ToString();//返回输出参数值
    }

//保存数据
    public string SaveData(ESCM.Model.BijouManagement bijou)
    {
        SqlParameter[] parameters = new SqlParameter[17];   //数组定义
    //参数定义并赋值
        parameters[0] = new SqlParameter("@BatchNo", bijou.BatchNo);
```

第7章 业务层业务实体对象设计

```
        parameters[1] = new SqlParameter("@BijouName", bijou.BijouName);
        …………… //更多内容可查看项目案例源代码文件
        parameters[16] = new SqlParameter("@BijouPackageNo", SqlDbType.VarChar, 10);
        parameters[16].Direction = ParameterDirection.Output;

        DBAccess.ExecuteNonQuery(DBAccess.StrConn, CommandType.StoredProcedure, "PRM_Bi-
jouInStore", parameters);
        return parameters[16].Value.ToString();//返回输出参数值
    }
```

该方法组包含两个方法,这两个方法都调用存储过程来执行数据表的操作。若要为执行 DBAccess 的方法设置什么参数是由其指定的存储过程的参数来定的。在实际项目中要尽量采用存储过程来执行数据库操作,因为存储过程比查询语句速度快,能简化编程,且查询语句有安全隐患。

两个方法使用了 SqlParameter 类不同的构造函数定义参数。第一个方法是先设置好参数的名称和类型,然后再对参数赋值。第二个方法是直接使用名值对的重载构造函数定义参数并赋值。显然采用第二种方法简便得多,但前提条件是在定义时要有明确的参数值。

如果参数是输出参数,要设定参数输出方向,默认为输入参数。

(3) 在 BLL 文件夹中新建一个名为 BijouManagement.cs 的方法类文件,分组模式与 DAL 命名空间中同名类相同,每个方法调用 DAL.BijouManagement 类的同名方法。BLL.BijouManagement 类的结构及成员解释如图 7-25 所示。

图 7-25 BLL.BijouManagement 类的结构及成员解释

BLL\BijouManagement.cs 类文件代码:

```
using System;
```

```
using System.Collections.Generic;
using System.Data;

namespace ESCM.BLL
{
    public class BijouManagement
    {
        //类私有字段对象成员
        private readonly ESCM.DAL.BijouManagement dal = new ESCM.DAL.BijouManagement();
        //构造方法
        public BijouManagement() { }
        //生成批次编号
        public string GetAddBatchNo(ESCM.Model.BijouManagement bijou, char classNo){
            return dal.GetAddBatchNo(bijou, classNo);
        }
        //保存数据
        public string SaveData(ESCM.Model.BijouManagement bijou){
            return dal.SaveData(bijou);
        }

        宝石拆货入库方法组

        宝石材料入库查询方法组

        物料单出库方法组
    }
}
```

BLL.BijouManagement 类完全模仿 DAL.BijouManagement 类分组方式。详细代码请查看 BLL 文件夹中的源代码文件 BijouManagemen.cs。

2. 技术要点

一个子模块如果没有特别的要求，把所有的属性或方法集中在同一个类中，当成员比较多时用 #region 按类别对成员进行分组，从代码管理上来说比较明了，易于管理和维护。

7.1.5 订单管理模块实体类设计

订单管理功能都体现在图 4-30 和图 4-31 的操作界面图中。订单处理使用到了临时表和一些公共的属性和方法(不是子模块专用)，所以，定义实体类不应该把所有涉及的功能方法都包含在一个类中，要把公共的属性或方法放在不同的类中，便于其他子模块调用，临时表处理的方法也另行设计一个类来放置，便于区分。

1. 设计方法和步骤

(1) 在 Model 文件夹中新建一个名为 CommonAttribute.cs 的公共属性类文件，并定义 Model.CommonAttribute 类。Model.CommonAttribute 类的结构及成员解释如图 7-26

所示。

Model\CommonAttribute.cs 类文件代码：

```csharp
using System;
namespace ESCM.Model
{
    public class CommonAttribute
    {
        // 表记录 ID
        public int ID { set; get; }
        // 用户 ID
        public int UserID { set; get; }
        // 元素名称
        public string Name { set; get; }
        // 元素值
        public string Value { set; get; }
    }
}
```

ID 对应数据表的 ID 号，UserID 对应登录的用户 ID 号，Name 和 Value 对应控件的名值对，如 DropDownList 控件的 items 属性的名值对等。这些属性在许多模块中都要使用到，所以把它放在一个公共的属性类中，便于各模块访问。

图 7-26 Model.CommonAttribute 类的结构及成员解释

(2) 在 DAL 文件夹中新建一个名为 ConvertData.cs 的公共方法类文件，把各个子模块常用的公共方法置于 DAL.ConvertData.cs 类中，该类主要涉及名值转换的相关方法。DAL.ConvertData 类的结构及成员解释如图 7-27 所示。

DAL\ConvertData.cs 类文件代码：

```csharp
using System;
using System.Text;
using System.Data;

using ESCM.DataAccess;

namespace ESCM.DAL
{
    public class ConvertData
    {
        // 通过商品类别获取商品种类名称对绑定 Dropdownlist
        public DataSet GetConvertData(string ClassSort)
        {
            StringBuilder strSql = new StringBuilder();
```

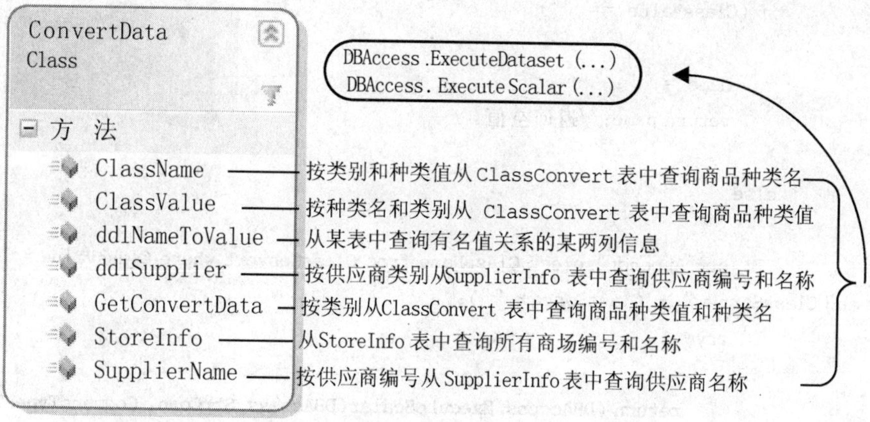

第 7 章　业务层业务实体对象设计

```
ConvertData
Class

方法
    ClassName ──────── 按类别和种类值从 ClassConvert 表中查询商品种类名
    ClassValue ──────── 按种类名和类别从 ClassConvert 表中查询商品种类值
    ddlNameToValue ──── 从某表中查询有名值关系的某两列信息
    ddlSupplier ──────── 按供应商类别从 SupplierInfo 表中查询供应商编号和名称
    GetConvertData ───── 按类别从 ClassConvert 表中查询商品种类值和类名
    StoreInfo ──────── 从 StoreInfo 表中查询所有商场编号和名称
    SupplierName ─────── 按供应商编号从 SupplierInfo 表中查询供应商名称
```

DBAccess.ExecuteDataset (...)
DBAccess.ExecuteScalar (...)

图 7-27　DAL.ConvertData 类的结构及成员解释

```csharp
    strSql.Append("select * from ClassConvert where ClassSort ='" + ClassSort + "'");
    return DBAccess.ExecuteDataset(DBAccess.StrConn, CommandType.Text, strSql.ToString());
}
// 通过供应商类别获取供应商名称和编号绑定 Dropdownlist
public DataSet ddlSupplier(string SupplierSort)
{
    StringBuilder strSql = new StringBuilder();
    strSql.Append("select SupplierNo,SupplierName from SupplierInfo");
    if (SupplierSort ! = "")
    {
        strSql.Append(" where SupplierSort = " + SupplierSort);
    }
    return DBAccess.ExecuteDataset(DBAccess.StrConn, CommandType.Text, strSql.ToString());
}
// 通过数据表名称字段绑定 Dropdownlist
public DataSet ddlNameToValue(string Name1, string Value1, string Table1)
{
    StringBuilder strSql = new StringBuilder();
    strSql.Append("select " + Name1 + "," + Value1 + " " + Table1);
    return DBAccess.ExecuteDataset(DBAccess.StrConn, CommandType.Text, strSql.ToString());
}
// 通过类别和种类值获取类型名称
public string ClassName(string ClassValue, string ClassSort)
{
    string name;
    StringBuilder str = new StringBuilder();
```

```csharp
            if (ClassValue == "")
            {
                name = "";
                return name;//返回空值
            }
            else
            {
                str.Append("select ClassName from ClassConvert where ClassValue ='" + ClassValue + "' and ClassSort ='" + ClassSort + "'");
                try
                {
                    return (DBAccess.ExecuteScalar(DBAccess.StrConn, CommandType.Text, str.ToString())).ToString();
                }
                catch{ throw; }
            }
        }
        // 通过类别值和种类名称获取种类值
        public string ClassValue(string ClassName, string ClassSort)
        {
            StringBuilder str = new StringBuilder();
            if (ClassName == "")
            {
                return "";
            }
            else
            {
                str.Append("select ClassValue from ClassConvert where ClassName ='" + ClassName + "' and ClassSort ='" + ClassSort + "'");
                try
                {
                    return (DBAccess.ExecuteScalar(DBAccess.StrConn, CommandType.Text, str.ToString())).ToString();
                }
                catch{ throw; }
            }
        }
        // 根据供应商编号获取供应商名称
        public string SupplierName(string SupplierNo)
        {
            StringBuilder str = new StringBuilder();
            if (SupplierNo == "")
            {
                return "";//返回空值
            }
```

```
                else
                {
                    str.Append("select SupplierName from SupplierInfo where SupplierNo = " + SupplierNo);
                    try
                    {
                        return (DBAccess.ExecuteScalar(DBAccess.StrConn, CommandType.Text, str.ToString())).ToString();
                    }
                    catch{ throw; }
                }
            }
            //获取所有商场编号和商场名称
            public DataSet StoreInfo()
            {
                string sql = "select StoreNo,StoreName from StoreInfo";
                return DBAccess.ExecuteDataset(DBAccess.StrConn, CommandType.Text, sql.ToString());
            }
        }
    }
```

项目中使用的公共方法都在此类中设计,这样便于各个子模块进行调用。在每个子模块的设计中,当设计某个方法,认为具有普遍性的,也适合其他子模块直接调用的就放置于此类中。

(3) 在 BLL 文件夹中新建一个名为 ConvertData.cs 的方法类文件,用于调用 DAL.ConvertData.cs 类中的方法。BLL.ConvertData 类的结构及成员解释如图 7-28 所示。

BLL.ConvertData.cs 类文件代码:

```
using System;
using System.Data;
namespace ESCM.BLL
{
    public class ConvertData
    {
        private readonly ESCM.DAL.ConvertData dal = new ESCM.DAL.ConvertData();
        // 通过商品类别获取商品种类名值对绑定 Dropdownlist
        //返回 DataSet 数据集
        public DataSet GetConvertData(string ClassSort)
        {
            return dal.GetConvertData(ClassSort);
        }
        … … …    //更多的内容可参阅 ConvertData.cs 文件
    }
}
```

第7章 业务层业务实体对象设计

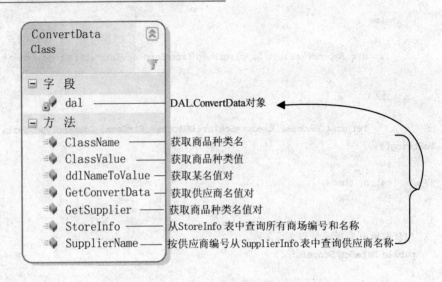

图7-28 BLL.ConvertData类的结构及成员

(4) 在DAL文件夹中新建一个名为Temporary.cs的临时表操作方法类文件,把对临时数据表的操作方法都归于此类中。DAL.Temporary类的结构及成员解释如图7-29所示。

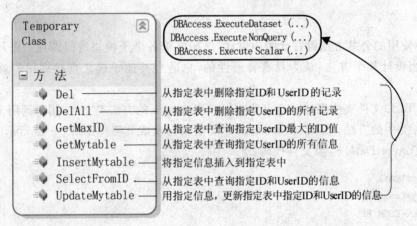

图7-29 DAL.Temporary类的结构及成员解释

DAL.Temporary.cs类文件代码:

```
using System;
using System.Collections.Generic;
using System.Text;
using System.Data;
using System.Data.SqlClient;

using ESCM.DataAccess;
using ESCM.Model;

namespace ESCM.DAL
{
```

```csharp
public class Temporary
{
    // 根据用户 ID 获取临时表里的数据
    public DataSet GetMytable(Model.CommonAttribute modelTem, string tableName)
    {
        StringBuilder str = new StringBuilder();
        str.Append("select * from " + tableName);
        str.Append(" where UserID ='" + modelTem.UserID + "'");
        try
        {
            return DBAccess.ExecuteDataset(DBAccess.StrConn, CommandType.Text, str.ToString());
        }
        catch{ throw; }
    }
    // 插入数据到临时表
    public void InsertMytable(string tableName, string sqlstr)
    {
        SqlConnection Mycon = new SqlConnection(DBAccess.StrConn);
        Mycon.Open();
        SqlTransaction trans = Mycon.BeginTransaction();
        StringBuilder str = new StringBuilder();
        str.Append("insert into " + tableName + " " + sqlstr);
        try
        {
            DBAccess.ExecuteNonQuery(trans, CommandType.Text, str.ToString());
            trans.Commit();
        }
        catch
        {
            trans.Rollback();
            throw;
        }
        Mycon.Close();
    }
        //更多的内容可参阅 Temporary.cs 文件
}
```

在业务表单如入库单、出库单和订货单等的处理中，往往需要用临时表来处理表单的明细数据信息，所以要有相应的处理方法。用这些方法归于同一个类，以便于管理和维护。

（5）在 BLL 文件夹中新建一个名为 Temporary.cs 的临时表操作调用方法类文件。BLL.Temporary 类的结构及成员解释如图 7-30 所示。

BLL\Temporary.cs 类文件代码：

```csharp
using System;
using System.Data;
```

第 7 章 业务层业务实体对象设计

```
namespace ESCM.BLL
{
    public class Temporary
    {
        ESCM.DAL.Temporary dalTem = new ESCM.DAL.Temporary();//引用临时表实体类对象
        // 根据用户 ID 获取临时表里的数据
        public DataSet GetMytable(Model.CommonAttribute modelTem, string tableName)
        {
            return dalTem.GetMytable(modelTem, tableName);
        }
        // 插入数据到临时表
        public void InsertMytable(string tableName, string sqlstr)
        {
            dalTem.InsertMytable(tableName, sqlstr);
        }
        … … …     //更多的内容可参阅 Temporary.cs 文件
    }
}
```

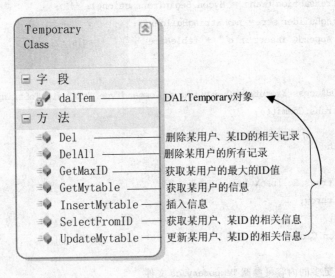

图 7-30 BLL.Temporary 类的结构及成员解释

(6) 在 Model 文件夹新建一个名为 OrderForm.cs 的属性类文件,它包含的属性如下代码所示(Model.OrderForm 类的结构及成员解释如图 7-31 所示):

```
using System;

namespace ESCM.Model
{
    public class OrderForm
    {
        // 辅石 ID
```

```
        public int SubId{ set; get; }
        // 图片编号
        public int PhotoNo{ set; get; }
        // 商品类别
        public string WareSort{ set; get; }
        … … …       //更多的内容可参阅 OrderForm.cs 文件
    }
}
```

(7) 在 DAL 文件夹中新建一个名为 OrderForm.cs 的方法类文件,它包含了订单管理模块的各个功能方法。DAL.OrderForm 类的结构及成员解释如图 7-32 所示。

DAL\OrderForm.cs 类文件代码:

```
using System;
using System.Collections.Generic;
using System.Text;
using System.Data;
using System.Data.SqlClient;

using ESCM;
using ESCM.DataAccess;

namespace ESCM.DAL
{
    public class OrderForm
    {
        // 版库下单以版库编号获取版库的基本信息
        public DataSet GetModeStoreInfoByModeNo(string ModeNo)
        {
            StringBuilder str = new StringBuilder();
            str.Append("select * from ModeStoreInfo where ModeNo ='" + ModeNo + "'");
            try{
                return DBAccess.ExecuteDataset(DBAccess.StrConn, CommandType.Text, str.ToString());
            }
            catch{
                throw;
            }
        }
        //更多的内容可参阅 OrderForm.cs 文件
```

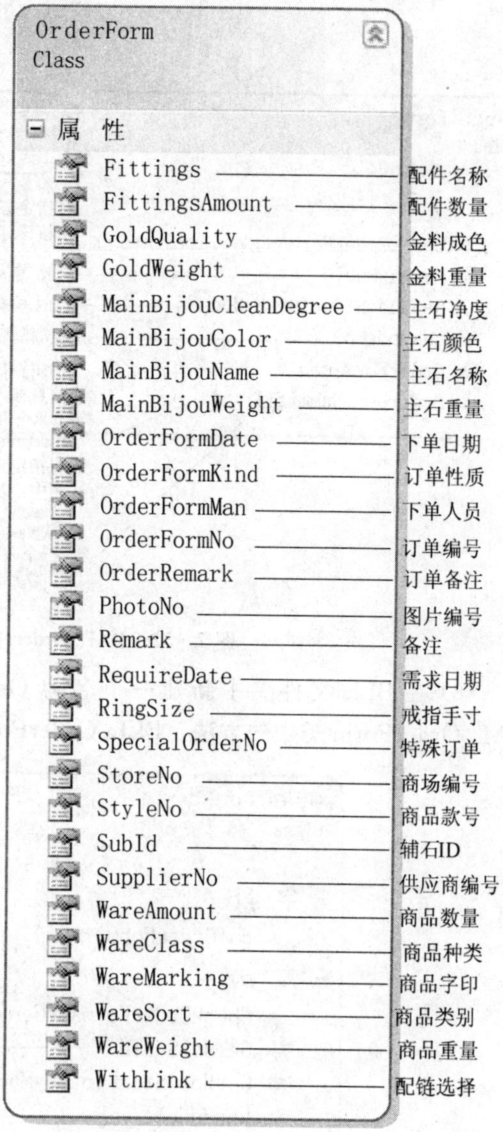

图 7-31 Model.OrderForm 类的结构及成员解释

OrderForm Class

属性
- Fittings — 配件名称
- FittingsAmount — 配件数量
- GoldQuality — 金料成色
- GoldWeight — 金料重量
- MainBijouCleanDegree — 主石净度
- MainBijouColor — 主石颜色
- MainBijouName — 主石名称
- MainBijouWeight — 主石重量
- OrderFormDate — 下单日期
- OrderFormKind — 订单性质
- OrderFormMan — 下单人员
- OrderFormNo — 订单编号
- OrderRemark — 订单备注
- PhotoNo — 图片编号
- Remark — 备注
- RequireDate — 需求日期
- RingSize — 戒指手寸
- SpecialOrderNo — 特殊订单
- StoreNo — 商场编号
- StyleNo — 商品款号
- SubId — 辅石ID
- SupplierNo — 供应商编号
- WareAmount — 商品数量
- WareClass — 商品种类
- WareMarking — 商品字印
- WareSort — 商品类别
- WareWeight — 商品重量
- WithLink — 配链选择

第 7 章　业务层业务实体对象设计

```
        }
    }
```

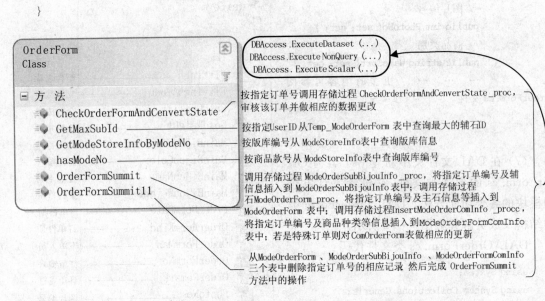

图 7-32　DAL.OrderForm 类的结构及成员解释

（8）在 BLL 文件夹中新建一个名为 OrderForm.cs 的方法类文件，其每个方法对应 DAL.OrderForm 类中的方法。BLL.OrderForm 类的结构及成员解释如图 7-33 所示。

图 7-33　BLL.OrderForm 类的结构及成员解释

BL\OrderForm.cs 类文件代码：

```csharp
using System;
using System.Collections.Generic;
using System.Data;

namespace ESCM.BLL
{
    public class OrderForm
```

```
    {
        ESCM.DAL.OrderForm dalOrderForm = new ESCM.DAL.OrderForm();
        // 版库下单获得某版库编号的版库基本信息
        public DataSet GetModeStoreInfoByModeNo(string ModeNo){
            return dalOrderForm.GetModeStoreInfoByModeNo(ModeNo);
        }
        …    …    …    //更多的内容可参阅 OrderForm.cs 文件
    }
}
```

2. 技术要点

当子模块的某一功能或属性具有普遍性时,要把它们与专项的方法或属性区分开来,设计一个公共的类放置具有共性的方法或属性,便于其他子模块引用。

7.1.6 商品库存管理模块实体类设计

商品库存管理模块的各个功能由图 4-32 到图 4-41 的操作界面分析得出,尽管内容繁多但都可归类到四大功能之上,即入库、出库、盘点和查询统计,所以可按入库、出库、盘点和查询统计等分类分别设计实体对象,这里只介绍比较复杂的订单入库实体类设计,出库、盘点和查询统计分项功能实体类设计读者可参照案例项目源代码进行设计,出库、盘点和查询统计分析实体类对应的代码文件名称分别为 WareOutStore.cs、DepotCheck.cs 和 StoreInfo.cs。

订单商品入库处理的思路是首先通过供应商订单编号读取已完成订单的信息,因为每个商品可能包含多个种类的辅石,所以辅石分列在另一个子窗口中,可对订单信息进行修改,辅石也可新增,每个商品入库都生成一个商品名称和唯一的商品条码。

由于商品库的字段多达 60 多个,而且部分字段在不同的记录中有重复的信息,为了管理的方便和减少数据冗余,把商品库拆分到三个数据表进行存储,三个数据表分别为 WareInfo、WareInfo_base 和 WareSubBijouInfo。在入库处理过程中通过临时表处理中间结果,所以临时表也设计相应的实体类。

1. 设计方法和步骤

(1) 在 Model 文件夹中新建一个名为 WareStroreInfo.cs 的属性类文件,定义 Model.WareStroreInfo 类,该类包含与商品信息字段对应的所有属性。Model.WareStroreInfo 类的结构及成员解释如图 7-34 和图 7-35 所示。

Model\WareStroreInfo.cs 类文件代码:

```
using System;

namespace ESCM.Model
{
// 实体类 WareStoreInfo 。(属性说明自动提取数据库字段的描述信息)
    public class WareStoreInfo
    {
        // ID号
        public int IDNo { set; get; }
```

第 7 章 业务层业务实体对象设计

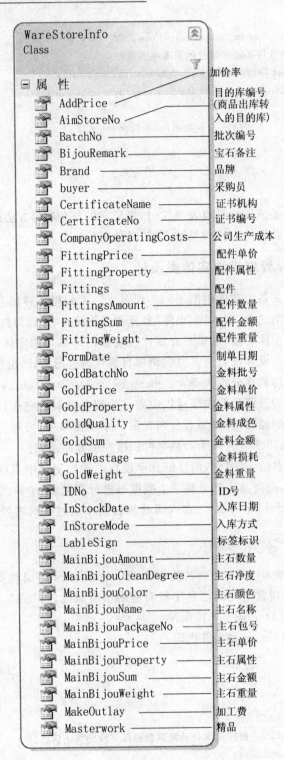

图 7-34 Model.WareStroreInfo 类的结构

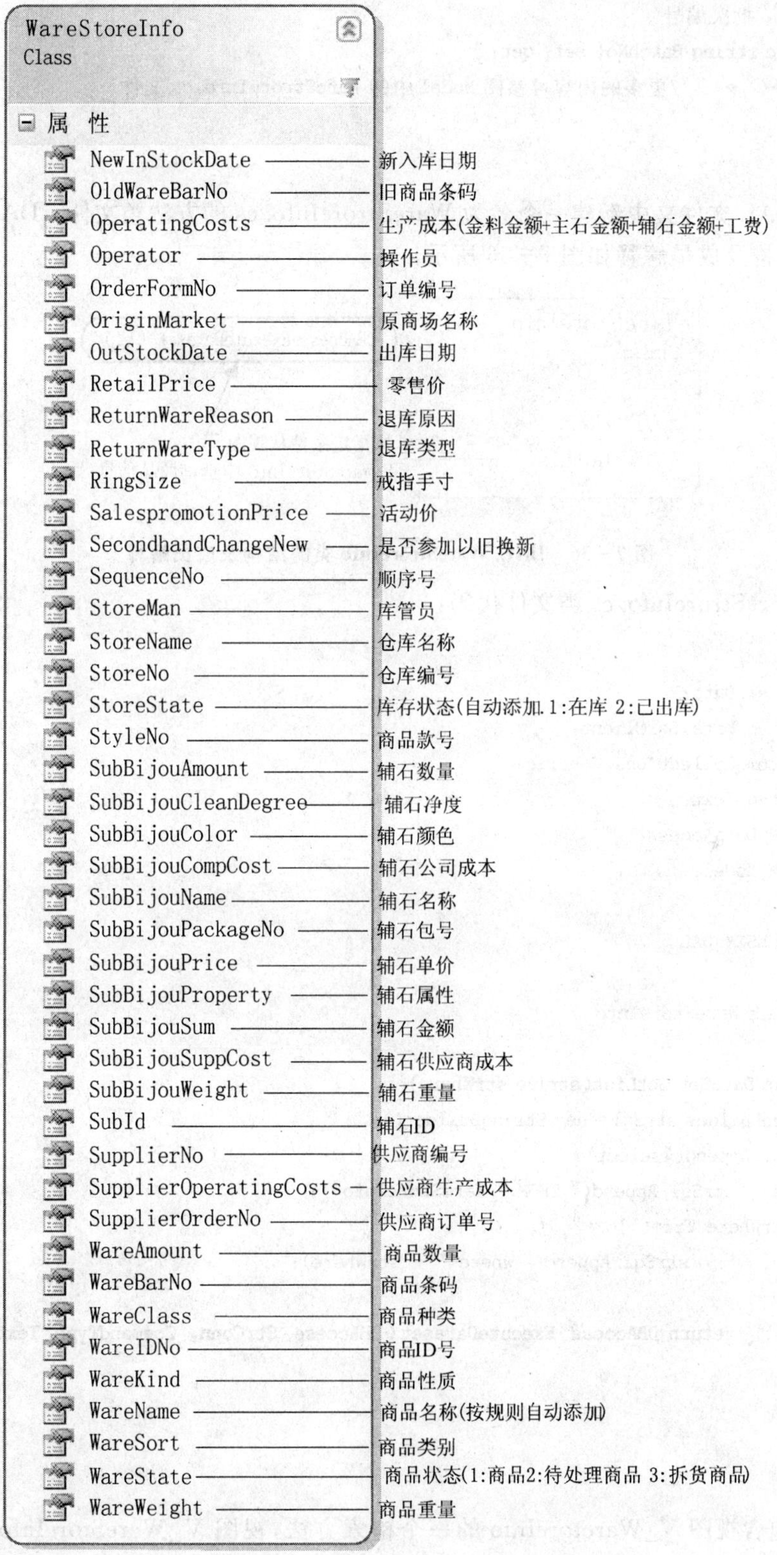

第7章 业务层业务实体对象设计

```
WareStoreInfo
Class
```

属性

属性名	说明
NewInStockDate	新入库日期
OldWareBarNo	旧商品条码
OperatingCosts	生产成本(金料金额+主石金额+辅石金额+工费)
Operator	操作员
OrderFormNo	订单编号
OriginMarket	原商场名称
OutStockDate	出库日期
RetailPrice	零售价
ReturnWareReason	退库原因
ReturnWareType	退库类型
RingSize	戒指手寸
SalespromotionPrice	活动价
SecondhandChangeNew	是否参加以旧换新
SequenceNo	顺序号
StoreMan	库管员
StoreName	仓库名称
StoreNo	仓库编号
StoreState	库存状态(自动添加 1:在库 2:已出库)
StyleNo	商品款号
SubBijouAmount	辅石数量
SubBijouCleanDegree	辅石净度
SubBijouColor	辅石颜色
SubBijouCompCost	辅石公司成本
SubBijouName	辅石名称
SubBijouPackageNo	辅石包号
SubBijouPrice	辅石单价
SubBijouProperty	辅石属性
SubBijouSum	辅石金额
SubBijouSuppCost	辅石供应商成本
SubBijouWeight	辅石重量
SubId	辅石ID
SupplierNo	供应商编号
SupplierOperatingCosts	供应商生产成本
SupplierOrderNo	供应商订单号
WareAmount	商品数量
WareBarNo	商品条码
WareClass	商品种类
WareIDNo	商品ID号
WareKind	商品性质
WareName	商品名称(按规则自动添加)
WareSort	商品类别
WareState	商品状态(1:商品 2:待处理商品 3:拆货商品)
WareWeight	商品重量

图7-35 Model.WareStroeInfo 类的成员

```
        // 批次编号
    public string BatchNo{ set; get; }
    … … …   //更多的内容可参阅 Model 中的 WareStroreInfo.cs 文件
  }
}
```

(2) 在 DAL 文件夹中新建一个名为 WareStroreInfo.cs 的方法类文件。DAL.WareStroreInfo 类的结构及成员解释如图 7-36 所示。

图 7-36   DAL.WareStroreInfo 类的结构及成员解释

DAL\WareStroreInfo.cs 类文件代码：

```csharp
using System;
using System.Data;
using System.Data.SqlClient;
using System.Collections.Generic;
using System.Text;
using ESCM.DataAccess;
using ESCM.Model;

namespace ESCM.DAL
{
public class WareStoreInfo
{
    public DataSet GetList(string strWhere){
    StringBuilder strSql = new StringBuilder();
    strSql.Append("select * ");
        strSql.Append(" FROM V_WareStoreInfo");
    if(strWhere.Trim()! = ""){
            strSql.Append(" where " + strWhere);
    }
        return DBAccess.ExecuteDataset(DBAccess.StrConn, CommandType.Text, strSql.ToString());
    }
  }
}
```

该类只包含视图 V_WaretoreInfo 的一个检索方法，视图 V_WareStoreInfo 是 WareInfo 和 WareInfo_base 数据表的联合查询，而最关键的数据添加的方法没有在这里设计。

(3) 在 BLL 文件夹中新建一个名为 WareStroreInfo.cs 的调用方法类文件。BLL.Ware-

StroreInfo 类的结构及成员解释如图 7-37 所示。

图 7-37 BLL.WareStroreInfo 类的结构及成员解释

BLL\WareStroreInfo.cs 类文件代码：

```csharp
using System;
using System.Data;
using System.Collections.Generic;
using System.Linq;
using System.Text;
using ESCM.DAL;

namespace ESCM.BLL
{
    public class WareStoreInfo
    {
                    private readonly DAL.WareStoreInfo dal = new DAL.WareStoreInfo();
        public DataSet GetList(string strWhere) {
            return dal.GetList(strWhere);
        }
    }
}
```

（4）在 DAL 文件夹中新建一个名为 ReturnSubBijou.cs 的方法类文件。DAL.ReturnSubBijou 类的结构及成员解释如图 7-38 所示。

DAL\ReturnSubBijou.cs 类文件代码：

```csharp
using System;
using System.Data;
using System.Data.SqlClient;
using System.Collections.Generic;
using System.Text;
using ESCM.DataAccess;
using ESCM.Model;
namespace ESCM.DAL
{
    // 辅石中间过信息处理类
    public class ReturnSubBijou
```

```csharp
{
    public ReturnSubBijou(){ }
    // 通过供应商订单号和辅石ID号获得订单信息
    public DataSet GetList(string SupplierOrderNo,int SubId){
        SqlParameter[] parameters = {
                new SqlParameter("@SupplierOrderNo", SqlDbType.Char,8),
                new SqlParameter("@SubId",SqlDbType.Int )};
        parameters[0].Value = SupplierOrderNo;
        parameters[1].Value = SubId;
        return DBAccess.ExecuteDataset(DBAccess.StrConn, "SelectModeOrderSubBijouInfo", parameters);
    }
    // 添加辅石信息
    public void Insert(ESCM.Model.WareStoreInfo model){
        SqlParameter[] parameters = {
                new SqlParameter("@SupplierOrderNo", SqlDbType.Char,8),
                … … …    //更多的内容可参阅 DAL 中的 ReturnSubBijou.cs 文件
        parameters[0].Value = model.SupplierOrderNo;
        … … …    //更多的内容可参阅 DAL 中的 ReturnSubBijou.cs 文件
        DBAccess.ExecuteNonQuery(DBAccess.StrConn, "Ins_Temp_ReturnSubBijou", parameters);
    }
    // 获得辅石数据列表
    public DataSet List(string strWhere){
        StringBuilder strSql = new StringBuilder();
        strSql.Append("select * ");
        strSql.Append(" FROM Temp_ReturnSubBijou");
        if (strWhere.Trim() != ""){
            strSql.Append(" where " + strWhere);
        }
        return DBAccess.ExecuteDataset(DBAccess.StrConn, CommandType.Text, strSql.ToString());
    }
}
```

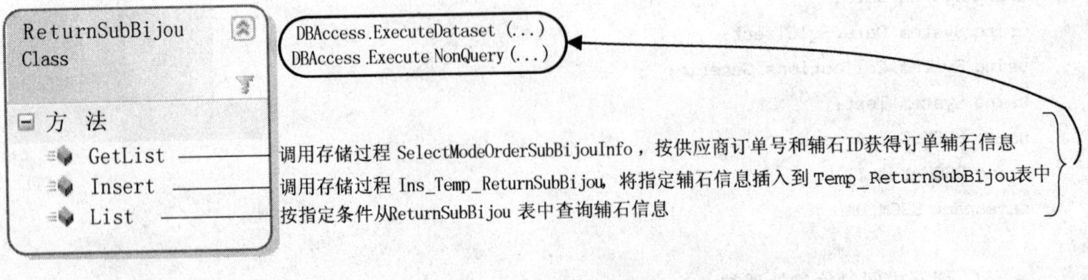

ReturnSubBijou Class

DBAccess.ExecuteDataset (...)
DBAccess.ExecuteNonQuery (...)

方法
- GetList —— 调用存储过程 SelectModeOrderSubBijouInfo,按供应商订单号和辅石ID获得订单辅石信息
- Insert —— 调用存储过程 Ins_Temp_ReturnSubBijou,将指定辅石信息插入到 Temp_ReturnSubBijou 表中
- List —— 按指定条件从 ReturnSubBijou 表中查询辅石信息

图 7-38   DAL.ReturnSubBijou 类的结构及成员解释

第 7 章　业务层业务实体对象设计

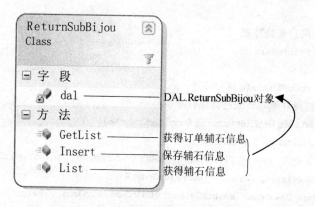

图 7-39　BLL.ReturnWareInfo 类的结构及成员解释

这一方法类主要设计针对于商品信息中辅石信息处理的有关方法。当读取订单信息时调用 GetList 方法读取相应的辅石信息，当入库时需要添加辅石信息则调用 Insert 方法添加辅石，然后调用 List 方法显示新的辅石列表。

（5）在 BLL 文件夹中新建一个名为 ReturnSubBijou.cs 的调用方法类文件，详见案例源代码。BLL.ReturnSubBijou 类的结构及成员解释如图 7-39 所示。

（6）在 DAL 文件夹中新建名一个为 ReturnWareInfo.cs 的方法类文件。DAL.ReturnWareInfo 类的结构及成员解释如图 7-40 所示。

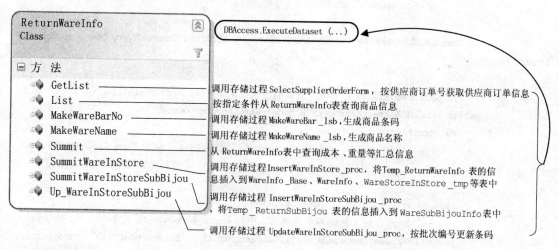

图 7-40　DAL.ReturnWareInfo 类的结构及成员解释

DAL\ReturnWareInfo.c 类文件代码：

```
using System;
using System.Data;
using System.Data.SqlClient;
using System.Text;
using ESCM.DataAccess;
using ESCM.Model;

namespace ESCM.DAL
```

```csharp
{
    // 商品信息中间过程处理类
    public class ReturnWareInfo
    {
        public ReturnWareInfo (){ }
        // 以供应商订单号获取已完成订单信息
        public DataSet GetList(string SupplierOrderNo){
            SqlParameter[] parameters = {
                        new SqlParameter("@SupplierOrderNo", SqlDbType.Char,8)};
            parameters[0].Value = SupplierOrderNo;
            return DBAccess.ExecuteDataset(DBAccess.StrConn, "SelectSupplierOrderForm", parameters);
        }
        // 获得临时表信息
        public DataSet List(string strWhere){
            StringBuilder strSql = new StringBuilder();
            strSql.Append("select * ");
            strSql.Append(" FROM Temp_ReturnWareInfo");
            if (strWhere.Trim() ! = "")
            {
                strSql.Append(" where " + strWhere);
            }
            return DBAccess.ExecuteDataset(DBAccess.StrConn, CommandType.Text, strSql.ToString());
        }
        // 制造商品条码,获取商品 id 号,更新信息至临时表 Temp_ReturnWareInfo
        public DataSet MakeWareBarNo(ESCM.Model.WareStoreInfo model){
            SqlParameter[] parameters = {
                        new SqlParameter ("@StyleNo", SqlDbType.VarChar,16),
                        … … …    //更多的内容可参阅 DAL 中的 ReturnWareInfo.cs 文件
            parameters[0].Value = model.StyleNo;
            … … …    //更多的内容可参阅 DAL 中的 ReturnWareInfo.cs 文件
            return DBAccess.ExecuteDataset(DBAccess.StrConn, "MakeWareBar_lsb", parameters);
        }
        // 生成商品条码,更新信息至临时表 Temp_ReturnWareInfo
        public DataSet MakeWareName(ESCM.Model.WareStoreInfo model){
            SqlParameter[] parameters = {
                        new SqlParameter ("@StyleNo", SqlDbType.VarChar,16),
                        new SqlParameter ("@GoldQuality", SqlDbType.VarChar,8),
                        new SqlParameter ("@WareSort", SqlDbType.VarChar,16),
                        new SqlParameter ("@MainBijouName", SqlDbType.VarChar,24)};
            parameters[0].Value = model.StyleNo;
            parameters[1].Value = model.GoldQuality;
            parameters[2].Value = model.WareSort;
```

```csharp
        parameters[3].Value = model.MainBijouName;
        return DBAccess.ExecuteDataset(DBAccess.StrConn, "MakeWareName_lsb", parameters);
    }

    // 获取需入库的商品信息
    public DataSet Summit(){
        StringBuilder strSql = new StringBuilder();
        strSql.Append("select count(*) as count ,sum(OperatingCosts) as sumOperatingCosts,");
        strSql.Append("sum(CompanyOperatingCosts) as sumCompanyOperatingCosts,sum(SupplierOperatingCosts) as sumSupplierOperatingCosts ,sum(WareWeight) as sumWareWeight ");
        strSql.Append(" from Temp_ReturnWareInfo");
        return DBAccess.ExecuteDataset(DBAccess.StrConn, CommandType.Text, strSql.ToString());
    }

    // 插入信息
    public DataSet SummitWareInStore(){
        return DBAccess.ExecuteDataset(DBAccess.StrConn, "InsertWareInStore_proc");
    }

    public DataSet SummitWareInStoreSubBijou(){
        return DBAccess.ExecuteDataset(DBAccess.StrConn, " InsertWareInStoreSubBijou_proc");
    }

    // 更新辅石信息
    public DataSet Up_WareInStoreSubBijou(string BatchNo){
        SqlParameter[] parameters = {
                new SqlParameter("@BatchNo", SqlDbType.VarChar ,16)};
        parameters[0].Value = BatchNo;
        return DBAccess.ExecuteDataset (DBAccess. StrConn, " UpdateWareInStoreSubBijou_proc", parameters);
    }
  }
}
```

该方法类文件是设计商品入库过程的一系列方法之一。当选择供应商订单号并单击"读取"按钮时,将调用 GetList 方法检索已完成订单信息并添加至临时表 Temp_ReturnWareInfo;当单击入库按钮时调用 MakeWareBarNo、MakeWareName、Summit、SummitWareInStore 和 SummitWareInStoreSubBijou 等方法共同完成添加商品信息到数据表 WareInfo、WareInfo_base 和 WareSubBijouInfo。

(7) 在 BLL 文件夹中新建一个名为 ReturnWareInfo.cs 的调用方法类文件,详见案例源代码。BLL.ReturnWareInfo 类的结构及成员解释如图 7-41 所示。

2. 技术要点

这一过程关键技术要点在于商品入库中间过程的处理,在商品库中有些字段不是通过界面预先输入数据,而是在入库时动态生成的,这就要求定义一系列的方法处理的中间结果,如

第7章 业务层业务实体对象设计

图 7-41 BLL.ReturnWareInfo 类的结构及成员解释

MakeWareBarNo、MakeWareName 和 Summit 方法。

整个入库过程处理的思路是这样的，首先通过读取信息把订单数据读入两个临时表 Temp_ReturnWareInfo 和 Temp_ReturnSubBijou 中，然后调用存储过程生成相关的中间结果，如商品条码和商品名称，再用中间结果数据修改 Temp_ReturnWareInfo 和 Temp_ReturnSubBijou 临时表的相应字段，如 WareBarNo 和 WareName，最后把临时表的记录分别导入三个商品信息表中，即 WareInfo、WareInfo_base 和 WareSubBijouInfo。

为了减少属性的重复定义，商品信息处理的所有实体方法类共用一个属性类，该属性类包含所有描述商品信息的属性，即 Model.WareStoreInfo 类。

7.1.7 销售管理模块实体类设计情境

销售管理模块各个功能方法由图 4-42、图 4-43 和图 4-44 所示的界面分析得出。销售管理功能分为销售、收银和查询三大功能，从总的分析来看这些功能都不很复杂，所以只需设计一个属性类和方法类来包含所有的功能方法。

1. 设计方法和步骤

（1）在 Model 文件夹中新建一个名为 SalesManage.cs 的属性类文件，定义 Model.SalesManage 类，该类包含与销售模块相关的数据表字段的所有属性。Model.SalesManage 类的结构及成员解释如图 7-42 所示。

Model\SalesManage.cs 类文件代码：

```
using System;

namespace ESCM.Model
{
    public class SalesManage
    {
```

```csharp
// 用户 ID(销售员 ID)
public int UserId{set;get;}
// 商品条码
public string WareBarNo { set; get; }
// 商品款号
public string StyleNo { set; get; }
// 商品名称
public string WareName { set; get; }
// 商品种类
public string WareClass { set; get; }
// 商品类别
public string WareSort { set; get; }
… … …//更多的内容可参阅案例
```
项目源文件 Model 中的 SalesManage.cs
```
    }
}
```

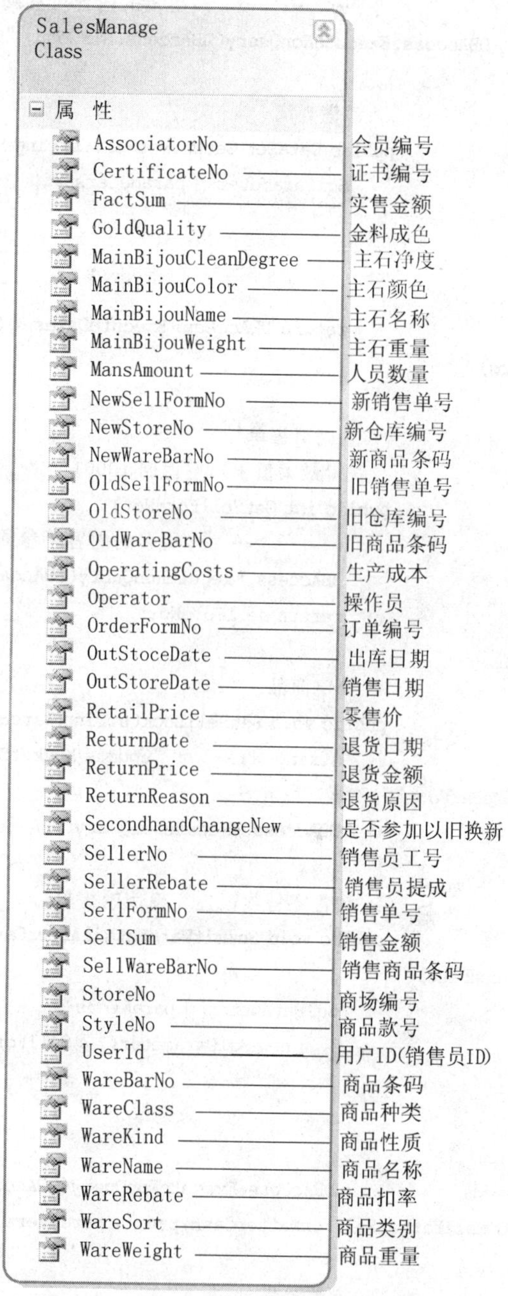

(2) 在 DAL 文件夹中新建一个名为 SalesManage.cs 的方法类文件，定义 DAL.SalesManage 类，该类包含销售管理的所有方法。DAL.SalesManage 类的结构及成员解释如图 7-43 所示。

DAL\SalesManage.cs 类文件代码：

```csharp
using System;
using System.Data;
using System.Data.SqlClient;
using System.Collections.Generic;
using System.Text;
using ESCM.DataAccess;
namespace ESCM.DAL
{
    public class SalesManage
    {
        public SalesManage(){ }
        // 商品零售时获得某商场读取条码的
// 对应商品的基本信息
        public DataSet GetSellRetailWareInfo(int UserId,string StoreNo,string WareBarNo,string SellMode){
            … … …   //更多的内容可参阅案例项目源文件 SalesManage.cs
            return DBAccess.ExecuteDataset(DBAccess.StrConn, "GoodsSale_pro", parameters);
        }
//向临时表 marketSellFormTmp 添加记录
        public void InsertMarketSellFormTmp(ESCM.Model.SalesManage model){
```

图 7-42 Model.SalesManage 类的结构及成员解释

第7章 业务层业务实体对象设计

```
        ……   …   …   //更多的内容可参阅案例项目源文件 SalesManage.cs
    DBAccess.ExecuteNonQuery(DBAccess.StrConn, "GoodsRetailTmp_proc", parameters);
    }
    // 销售查询
    public DataSet GetMarketSell(string StoreNo,DateTime StartTime,DateTime EndTime){
        SqlParameter[] parameters = {
                             new SqlParameter("@StoreNo",StoreNo),
                             new SqlParameter("@StartTime",StartTime),
                             new SqlParameter("@EndTime",EndTime) };
        return DBAccess.ExecuteDataset(DBAccess.StrConn, "GetMarketSell_pro", parameters);
    }
    // 生成销售单号
    //获得最大值+1,空返回10001
    public int GetSellFormNo(){
        ……   …   …   //更多的内容可参阅案例项目源文件 SalesManage.cs
        DBAccess.ExecuteNonQuery(DBAccess.StrConn, CommandType.Text, strSql);
        return sellFormNo;
    }
    // 锁定商品
    public void SetSellLock(string WareBarNo){
        string strSql = "update MarketStoreInfo_tmp set SellLock = 2 where WareBarNo = '" + WareBarNo + "'";
        DBAccess.ExecuteNonQuery(DBAccess.StrConn,CommandType.Text,strSql);
    }
    // 销售零售收银提交确认销售单
    public void SummitWareRetailAfterCase(int SellFormNo, string InvoiceNo, DateTime OutStoceDate){
        SqlParameter[] paramters = {
            new SqlParameter("@SellFormNo",SellFormNo),
                             new SqlParameter("@InvoiceNo",InvoiceNo),
                             new SqlParameter("@OutStoceDate",OutStoceDate)};
        DBAccess.ExecuteNonQuery(DBAccess.StrConn,
"SummitMarketSellFormAfterCash_proc", paramters);
    }
    // 撤消销售单
    public void unLockSellForm(int SellFormNo, string StoreNo){
        ……   …   …   //更多的内容可参阅案例项目源文件 SalesManage.cs
        DBAccess.ExecuteNonQuery(DBAccess.StrConn, CommandType.Text, strSql.ToString(), parameters);
    }
    ……   …   …   //更多的内容可参阅案例项目源文件 SalesManage.cs
    }
}
```

销售管理模块的处理从销售单提交到收银一定也需要产生一系列的中间结果,因此需要

第7章 业务层业务实体对象设计

图 7-43 DAL.SalesManage 类的结构及成员解释

设计一系列过程方法来处理每一环节的内容。不能笼统地使用一个方法来处理销售或收银过程，而要划分不同的中间结果，采用不同的过程方法来处理，以便提高程序的可读性、可维护性和灵活性。

GetSellRetailWareInfo 方法通过商品条码等信息读取并显示购买的商品信息，再存到一个临时表中，GetSellFormNo 方法生成一个新的销售单号，当销售单提交时使用 SetSellLock 方法锁定销售单中的所有商品，如果未交款则调用 unLockSellForm 方法取消该销售单并解锁相应商品记录，收银确认后调用 SummitWareRetailAfterCase 方法后完成销售单的处理，并修改商品库存相应商品信息为已售状态，还要处理会员积分和销售员业绩等。

（3）在 BLL 文件夹中新建一个名为 SalesManage.cs 的调用方法类文件。BLL.SalesManage 类的结构及成员解释如图 7-44 所示。

BLL\SalesManage.cs 类文件代码：

```
using System;
using System.Data;

namespace ESCM.BLL
{
    public class SalesManage
    {
        private readonly ESCM.DAL.SalesManage dal = new ESCM.DAL.SalesManage();
        //检索销售单号或条码
```

第 7 章　业务层业务实体对象设计

```
    public DataSet SellerNoOrWareBarNo(string strWhere){
        return dal.SellerNoOrWareBarNo(strWhere);
    }
    … … …    //更多的内容可参阅 SalesManage.cs 源文件
  }
}
```

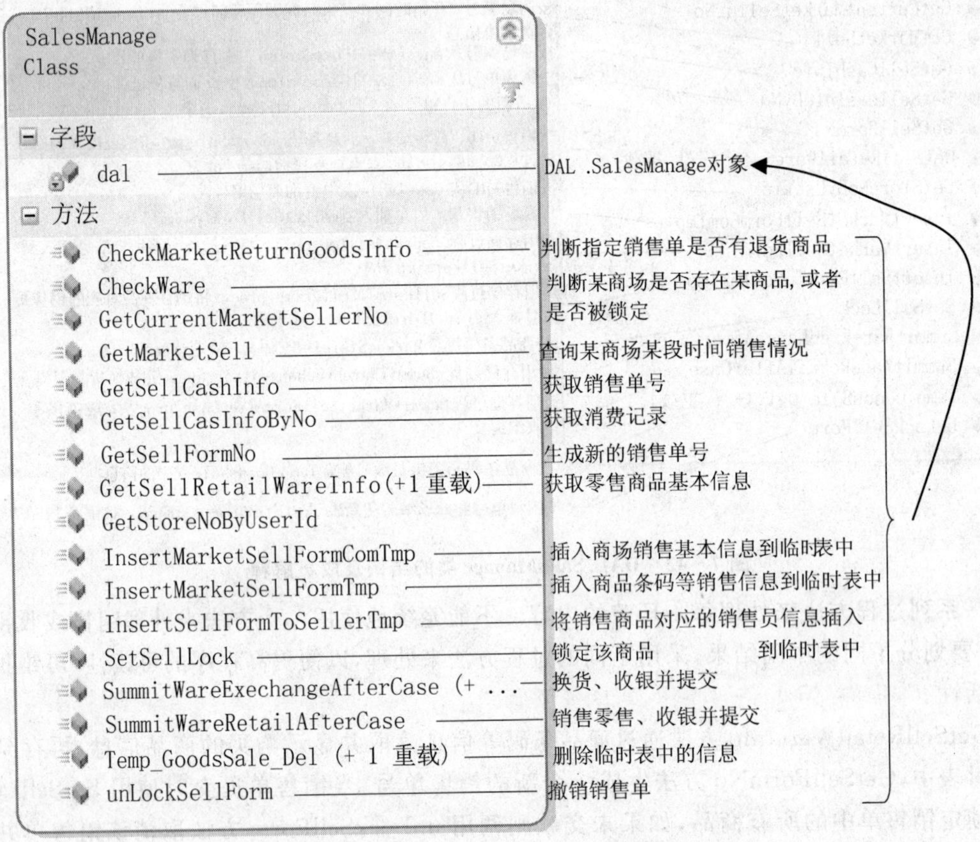

SalesManage Class

字段
- dal —— DAL.SalesManage 对象

方法
- CheckMarketReturnGoodsInfo —— 判断指定销售单是否有退货商品
- CheckWare —— 判断某商场是否存在某商品,或者是否被锁定
- GetCurrentMarketSellerNo
- GetMarketSell —— 查询某商场某段时间销售情况
- GetSellCashInfo —— 获取销售单号
- GetSellCasInfoByNo —— 获取消费记录
- GetSellFormNo —— 生成新的销售单号
- GetSellRetailWareInfo(+1 重载) —— 获取零售商品基本信息
- GetStoreNoByUserId
- InsertMarketSellFormComTmp —— 插入商场销售基本信息到临时表中
- InsertMarketSellFormTmp —— 插入商品条码等销售信息到临时表中
- InsertSellFormToSellerTmp —— 将销售商品对应的销售员信息插入到临时表中
- SetSellLock —— 锁定该商品
- SummitWareExchangeAfterCase (+ …) —— 换货、收银并提交
- SummitWareRetailAfterCase —— 销售零售、收银并提交
- Temp_GoodsSale_Del (+ 1 重载) —— 删除临时表中的信息
- unLockSellForm —— 撤销销售单

图 7－44　BLL.SalesManage 类的结构及成员解释

2. 技术要点

SummitWareRetailAfterCase 方法完成了一系列的销售处理,而它所要做的只是为存储过程提供必要的实参,具体的实现由 SummitWareRetailAfterCase_proc 存储过程来完成。实体类方法的设计归结起来就是如何灵活运用视图、临时表和存储过程,销售管理实体类设计的各个方法充分展现了这些技巧,相关的试图和存储过程可参阅随附的案例数据库。

7.2　相关技术概述

在这一节中进一步介绍 C#语言更深入的知识:集合对象和泛型。

7.2.1 集合对象

把同类的对象组合在一起就是集合。日常生活中常见的集合有：文集、诗集、画集和唱片集，等等。人们一般会把这些文集等分门别类地进行编号，以便查找。在.NET中也有专门用于存储大量元素的集合。数组实际上就是一种最简单的集合结构。除此之外，.NET类库中还有很多有特色的集合。比如动态数组（ArrayList），它的容量可以动态增加，它的存储不受元素个数的限制。再比如哈希表（Hashtable），它可以按键/值进行存储。还有队列（queue）、栈（stack）等都属于集合，但这里只对 ArrayList 和 Hashtable 进行介绍，其他集合读者可参阅专门介绍C#语言书籍或.NET的帮助文件。

1. Array 类

在C#中，数组实际上是对象，而不只是像C和C++中那样的可寻址连续内存区域。Array 是所有数组类型的抽象基类型。

一个元素就是 Array 中的一个值。Array 的长度是它可包含的元素总数。Array 的秩是 Array 中的维数。Array 中维度的下限是 Array 中该维度的起始索引，多维 Array 的各个维度可以有不同的界限。Array 类常用的属性和方法如表7-1和表7-2所列。

表7-1　Array 类常用属性

名 称	说 明
Length	获得一个32位整数，该整数表示 Array 的所有维数中元素的总数
LongLength	获得一个64位整数，该整数表示 Array 的所有维数中元素的总数
Rank	获取 Array 的秩（维数）

表7-2　Array 类常用方法

名 称	说 明
Clone	创建 Array 的浅表副本
Copy	已重载。将一个 Array 的一部分元素复制到另一个 Array 中，并根据需要执行类型强制转换和装箱
CopyTo	已重载。将当前一维 Array 的所有元素复制到指定的一维 Array 中
Equals	确定指定的 Object 是否等于当前的 Object
Exists<T>	确定指定数组包含的元素是否与指定谓词定义的条件匹配
Find<T>	搜索与指定谓词定义的条件匹配的元素，然后返回整个 Array 中的第一个匹配项
FindAll<T>	检索与指定谓词定义的条件匹配的所有元素
FindIndex	已重载。搜索与指定谓词定义的条件匹配的元素，然后返回 Array 或其某个部分中第一个匹配项的从零开始的索引
FindLast<(T)>	搜索与指定谓词定义的条件匹配的元素，然后返回整个 Array 中的最后一个匹配项
FindLastIndex	已重载。搜索与指定谓词定义的条件匹配的元素，然后返回 Array 或其某个部分中最后一个匹配项的从零开始的索引
GetLength	获取一个32位整数，该整数表示 Array 的指定维中的元素数

续表 7-2

名　称	说　明
GetLongLength	获取一个 64 位整数，该整数表示 Array 的指定维中的元素数
GetLowerBound	获取 Array 中指定维度的下限
GetType	获取当前实例的 Type
GetUpperBound	获取 Array 的指定维度的上限
GetValue	已重载。获取当前 Array 中指定元素的值
IndexOf	已重载。返回一维 Array 或部分 Array 中某个值的第一个匹配项的索引
LastIndexOf	已重载。返回一维 Array 或部分 Array 中某个值的最后一个匹配项的索引
Reverse	已重载。反转一维 Array 或部分 Array 中元素的顺序
SetValue	已重载。将当前 Array 中的指定元素设置为指定值
Sort	已重载。对一维 Array 对象中的元素进行排序
ToString	返回表示当前 Object 的 String

示例 7.1　数组定义方法。

方法一：一维数组。

```
int[] array = new int[5];
```

此数组包含从 array[0] 到 array[4] 的元素。new 运算符用于创建数组并将数组元素初始化成其的默认值。在此例中，所有数组元素都初始化为零。

可以在声明数组时将其初始化，在这种情况下不需要级别说明符，因为级别说明符已经由初始化列表中的元素数提供代码：

```
int[] array1 = new int[] { 1, 3, 5, 7, 9 };
```

如果在声明数组时将其初始化，则可以使用下列快捷方式取得代码：

```
string[] weekDays2 = { "Sun", "Mon", "Tue", "Wed", "Thu", "Fri", "Sat" };
```

数组定义类型可以是值类型，也可以是引用类型。引用类型如实体类中定义的参数数组，其代码是：

```
SqlParameter[] paramters ={
            new SqlParameter("@SellFormNo",SellFormNo),
                        new SqlParameter("@InvoiceNo",InvoiceNo),
                        new SqlParameter("@OutStoceDate",OutStoceDate)
};
```

方法二：多维数组。

```
int[,] array = new int[4, 2];
```

这是一个四行两列的二维数组。数组的维数通过在中括号中用逗号分隔，二维一个逗号，三维两个逗号，依此类推。下面是一个三维数组的代码：

```
int[, ,] array1 = new int[4, 2, 3];
```

这是一个三维数组，每个数组元素对应三个下标，所以数组元素的总数为 36（即 4 * 2 * 3）。多维数组的初始化比一维数组复杂得多，需要使用大括号划分数组的维数，其代码是：

```
int[,] array2D = new int[,] { { 1, 2 }, { 3, 4 }, { 5, 6 }, { 7, 8 } };
int[,,] array3D = new int[,,] { { { 1, 2, 3 } }, { { 4, 5, 6 } } };
```

2. ArrayList 类

ArrayList 是使用大小可按需动态增加的数组，其容量是 ArrayList 可以保存的元素数。随着向 ArrayList 中添加元素，容量通过重新分配按需自动增加；亦可通过调用 TrimToSize 或通过显式设置 Capacity 属性减少容量。

使用整数索引可以访问此集合中的元素。此集合中的索引从零开始。ArrayList 接受 null 引用，作为有效值并且允许重复的元素。

ArrayList 类常用的属性和方法如表 7-3 和表 7-4 所列。

表 7-3 ArrayList 类常用属性

名 称	说 明
Capacity	获取或设置 ArrayList 可包含的元素数
Count	获取 ArrayList 中实际包含的元素数
IsReadOnly	获取一个值，该值指示 ArrayList 是否为只读
Item	获取或设置指定索引处的元素

表 7-4 ArrayList 类常用方法

名 称	说 明
Add	将对象添加到 ArrayList 的结尾处
Clear	从 ArrayList 中移除所有元素
Clone	创建 ArrayList 的浅表副本
Contains	确定某元素是否在 ArrayList 中
CopyTo	已重载。将 ArrayList 或它的一部分复制到一维数组中
FixedSize	已重载。返回具有固定大小的列表包装，其中的元素允许修改，但不允许添加或移除
IndexOf	已重载。返回 ArrayList 或其中一部分中某个值的第一个匹配项的从零开始的索引
Insert	将元素插入 ArrayList 的指定索引处
ReadOnly	已重载。返回只读的列表包装
Remove	从 ArrayList 中移除特定对象的第一个匹配项
RemoveAt	移除 ArrayList 的指定索引处的元素
Sort	已重载。对 ArrayList 或其中一部分中的元素进行排序
ToArray	已重载。将 ArrayList 的元素复制到新数组中
TrimToSize	将容量设置成 ArrayList 中元素的实际数目

示例 7.2 如何创建并初始化 ArrayList 以及如何打印出其值，其演示代码是：

```csharp
using System;
using System.Collections;
public class SamplesArrayList  {

    //主方法,含有主方法成员的类可编译为可执行文件
    public static void Main()  {
        // 创建并初始化一个 ArrayList 对象
        ArrayList myAL = new ArrayList();
        myAL.Add("Hello");
        myAL.Add("World");
        myAL.Add("!");
        // 显示 ArrayList 的属性值
        Console.WriteLine( "myAL" );
        Console.WriteLine( "   Count:    {0}", myAL.Count );
        Console.WriteLine( "   Capacity: {0}", myAL.Capacity );
        Console.Write( "   Values:" );
        PrintValues( myAL );
    }
    //输出 ArrayList 对象所有值的方法 Ienumerable 为接口类型
    public static void PrintValues( IEnumerable myList )  {
        foreach ( Object obj in myList )
            Console.Write( "   {0}", obj );
        Console.WriteLine();
    }
}
```

这一程序输出如下的结果代码是：

```
myAL
    Count:    3
    Capacity: f
    Values:   Hello   World   !
```

3. Hashtable 类

Hashtable 类表示键/值对的集合,这些键/值对根据键的哈希代码进行组织。每个元素都是一个存储在 DictionaryEntry 对象中的键/值对。键不能为 nullNothingnullptrnull 引用,但值可以。

当把某个元素添加到 Hashtable 时,将根据键的哈希代码将该元素放入存储桶中。该键的后续查找将使用键的哈希代码只在一个特定存储桶中搜索,这将大大减少为查找一个元素所需键的比较次数。

Hashtable 的加载因子确定了元素与存储器的最大比率。加载因子越小,平均查找速度越快,但消耗的内存也增加。默认的加载因子 1.0 是提供速度和大小之间的最佳平衡。当创建 Hashtable 时,也可以指定其他加载因子。

当向 Hashtable 添加元素时,Hashtable 的实际加载因子将增加。当实际加载因子达到指定的加载因子时,Hashtable 中存储桶的数目自动增加到大于当前 Hashtable 存储桶数两倍

的最小质数。

Hashtable 的容量是 Hashtable 可拥有的元素数。随着向 Hashtable 中添加元素，容量通过重新分配按需要自动增加。

C#语言的 foreach 语句需要集合中每个元素的类型。由于 Hashtable 的每个元素都是一个键/值对，因此元素类型既不是键的类型，也不是值的类型，而是 DictionaryEntry 类型。Hashtable 类常用的属性和方法如表 7-5 和表 7-6 所列。

表 7-5 Hashtable 类常用属性

名称	说明
Count	获取包含在 Hashtable 中的键/值对的数目
IsReadOnly	获取一个值，该值指示 Hashtable 是否为只读
Item	获取或设置与指定的键相关联的值
Keys	获取包含 Hashtable 中的键的 ICollection
Values	获取包含 Hashtable 中的值的 ICollection

表 7-6 Hashtable 类常用方法

名称	说明
Add	将带有指定键和值的元素添加到 Hashtable 中
Clear	从 Hashtable 中移除所有元素
Clone	创建 Hashtable 的浅表副本
Contains	确定 Hashtable 是否包含特定键
ContainsKey	确定 Hashtable 是否包含特定键
ContainsValue	确定 Hashtable 是否包含特定值
CopyTo	将 Hashtable 元素复制到一维 Array 实例中的指定索引位置
GetHash	返回指定键的哈希代码
Remove	从 Hashtable 中移除带有指定键的元素

示例 7.3 下面的示例说明如何对 Hashtable 创建、初始化并执行各种函数以及如何打印出其键和值，其代码是：

```
using System;
using System.Collections;

class Example
{
    public static void Main()
    {
        Hashtable openWith = new Hashtable();//创建一个哈希表对象
        // 添加哈希表元素，键没有重复，但值有重复
        openWith.Add("txt", "notepad.exe");
        openWith.Add("bmp", "paint.exe");
```

```csharp
openWith.Add("dib", "paint.exe");
openWith.Add("rtf", "wordpad.exe");
// 试图添加已经存在的键
try
{
    openWith.Add("txt", "winword.exe");
}
catch
{
    Console.WriteLine("An element with Key = \"txt\" already exists.");
}
// Item 属性为默认属性,在访问 Hashtable 元素时可以省略
Console.WriteLine("For key = \"rtf\", value = {0}.", openWith["rtf"]);
// 可省略 Item 属性通过指定键来修改其对应值
openWith["rtf"] = "winword.exe";
Console.WriteLine("For key = \"rtf\", value = {0}.", openWith["rtf"]);
// 如果指定键不存在,通过默认 Item 指定键的赋值相当于添加一个键/值对
openWith["doc"] = "winword.exe";
// ContainsKey 属性常用来在插入一个键之前检查其是否已经存在
if (! openWith.ContainsKey("ht"))
{
    openWith.Add("ht", "hypertrm.exe");
    Console.WriteLine("Value added for key = \"ht\": {0}", openWith["ht"]);
}
// 当使用 foreach 循环枚举哈希表元素时,元素当做键/值对对象类型
Console.WriteLine();
foreach( DictionaryEntry de in openWith )
{
    Console.WriteLine("Key = {0}, Value = {1}", de.Key, de.Value);
}
// 单独获取哈希表元素的值,则使用 Values 属性
ICollection valueColl = openWith.Values;//ICollection 接口定义所有非泛型集合
// 值集合元素被强类型为哈希表值的类型
Console.WriteLine();
foreach( string s in valueColl )
{
    Console.WriteLine("Value = {0}", s);
}
//单独获取哈希表元素的键,则使用 Keys 属性
ICollection keyColl = openWith.Keys;
//键集合元素被强类型为哈希表键的类型
Console.WriteLine();
foreach( string s in keyColl )
{
    Console.WriteLine("Key = {0}", s);
```

```
        }
        // 使用 Remove 方法删除一个键值对
        Console.WriteLine("\nRemove(\"doc\")");
        openWith.Remove("doc");
        if (! openWith.ContainsKey("doc")){Console.WriteLine("Key \"doc\" is not found."); }
    }
}
```

这一程序执行的结果代码如下：

```
An element with Key = "txt" already exists.
For key = "rtf", value = wordpad.exe.
For key = "rtf", value = winword.exe.
Value added for key = "ht": hypertrm.exe

Key = dib, Value = paint.exe
Key = txt, Value = notepad.exe
Key = ht, Value = hypertrm.exe
Key = bmp, Value = paint.exe
Key = rtf, Value = winword.exe
Key = doc, Value = winword.exe

Value = paint.exe
Value = notepad.exe
Value = hypertrm.exe
Value = paint.exe
Value = winword.exe
Value = winword.exe

Key = dib
Key = txt
Key = ht
Key = bmp
Key = rtf
Key = doc

Remove("doc")
Key "doc" is not found.
```

7.2.2 泛型

2.0 版 C#语言和公共语言运行库（CLR）中增加了泛型。泛型将类型参数的概念引入 .NET Framework，类型参数使得设计如下类和方法成为可能：这些类和方法将一个或多个类型的指定推迟到客户端代码声明并实例化该类或方法的时候。例如，通过使用泛型类型参数 T，也可以编写其他客户端代码能够使用的单个类，而不致引入运行时强制转换或装箱操作的成本或风险，代码如下所示：

```
// 声明泛型类
public class GenericList<T>
{
    void Add(T input) { }
}
//声明一个用于测试泛型类的普通类
class TestGenericList
{
    private class ExampleClass { }  //声明一个私有类
//类的主方法，具有主方法的类可以编译为一个可执行的文件，每一个类只能有一个主方法
    static void Main()
    {
        // 泛型类声明一个指定类型为 int 的列表对象
        GenericList<int> list1 = new GenericList<int>();
        //泛型类声明一个指定类型为 string 的列表对象
        GenericList<string> list2 = new GenericList<string>();
        //泛型类声明一个指定类型为自定义类 ExampleClass 的列表对象
        GenericList<ExampleClass> list3 = new GenericList<ExampleClass>();
    }
}
```

泛型的概述：

(1) 使用泛型类型可以最大限度地重用代码、保护类型的安全以及提高性能。

(2) 泛型最常见的用途是创建集合类。

(3) .NET Framework 类库在 System.Collections.Generic 命名空间中包含几个新的泛型集合类。应尽可能地使用这些类来代替普通的类，如 System.Collections 命名空间中的 ArrayList。

(4) 用户可以创建自己的泛型接口、泛型类、泛型方法、泛型事件和泛型委托。

(5) 可以对泛型类进行约束以访问特定数据类型的方法。

(6) 关于泛型数据类型中使用的类型的信息可在运行时通过使用反射获取。

1. 一个常用的泛型类——List <T>泛型类

List<T>类表示可通过索引访问的对象的强类型列表。提供用于对列表进行搜索、排序和操作的方法。List<T>类的常用属性和方法如表 7－7 和表 7－8 所列。

表 7－7 Hashtable 类常用方法

名 称	说 明
Capacity	获取或设置该内部数据结构在不调整大小的情况下能够容纳的元素总数
Count	获取 List<T>中实际包含的元素数
Item	获取或设置指定索引处的元素

第7章 业务层业务实体对象设计

表 7-8 Hashtable 类常用方法

名 称	说 明
Add	将对象添加到 List<T> 的结尾处
AddRange	将指定集合的元素添加到 List<T> 的末尾
BinarySearch	已重载。使用对分检索算法在已排序的 List<T> 或其中的一部分中查找特定元素
Clear	从 List<T> 中移除所有元素
Contains	确定某元素是否在 List<T> 中
CopyTo	已重载。将 List<T> 或其中的一部分复制到一个数组中
Exists	确定 List<T> 是否包含与指定谓词所定义的条件相匹配的元素
Find	搜索与指定谓词所定义的条件相匹配的元素,并返回整个 List<T> 中的第一个匹配元素
FindAll	检索与指定谓词定义的条件匹配的所有元素
FindIndex	已重载。搜索与指定谓词所定义的条件相匹配的元素,返回 List<T> 或其中的一部分中第一个匹配项的从零开始的索引
GetRange	创建源 List<T> 中的元素范围的浅表副本
IndexOf	已重载。返回 List<T> 或其中的一部分中某个值的第一个匹配项的从零开始的索引
Insert	将元素插入 List<T> 的指定索引处
InsertRange	将集合中的某个元素插入 List<T> 的指定索引处
Remove	从 List<T> 中移除特定对象的第一个匹配项
RemoveAll	移除与指定的谓词所定义的条件相匹配的所有元素
RemoveAt	移除 List<T> 的指定索引处的元素
RemoveRange	从 List<T> 中移除一定范围的元素
Reverse	已重载。将 List<T> 或其中的一部分中元素的顺序反转
Sort	已重载。对 List<T> 或其中的一部分中的元素进行排序
ToArray	将 List<T> 的元素复制到新数组中
TrimExcess	将容量设置为 List<(Of <(T)>)> 中的实际元素数目(如果该数目小于某个阈值)

List<T>类是 ArrayList 类的泛型等效类。该类使用大小可按需动态增加的数组实现 IList<(Of <(T)>)>泛型接口。

List<T>类既使用相等比较器又使用排序比较器。

诸如 Contains、IndexOf、LastIndexOf 和 Remove 这样的方法对列表元素使用相等比较器。类型 T 的默认相等比较器按如下方式确定。如果类型 T 实现 IEquatable<(Of <(T)>)> 泛型接口,则相等比较器为该接口的 Equals(T)方法;否则,默认相等比较器为 Object··Equals(Object)。

诸如 BinarySearch 和 Sort 这样的方法对列表元素使用排序比较器。类型 T 的默认比较器按如下方式确定:如果类型 T 实现 IComparable<(Of <(T)>)>泛型接口,则默认比较器为该接口的 CompareTo(T)方法;否则,如果类型 T 实现非泛型 IComparable 接口,则默认比较器为该接口的 CompareTo(Object)方法。如果类型 T 没有实现其中任一个接口,则不存默认比较器,并且必须显式提供比较器或比较委托。

List<T>不保证是排序的。在执行要求 List<T>已排序的操作(例如 BinarySearch)之前,用户必须对 List<T>进行排序。

可使用一个整数索引访问此集合中的元素。此集合中的索引从零开始。

List<T>接受 nullNothingnullptrnull 引用做为引用类型有效值并且允许有重复的元素。

性能注意事项:

在决定使用 List<T>还是使用 ArrayList 类(两者具有类似的功能)时,记住 List<T>类在大多数情况下执行得更好并且是类型安全的。如果对 List<T>类的类型 T 使用引用类型,则两个类的行为是完全相同的。但是,如果对类型 T 使用值类型,则需要考虑实现和装箱问题。

如果对类型 T 使用值类型,则编译器将特别针对该值类型生成 List<T>类的实现。这意味着不必对 List<T>对象的列表元素进行装箱就可以使用该元素,并且在创建大约 500 个列表元素之后,不对列表元素装箱所节省的内存将大于生成该类实现所使用的内存。

确保用于类型 T 的值类型实现 IEquatable<(Of <<T>)泛型接口。如果未实现,则诸如 Contains 这样的方法必须调用 ObjectEquals<Object>方法,后者对受影响的列表元素进行装箱。如果值类型实现 IComparable 接口,并且用户拥有源代码,则还应实现 IComparable<(Of <<T>)泛型接口以防止 BinarySearch 和 Sort 方法对列表元素进行装箱。如果用户不拥有源代码,则将一个 IComparer<(Of <<T>)对象传递给 BinarySearch 和 Sort 方法。

使用 List<T>类的特定于类型的实现,而不是使用 ArrayList 类或自己编写强类型包装集合,这样是很有好处的。原因是用户的实现必须做.NET Framework 已经为用户完成的工作,并且公共语言运行库能够共享 Microsoft 中间语言代码和元数据,这是实现所无法做到的。

示例 7.4 下面的代码示例演示 List<T>泛型类的几个属性和方法。该代码示例使用默认构造函数创建具有默认容量的字符串列表。随后显示 Capacity 属性,然后使用 Add 方法添加若干项。添加的项被列出,Capacity 属性会同 Count 属性一起显示,指示已根据需要增加了容量。示例代码如下:

```
using System;
using System.Collections.Generic;
public class Example
{
    public static void Main()
    {
        List<string> dinosaurs = new List<string>();//List<T>泛型类声明一个 string 类型对象
        Console.WriteLine("\nCapacity: {0}", dinosaurs.Capacity); //显示列表对象容量
        //添加列表对象元素
        dinosaurs.Add("Tyrannosaurus");
        dinosaurs.Add("Amargasaurus");
```

```csharp
            dinosaurs.Add("Mamenchisaurus");
            dinosaurs.Add("Deinonychus");
            dinosaurs.Add("Compsognathus");
            Console.WriteLine();//换行
　　//遍历列表对象元素
            foreach(string dinosaur in dinosaurs)
            {
                Console.WriteLine(dinosaur);//显示列表对象元素
            }
            Console.WriteLine("\nCapacity: {0}", dinosaurs.Capacity);
            Console.WriteLine("Count: {0}", dinosaurs.Count);//显示列表对象元素数量
            Console.WriteLine("\nContains(\"Deinonychus\"): {0}",
                dinosaurs.Contains("Deinonychus"));//检查是否包含Deinonychus元素
            Console.WriteLine("\nInsert(2, \"Compsognathus\")");
            dinosaurs.Insert(2, "Compsognathus");//在指定位置插入一个元素Compsognathus
            Console.WriteLine();
            foreach(string dinosaur in dinosaurs)
            {
                Console.WriteLine(dinosaur);
            }
            Console.WriteLine("\ndinosaurs[3]: {0}", dinosaurs[3]);//显示下标值为3的元素
            Console.WriteLine("\nRemove(\"Compsognathus\")");
            dinosaurs.Remove("Compsognathus");//删除指定元素
            Console.WriteLine();
            foreach(string dinosaur in dinosaurs)
            {
                Console.WriteLine(dinosaur);
            }
            dinosaurs.TrimExcess();//将容量设置为dinosaurs中的实际元素数目
            Console.WriteLine("\nTrimExcess()");
            Console.WriteLine("Capacity: {0}", dinosaurs.Capacity);
            Console.WriteLine("Count: {0}", dinosaurs.Count);
            dinosaurs.Clear();//清除所有dinosaurs中的元素
            Console.WriteLine("\nClear()");
            Console.WriteLine("Capacity: {0}", dinosaurs.Capacity);
            Console.WriteLine("Count: {0}", dinosaurs.Count);
        }
}
```

本程序执行的结果代码如下：

Capacity: 0

Tyrannosaurus
Amargasaurus
Mamenchisaurus

```
Deinonychus
Compsognathus

Capacity: 8
Count: 5


Contains("Deinonychus"): True

Insert(2, "Compsognathus")

Tyrannosaurus
Amargasaurus
Compsognathus
Mamenchisaurus
Deinonychus
Compsognathus

dinosaurs[3]: Mamenchisaurus

Remove("Compsognathus")

Tyrannosaurus
Amargasaurus
Mamenchisaurus
Deinonychus
Compsognathus

TrimExcess()
Capacity: 5
Count: 5

Clear()
Capacity: 5
Count: 0
```

2. 泛型方法

泛型方法是使用类型参数声明的方法，代码如下所示：

```
static void Swap<T>(ref T lhs, ref T rhs)
{
    T temp;
    temp = lhs;
    lhs = rhs;
    rhs = temp;
}
```

3. 类型参数的约束

如果客户端代码尝试使用某个约束所不允许的类型来实例化类,则会产生编译错误。在定义泛型类时,可以对客户端代码能够在实例化类时用于类型参数的类型种类施加限制。这些限制称为约束。约束使用 where 对上下文关键字指定,表 7-9 列出了六种类型的约束。

表 7-9 泛型参数约束类型

约 束	说 明
T:结构	类型参数必须是值类型。可以指定除 Nullable 以外的任何值类型
T:类	类型参数必须是引用类型,这适用于任何类、接口、委托或数组类型
T:new()	类型参数必须具有无参数的公共构造函数。当与其他约束一起使用时,new()约束必须最后指定
T:<基类名>	类型参数必须是指定的基类或派生自指定的基类
T:<接口名称>	类型参数必须是指定的接口或实现指定的接口。可以指定多个接口约束,约束接口也可以是泛型的
T:U	为 T 提供的类型参数必须是为 U 提供的参数或派生自为 U 提供的参数,这称为裸类型约束

示例 7.5 下面的示例演示代码可通过应用基类约束添加到 GenericList<T>类的功能,代码是:

```
//员工信息类
public class Employee
{
    private string _Name;//私有字段(员工姓名)
    private int _ID; //私有字段(员工 ID 号)
    public Employee(string s, int i) //构造函数
    {
        _Name = s;
        _ID = i;
    }
    public string Name  // Name 属性
    {
        get { return _Name; }
        set { _Name = value; }
    }
    public int ID//ID 属性
    {
        get { return _ID; }
        set { _ID = value; }
    }
}
//自定义泛型类,受约类型参数,类型参数只能是员工信息类,即 Employee 引用类型
public class GenericList<T> where T : Employee
{
    public GenericList() //构造函数
    {
        head = null;
```

```csharp
        }
        private class Node
        {
            private Node _Next;  //私有字段,回归类型定义(本身就是其定义引用类型的成员)
            private T _Data;  //私有字段
            public Node(T t)  //泛型构造方法
            {
                _Next = null;
                _Data = t;
            }
            public Node Next  //Next 属性
            {
                get { return _Next; }
                set { _Next = value; }
            }
            public T Data  //Data 属性
            {
                get { return _Data; }
                set { _Data = value; }
            }
        }
        private Node head;//私有字段,类型为引用类型 Node
        public void AddHead(T t)  //泛型方法
        {
            Node n = new Node(t);//初始化对象
            n.Next = head;//把泛型类 GenericList 的私有字段 head 赋给对象 n 的 Next 属性
            head = n;  //把 Node 对象实例 n 赋给泛型类 GenericList 的私有字段 head
        }
        // IEnumerator<T>为泛型接口,支持在泛型集合上进行简单迭代
        public IEnumerator<T> GetEnumerator()
        {
            Node current = head;
            while (current != null)
            {
                yield return current.Data;  //yield 语句在迭代器块中用于向枚举数对象提供值或发出
迭代结束信号。它的形式为下列之一:yield return <expression>;或 yield break;
                current = current.Next;
            }
        }
        //查找第一个出现的员工名称
        public T FindFirstOccurrence(string s)
        {
            Node current = head;
            T t = null;
            while (current != null)
```

```
    {
        //使用类型参数约束访问员工名称
        if (current.Data.Name == s)
        {
            t = current.Data;
            break;
        }
        else{
            current = current.Next;
        }
    }
    return t;
}
```

7.3 实　　训

模仿本章案例,根据第 3 章、第 4 章实训一节的内容和第 6 章的内容,设计学生成绩管理系统相应的实体类。

7.4 小　　结

本章介绍了实体类的设计方法,在比较小的项目中可以设计一个表对应一个实体类,但一般项目最好按照本章所介绍的方法设计实体类。设计实体类的原则应具有模块化、简洁、层次分明、易维护性和可重用性等的特点。

介绍了 C#语言集合对象和泛型的相关知识,特别要关注 List<T>泛型类的应用。

希望读者能够把这一实体类的设计方法应用到实际项目中,将受益匪浅。

最后提供设计学生成绩管理系统相应的实体类的训练内容。

第 8 章 界面功能实现

本章要点
- HTML 和 Web 控件属性配置
- 事件类
- SQLDataSource 和 ObjectDataSource 控件

在第 7 章中的图 7-1 和图 7-2 说明了管理信息系统项目开发的两种模式三个途径，本章就采用这两种模式三个途径来实现各个子模块的功能设计。

8.1 功能实现设计

如果把软件项目开发比作汽车制造过程的话，那么这一过程就是组装阶段，前面几章的工作主要是搭建生产场所和生产各个零部件，这一章是要把各个零部件组装成一个完整的汽车产品。组装的技术是 SQLDataSource、ADO.NET 和 ObjectDataSource。

8.1.1 供应商信息管理主界面功能实现设计

如图 4-2 所示，这一过程要完成供应商管理主界面的各项功能设计，需要做的工作包括界面各个控件 ID 属性的重新设置、数据绑定控件字段的设置、实体类的引用、SQLDataSource 或 ObjectDataSource 控件的引用和控件事件方法的编写等。

1. 设计方法和步骤

（1）打开 SupplierInfo.aspx 文件，设置 ImageButton 控件的属性及事件，如表 8-1 所列。

表 8-1 ImageButton 控件的属性及事件设置

控 件	属性及事件
ImageButton(查询)	ID="ibSearch"
ImageButton(新增)	ID="ibAdd"
ImageButton(修改)	ID="ibModify" OnClientClick="return ShowClientModify()";
ImageButton(删除)	ID="ibDel" OnClick="ibDel_Click"
ImageButton(退出)	OnClientClick="window.close();"

ibSearch 和 ibAdd 按钮通过在 Page_Load 方法体中动态配置属性来设置事件属性。其中 ShowClientModify() 为 JavaScript 脚本函数，参见案例程序。

（2）在 \<form\> 下方插入一个隐藏域，该域用于存储过度信息。

\<input id="Hidden1" name="Hidden1" type="hidden" runat="server" value="0"/\>

（3）设置 TreeView 控件、GridView 控件的属性及事件，如表 8-2 所列。

表 8-2　TreeView、GridView 控件的属性及事件设置

控件	属性及事件	
TreeView	OnSelectedNodeChanged="TreeView1_SelectedNodeChanged"	
GridView	ID="gvSupplier"	DataField="SupplierNo"
	DataField="SupplierName"	DataField="SupplierCode"
	DataField="SupplierSort"	DataField="WareClass"
	DataField="PurveyAbility"	DataField="BankName"
	DataField="Account"	DataField="PurveyKind"
	DataField="PickGoodsRequire"	DataField="Telephone"
	DataField="Linkman"	DataField="Remark"
	OnRowDataBound="gvSupplier_RowDatabound"	
	OnPageIndexChanging="gvSupplier_PageIndexChanging"	

（4）打开 SupplierInfo.aspx.cs 文件，编写各个事件方法。SupplierInfo 成员解释如图 8-1 所示，其类的结构如图 8-2 所示。

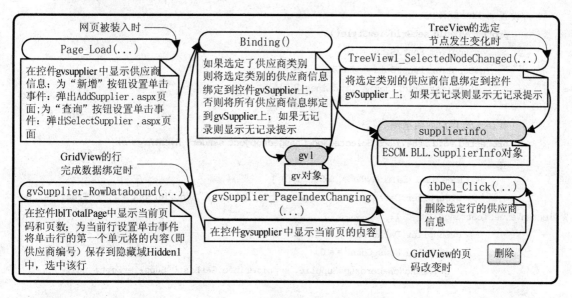

图 8-1　SupplierInfo 类的成员解释

SupplierInfo.aspx.cs 类文件代码：

```
using System;
using System.Web.UI;
using System.Web.UI.HtmlControls;
using System.Web.UI.WebControls;

public partial class SupplierInfo : System.Web.UI.Page
{
    ESCM.BLL.SupplierInfo supplierinfo = new ESCM.BLL.SupplierInfo();
    ESCM.BLL.ConvertData ddl = new ESCM.BLL.ConvertData();
```

第8章 界面功能实现

```
            gv gv1 = new gv();
            //网页装载触发事件方法(隐含代码文件默
认方法)
            protected void Page_Load(object sender,
EventArgs e){
                Binding();//GridView 数据绑定方法
                if(! IsPostBack){
                    this.ibAdd.Attributes.Add("on-
click", "window.showModalDialog(AddSupplier.aspx,
~,dialogWidth = 496px;dialogHeight = 466px; help =
no;status = no;edge = raised)");
                    this.ibSearch.Attributes.Add("
onclick", "window.showModalDialog(SelectSupplier.
aspx,~,dialogWidth = 966px;dialogHeight = 300px;
help = no;status = no;edge = raised)");
                }
            }
    //设置 gridview 样式
            protected void setGridViewStyle(){
                gvSupplier.Font.Size = 10;
                gvSupplier.Font.Bold = false;
                gvSupplier.GridLines = GridLines.Both;
            }
    #region 供应商信息浏览
            protected void TreeView1_SelectedNodeChanged(object sender, EventArgs e)
            {
                if (TreeView1.SelectedNode.ToString() ! = ""){
                    gvSupplier.DataSource = supplierinfo.GetList("SupplierSort =~" + TreeView1.Se-
lectedValue.ToString() + "~");
                    gvSupplier.DataBind();
                    if(gvSupplie.Rows.Count = = 0){
                        gv1.BindNoRecords(gvSupplie, supplierinfo.GetList("SupplierSort = null"));
                    }
                }
            }
    //数据行绑定事件方法
            protected void gvSupplier_RowDatabound(object sender, GridViewRowEventArgs e){
                if (this.gvSupplier.Rows.Count > 0)//如果有记录
                {
                    int intCurrentPageNum = dgv.PageIndex + 1;// PageIndex 从零开始
                    lblTotalPage.Text = "第 " + intCurrentPageNum.ToString() + "页/共 " + dgv.
PageCount.ToString() + "页";
                }
                else //没记录
                {
```

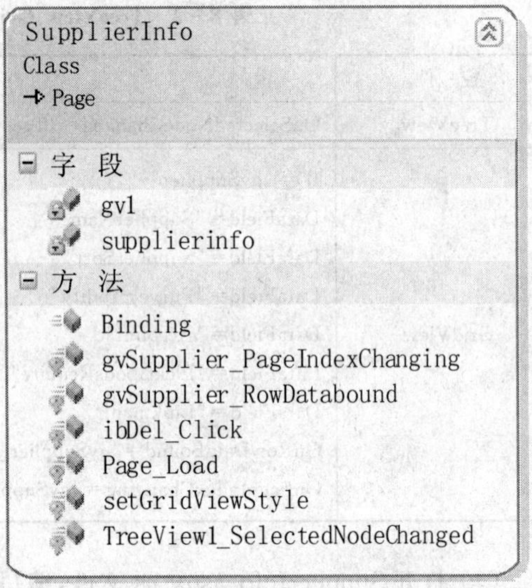

SupplierInfo
Class
→ Page

字 段
  gv1
  supplierinfo

方 法
  Binding
  gvSupplier_PageIndexChanging
  gvSupplier_RowDatabound
  ibDel_Click
  Page_Load
  setGridViewStyle
  TreeView1_SelectedNodeChanged

图 8-2 SupplierInfo 类的结构

```
                lblTotalPage.Text = "第 0 页 / 共 0 页";}
            //光标单击改变颜色,提取数据行第一列字段信息
            if (e.Row.RowType == DataControlRowType.DataRow){
                e.Row.ID = e.Row.Cells[0].Text;
                e.Row.Attributes.Add("onclick", "GridView_selectRow(this,'" + e.Row.Cells[0].Text + "')");
            }
        }
        //GridView 换页事件方法
        protected void gvSupplier_PageIndexChanging(object sender, GridViewPageEventArgs e){
            this.gvSupplier.PageIndex = e.NewPageIndex;
            Binding();
        }
        //GridView 数据绑定方法
        public void Binding(){
            if (this.TreeView1.SelectedValue.ToString() != ""){
                this.gvSupplier.DataSource = supplierinfo.GetList("SupplierSort='" + TreeView1.SelectedValue.ToString() + "'");
                this.gvSupplier.DataBind();
                if (gvSupplier.Rows.Count == 0){
                    //当未检索到数据时绑定一个 DataTable 对象
                    gv1.BindNoRecords(gvSupplier, supplierinfo.GetList("SupplierSort=null"));
                }
            }
            else{
                this.gvSupplier.DataSource = supplierinfo.GetList("");
                gvSupplier.DataBind();
                if (gvSupplier.Rows.Count == 0){
                    gv1.BindNoRecords(dgv, supplierinfo.GetList("SupplierSort=null"));
                }
            }
        }
        //删除选定数据行方法
        protected void ibDel_Click(object sender, ImageClickEventArgs e){
            try{
                int No = int.Parse(this.Hidden1.Value);
                supplierinfo.Delete(No);
                ScriptManager.RegisterStartupScript(this.UpdatePanel1, this.GetType(), "updateScript", "alert('删除成功!');window.location.reload()", true);
            }
            catch{ throw; }
        }
        #endregion  }
```

隐含代码文件首先定义设计方法所需要的各个类的对象,如供应商实体方法类(BLL.

SupplierInfo)、名值转换类(BLL.ConvertData)和 GridView 空记录数据表绑定类(gv),然后在预载的 Page_Load 方法中执行需要在打开网页文件时执行的各个方法,如 GridView 的数据绑定方法 Binding、动态配置 ibAdd 和 ibSearch 按钮的 onclick 事件属性的 ibAdd.Attributes.Add 和 ibSearch.Attributes.Add 方法,最后编写其他的事件方法。

事件方法在什么情况下执行(触发)由其 e 参数的类型来定,如果没有设定 e 参数则只能在其他方法体内调用,如 EventArgs 和 ImageClickEventArgs 在单击相应控件时触发、GridViewRowEventArgs 在 GridView 数据行绑定时触发、GridViewPageEventArgs 换页时触发。

Window.showModalDialog 是 JavaScript 的系统对象方法,根据预设窗口的大小显示指定的网页文件。如下代码中的 GridView_selectRow 是脚本函数,当单击数据行时,获取第一列的单元格数据赋给一个隐藏域,并改变选择行的颜色。

```
e.Row.Attributes.Add("onclick", "GridView_selectRow(this," +
e.Row.Cells[0].Text + ")");
```

2. 技术要点

控件的 Attributes.Add 方法是控件事件 onclientclick 的另一种表现形式,常用于调用 JavaScript 的窗口对象方法,为了保证网页刷新时不重复执行 Attributes.Add 方法,要使用！IsPostBack 条件限制,IsPostBack 判断页面是不是重新刷,如果是则返回 True 值。

这里巧妙地使用 Input(Hidden)隐藏域把 JavaScript 函数的参数信息传递给 C#程序,运行原理是通过行选择事件调用 GridView_selectRow 脚本函数提取 GridView 选定行记录的某个单元格数据赋给隐藏域,C#的类方法则提取隐藏域的值。

当 GridView 控件绑定的数据集对象为空时,将不能显示 GridView 的列标题,为了能显示一个没有数据记录的 GridView 控件,调用了 gv 类的 BindNoRecords 方法绑定一个包含提示信息的 DataTable 控件。

对数据库的操作调用供应商管理实体类 BLL.SupplierInfo 的相应方法,运作原理是网页事件方法为 BLL.SupplierInfo 对象的相应方法提供实参,BLL.SupplierInfo 对象的方法再调用 VAL.SupplierInfo 的同名方法,最后由 VAL.SupplierInfo 的方法调用 DBAccess 类的相应方法完成数据库的操作。

8.1.2 供应商信息输入功能实现设计

这一过程要完成第 4 章图 4-8 的供应商信息输入界面的操作功能设计。

1. 设计方法和步骤

(1) 对网页文件 AddSupplier.aspx 上部分控件的 ID 属性重新命名或添加必需的属性,如表 8-3 所列。

命名的原则一是要符合标识符的命名规则,二要能够只看名称就能理解控件的含义,就是要能够一目了然,一般来说与数据表关联的控件属性的命名要与其对应数据表字段的名称一致。

第8章 界面功能实现

表 8-3　AddSupplier.aspx 网页上部分控件的属性及事件设置

控　件	属性及事件
DropDownList(供应商类别)	ID="ddlSupplierSort" AppendDataBoundItems="True" DataTextField="SupplierClass DataValueField="idNo" <asp:ListItem Value="-1">==请选择==</asp:ListItem>
DropDownList(提货要求)	ID="ddlPickGoodsRequire" AppendDataBoundItems="True" DataTextField="ClassName" DataValueField="ClassValue" <asp:ListItem Value="-1">==请选择==</asp:ListItem>
DropDownList(供货性质)	ID="ddlPurveyKind" AppendDataBoundItems="True" DataTextField="ClassName" DataValueField="ClassValue" <asp:ListItem Value="-1">==请选择==</asp:ListItem>
DropDownList(银行名称)	ID="ddlBankName" <asp:ListItem>==请选择==</asp:ListItem> <asp:ListItem Value="工商银行">工商银行</asp:ListItem> <asp:ListItem Value="农业银行">农业银行</asp:ListItem> <asp:ListItem Value="交通银行">交通银行</asp:ListItem>
TextBox(供应商代码)	ID="tbSupplierNo"
TextBox(供应商名称)	ID="tbSupplierName"
TextBox(负责人)	ID="tbPrincipal"
TextBox(电话)	ID="tbTelephone"
TextBox(联系人)	ID="tbLinkman"
TextBox(银行帐号)	ID="tbAccount"
TextBox(供应能力)	ID="tbPurveyAbility"
TextBox(备注)	ID="tbRemark"
CheckBoxList(商品种类)	ID="cblWareClass" DataTextField="ClassName" DataValueField="ClassName"
Button(保存)	ID="btSave" onclick="btSave_Click"
Button(关闭)	ID="btClose" OnClientClick="window.close()"

(2) 打开隐含代码文件 AddSupplier.aspx.cs,编写事件方法。AddSupplier 类的结构如图 8-3 所示,成员解释如图 8-4 所示。

AddSupplier.aspx.cs 类文件代码如下:

```
using System;
using System.Web.UI;
using System.Web.UI.WebControls;

public partial class AddSupplier : System.Web.UI.Page
{
    ESCM.BLL.ConvertData ddl = new ESCM.BLL.ConvertData();
    ESCM.BLL.SupplierClass SupplierClass = new ESCM.BLL.Sup-
```

图 8-3　AddSupplier 类的结构

第8章 界面功能实现

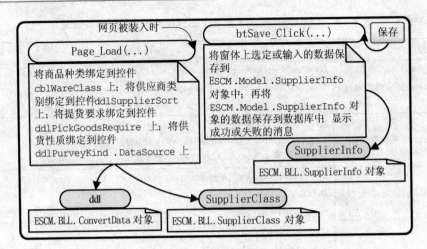

图 8-4 AddSupplier 类的成员解释

```
plierClass();
        ESCM.BLL.SupplierInfo SupplierInfo = new ESCM.BLL.SupplierInfo();

        protected void Page_Load(object sender, EventArgs e)
        {
            if (!IsPostBack)
            {
                cblWareClass.DataSource = ddl.GetConvertData("18"); //商品种类
                cblWareClass.DataBind();
                ddlSupplierSort.DataSource = SupplierClass.GetList();//供应商类别
                ddlSupplierSort.DataBind();
                ddlPickGoodsRequire.DataSource = ddl.GetConvertData("15");//提货要求
                ddlPickGoodsRequire.DataBind();
                ddlPurveyKind.DataSource = ddl.GetConvertData("14");//供货性质
                ddlPurveyKind.DataBind();
            }
        }
        //保存按钮事件方法
        protected void btSave_Click(object sender, EventArgs e)
        {
            ESCM.Model.SupplierInfo model = new ESCM.Model.SupplierInfo();
            //给属性类对象的属性赋值
            model.SupplierName = this.TbSupplierName.Text;
            model.SupplierCode = this.TbSupplierCode.Text;
            ……//更多内容请查阅案例源代码.
            try
            {   //调用方法类对象的添加方法 Add 完成信息添加操作
                SupplierInfo.Add(model);
                ScriptManager.RegisterStartupScript(this.UpdatePanel1, this.GetType(), "addScript", "alert('保存成功!');window.location.reload();", true);
```

```
                    }
                    catch
                    {
ScriptManager.RegisterStartupScript(this.UpdatePanel1, this.GetType(), "addScript", "alert(保存失
败!)", true);
                    }
                }
            }
```

DropDownList 控件和 CheckBoxList 控件的选项是通过绑定数据表的字段动态添加的，由公共类 ConvertData 的方法来提供相应的绑定数据集。

数据添加过程是把界面所输入和选择的信息传递给 Model.SupplierInfo 对象的相应属性，然后调用实体类 BLL.SupplierInfo 对象的 Add 方法。

ScriptManager 类的静态方法 RegisterStartupScript 用于注册一个启动脚本块并将该脚本块添加到页面中，alert() 是 JavaScript 的信息提示消息框。

2. 技术要点

在项目数据中有些信息具有名值对应关系，比如类别名称"黄金"对应的类别值为 1，有些控件也具有名值对的属性，如 DropDownList 和 CheckBoxList 控件。在许多网页中对这类信息处理的方式基本相同，所以只要编写一个公共类来处理名值对信息即可，该类就是 ConvertData 类（第 7 章 7.1.5 小节介绍）。

8.1.3 客户信息管理主界面功能实现设计

客户管理信息界面如图 4-10 所示。这一过程要实现界面中各个功能的设计，这些功能包括按钮事件、行绑定事件、行选择事件和数据检索分页显示。设计的思想是通过一个 GridView 控件按客户编号、客户姓名、积分或手机号等条件检索客户信息，以分页形式显示，并能直接反映出增、删、改的操作结果。

1. 设计方法和步骤

（1）打开 CustomerInfo.aspx 网页文件，设置控件的属性和事件，如表 8-4 所列。

表 8-4 CustomerInfo.aspx 网页上控件的属性及事件设置

控 件	属性及事件
ImageButton（打印）	ID="ibPrint"
ImageButton（导出）	ID="ibOut"
ImageButton（新增）	ID="ibNew" OnClientClick= "ShowDialog('AddEditCustomerInfo.aspx?AssociatorNo= '+0,450,320);"
ImageButton（修改）	ID="ibModify" onclientclick="return ShowClientModify();
ImageButton（删除）	ID="ibDel" onclick="IbDel_Click"
TextBox（查询条件）	ID="tbStrWhere"

第8章 界面功能实现

续表 8-4

控 件	属性及事件
DropDownList(查询条件)	ID="ddlCondition" <asp:ListItem>会员编号</asp:ListItem> <asp:ListItem>会员姓名</asp:ListItem> <asp:ListItem>会员积分</asp:ListItem> <asp:ListItem>会员电话</asp:ListItem> <asp:ListItem>会员手机</asp:ListItem>
GridView(会员明细)	<Columns> <asp:BoundField DataField="AssociatorNo" HeaderText="会员号"/> <asp:BoundField DataField="AssociatorName" HeaderText="会员姓名"/> <asp:BoundField DataField="AssociatorInt" HeaderText="积分"/> <asp:BoundField DataField="AssociatorLevel" HeaderText="会员等级"/> <asp:BoundField DataField="sex" HeaderText="性别"/> <asp:BoundField DataField="Telephone" HeaderText="电话"/> <asp:BoundField DataField="MobileTelephone" HeaderText="手机号"/></Columns>

（2）ibNew 按钮和 IbModify 按钮事件设置中的 ShowDialog 和 ShowClientModify 为 JavaScript 脚本函数，脚本函数置于<head></head>之间，代码参见随附项目案例程序。

（3）在<form>下方插入一个隐藏域，其代码为

<input id="Hidden1" name="Hidden1" type="hidden" runat="server" value="0"/>

（4）把在工具箱"数据"标签中的 ObjectDataSource 数据源控件拖入设计器中，单击数据源智能标签，在弹出的快捷菜单中单击"配置数据源…"，则弹出配置数据源窗口向导，根据向导配置数据源如图 8-5、图 8-6、图 8-7 和图 8-8 所示。

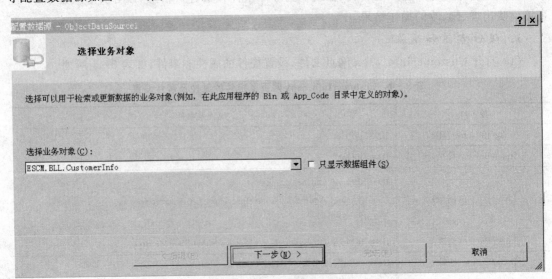

图 8-5 配置数据源向导之一

第8章 界面功能实现

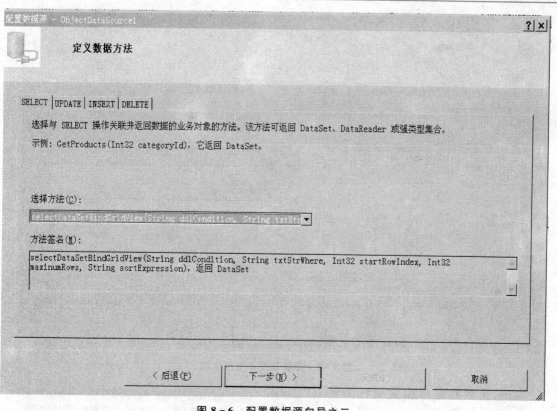

图8-6 配置数据源向导之二

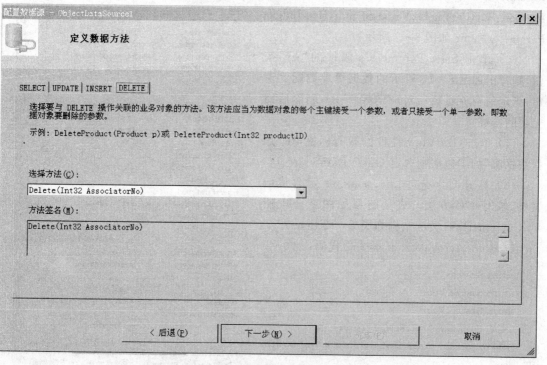

图8-7 配置数据源向导之三

第8章 界面功能实现

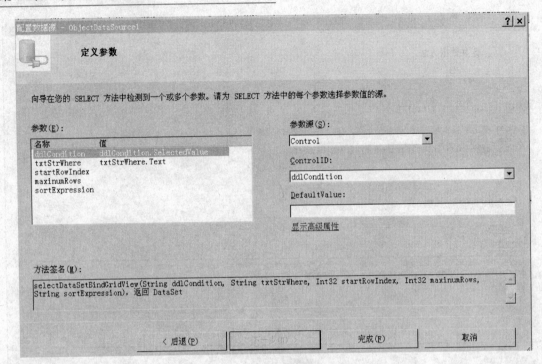

图8-8 配置数据源向导之四

(5) 配置数据源相关属性 EnablePaging、MaximumRowsParameterName、SelectCountMethod、SortParameterName 和 StartRowIndexParameterName 如图8-9所示。

(6) 单击 SelectParameters 属性的"…"按钮，则弹出如图8-10所示的数据源参数配置窗口，指定前两项参数所对应的控件 ID，删除后面三项的参数。

(7) 单击 GridView 控件的智能标签，在"选择数据源"的下拉框中选定 ObjectDataSource1。

(8) 打开 CustomerInfo.aspx.cs 隐含代码文件，编写事件方法。成员解释如图8-11所示，CustomerInfo 类的结构如图8-12所示。

CustomerInfo.aspx.cs 类文件代码：

```
using System;
using System.Web;
using System.Web.UI;
using System.Web.UI.WebControls;
public partial class CustomerInfo : System.Web.UI.Page
{
```

图8-9 数据源属性

第8章 界面功能实现

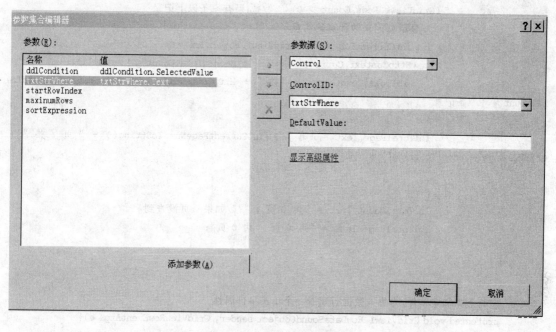

图 8-10 数据源参数编辑窗口

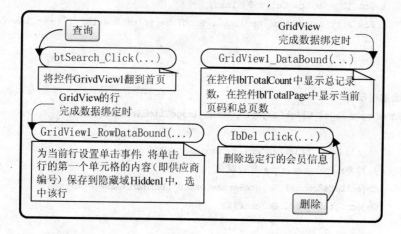

图 8-11 CustomerInfo 类的成员解释

```
protected void Page_Load(object sender, EventArgs
e){}
        //查询按钮事件
    protected void btnSearch_Click(object sender, EventArgs e){
        GridView1.PageIndex = 0;
    }
        //GridView 数据绑定事件
    protected void GridView1_DataBound(object sender, EventArgs e){
        if (GridView1.DataSourceID == "ObjectDataSource1"){
```

图 8-12 CustomerInfo 类的结构

```
            if (GridView1.Rows.Count > 0)    // 如果有一条以上记录
            {   //显示总记录数和页码信息
                int intCurrentPageNum = GridView1.PageIndex + 1;
                if (HttpContext.Current.Session["s_RecordTotalCount"] ! = null){
                    lblTotalCount.Text = "共 " + HttpContext.Current.Session["s_RecordTotalCount"] + "条记录,";
                }
                lblTotalPage.Text = "第 " + intCurrentPageNum.ToString() + " 页 / 共 " + GridView1.PageCount.ToString() + "页";
            }
            else{
                lblTotalCount.Text = "共 0 页 , ";//如果一页没查到
                lblTotalPage.Text = "第 0 页 / 共 0 页";
            }
        }
    }
    //行数据绑定事件,为每一数据行赋予一个单击事件属性
    protected void GridView1_RowDataBound(object sender, GridViewRowEventArgs e){
        if (e.Row.RowType == DataControlRowType.DataRow){
            e.Row.ID = e.Row.Cells[0].Text;
            e.Row.Attributes.Add("onclick","GridView_selectRow(this,-" + e.Row.Cells[0].Text + "-)");
        }
    }
    //删除按钮事件
    protected void IbDel_Click(object sender, ImageClickEventArgs e){
        try{
            string No = this.Hidden1.Value;
            //对 DeleteParameters 参数赋值
            ObjectDataSource1.DeleteParameters[0].DefaultValue = No;
            ObjectDataSource1.Delete();
        }
        catch{ throw; }
    }
```

由于采用 ObjectDataSource 数据源,对数据库的增、删、改和查询等操作可全部交给数据源调用实体类方法来完成,简化了隐含代码文件的编程。

当某一类产生的某一信息需要传递到网站的其他类中时,可利用 HttpContext 系统类打包到 Session 会话对象中,然后通过 HttpContext.Current.Session["变量名称"]来访问,这里"s_RecordTotalCount"在 DBAccess 类的 selectDataSetBindGridView 方法中打包。

2. 技术要点

在过程中,笔者完全使用 ADO.NET 技术实现数据库的操作,这一过程使用 ObjectDataSource 数据源调用实体类的方法完成数据库操作。

CustomerInfo 实体类方法 selectDataSetBindGridView 的参数 startRowIndex、maxinumRows 和 sortExpression 分别由数据源的属性 StartRowIndexParameterName、MaximumRowsParameterName 和 SortParameterName 提供，这三个参数用于存储过程 pager_Sql 使每次只给网页返回当前页的记录信息，致使根据检索条件检索出上千上万条记录，sortExpression 提供对返回结果进行排序。

8.1.4 客户信息输入功能实现设计

这一过程进行客户信息添加与修改的设计，笔者采用 SQLDataSource 数据源来实现功能设计。

1. 设计方法和步骤

（1）打开 AddEditCustomerInfo.aspx 网页文件，设置控件的属性和事件，如表 8-5 所列。

表 8-5 AddEditCustomerInfo.aspx 网页上控件的属性及事件设置

控件			属性及事件
FormView			ID="fvCustomer"
	InsertTemplate 和 EditTemplate 模板	TextBox(会员名称)	ID="tbAssociatorName" Text='<%# Bind("AssociatorName") %>'
		RadioButtonList(性别)	ID="rdlSex" SelectedValue='<%# Bind("Sex") %>'
		TextBox(出生日期)	ID="tbBirday" Text='<%# Bind("BirthDay", "{0:d}") %>' //{0:d}输入和输出格式，即短日期格式
		TextBox(电话)	ID="tbPhone" Text='<%# Bind("Telephone") %>'
		TextBox(手机)	ID="tbMobile" Text='<%# Bind("MobileTelephone") %>'
		TextBox(邮编)	ID="tbPostNo" Text='<%# Bind("Post") %>'
		TextBox(E-Mail)	ID="tbEmail" Text='<%# Bind("Email") %>'
		TextBox(身份证)	ID="tbCreditNo" Text='<%# Bind("IdentityCard") %>'
		TextBox(地址)	ID="tbAddress" Text='<%# Bind("Address") %>'
	InsertTemplate 模板	Button(保存)	ID="btAdd"
		Button(取消)	ID="btCancel" OnClientClick="window.close()"
	EditTemplate 模板	Button(更新)	ID="btUpdate"
		Button(取消)	ID="btCancel" OnClientClick="window.close()"

第8章 界面功能实现

（2）展开工具箱的"数据"标签，把 SQLDataSource 控件拖入设计器中，设置 Id 为 SQL-Customer，单击数据源的智能标签，在快捷菜单中单击"配置数据源"选项，则弹出配置数据源的窗口向导，根据图 8-13、图 8-14、图 8-15、图 8-16、图 8-17、图 8-18 和图 8-19 所示的内容完成数据源的配置。

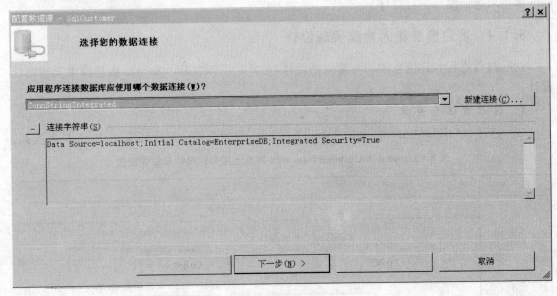

图 8-13 数据源配置窗口之一

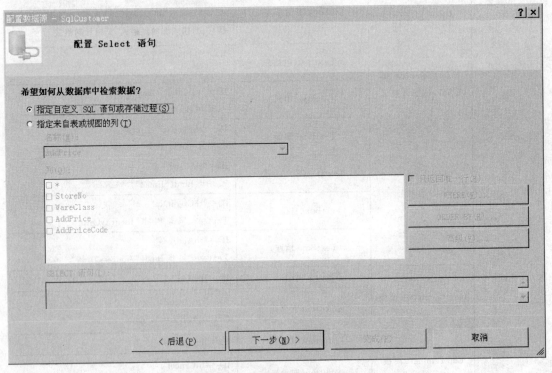

图 8-14 数据源配置窗口之二

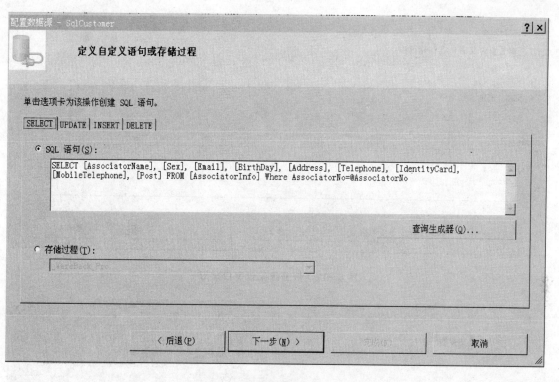

图 8-15 数据源配置窗口之三

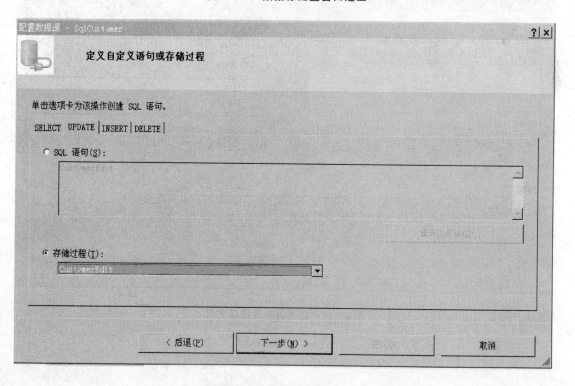

图 8-16 数据源配置窗口之四

第8章 界面功能实现

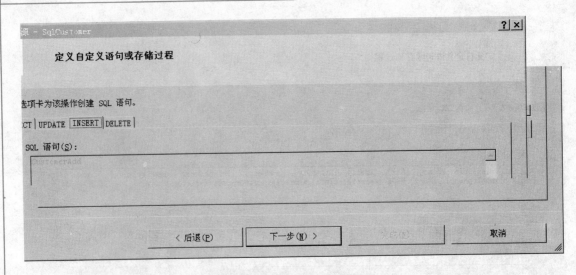

图 8-17 数据源配置窗口之五

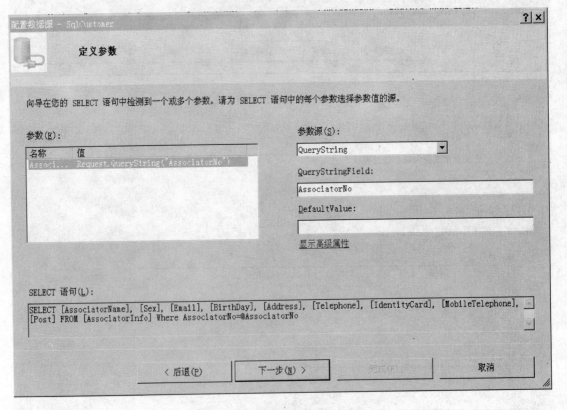

图 8-18 数据源配置窗口之六

第8章 界面功能实现

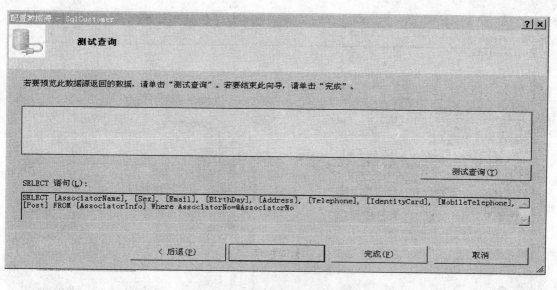

图8-19 数据源配置窗口之七

(3) 选定数据源SQLCustomer,单击属性窗口中InsertQuery的"…"按钮,设置存储过程参数,如图8-20所示。

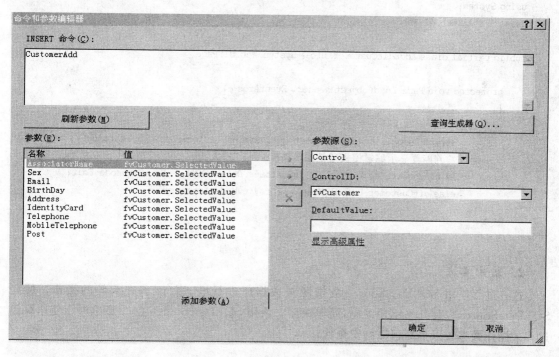

图8-20 数据源配置窗口之八

(4) 选定数据源SQLCustomer,单击属性窗口中UpdateQuery的"…"按钮,设置存储过程参数,如图8-21所示。

(5) 单击FormView控件的智能标签,配置数据源为SQLCustomer。

(6) 打开隐含代码文件AddEditCustomerInfo.aspx.cs,编写事件方法,代码如下所示:

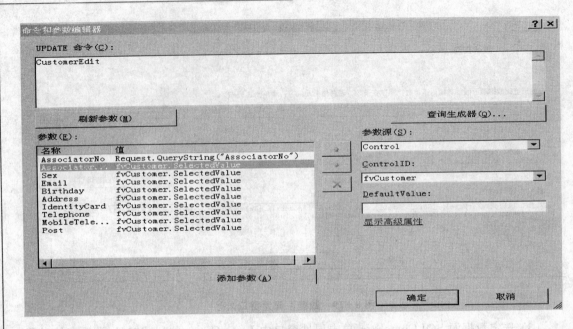

图 8-21 数据源配置窗口之九

```
using System;
using System.Web.UI.WebControls;

public partial class AddEditCustomerInfo : System.Web.UI.Page
{
    protected void Page_Load(object sender, EventArgs e)
    {
        if (! IsPostBack){
            string AssociatorNo = Request.QueryString["AssociatorNo"].ToString();
            //判断要显示编辑模板还是添加模板
            if (AssociatorNo ! = "0"){ fvCustomer.DefaultMode = FormViewMode.Edit; }
            else{ fvCustomer.DefaultMode = FormViewMode.Insert; }
        }
    }
}
```

2. 技术要点

这一过程使用 SQLDataSource 数据源对数据库进行增、删、改和查询等的操作。使用 SQLDataSource 控件几乎不用编码，简单快捷。使用 SQLDataSource 控件要尽可能使用存储过程来操作数据表以提高程序的安全性。

8.1.5 版库管理主界面功能实现设计

根据图 4-16 的界面所显示的内容，要求编写数据浏览方法、ImageButton 按钮、Menu 菜单项选择和选择命令字段按钮的事件方法。

1. 设计方法和步骤

(1) 打开 ModeStoreManagement.aspx 文件，设置控件的属性和事件，如表 8-6 所列。

第8章 界面功能实现

表8-6 ModeStoreManagement.aspx 网页上控件的属性及事件设置

控 件	属性及事件
ImageButton(添加)	ID="ibAdd"
ImageButton(修改)	ID="IbModify"　　OnClientClick="return ShowClientModify();"
ImageButton(删除)	ID="ibRemove" onclick="Remove_Click" <cc1:ConfirmButtonExtender 　ID="ibRemove_ConfirmButtonExtender" runat="server" 　　ConfirmText="确定删除该记录吗?" TargetControlID="IbRemove"> </cc1:ConfirmButtonExtender>
ImageButton(退出)	ID="ibExit"　　OnClientClick="window.close()"
Menu	OnMenuItemClick="MenuClick" <Items> 　<asp:MenuItem Text="戒指" Value="1"></asp:MenuItem> 　<asp:MenuItem Text="情侣戒" Value="2"></asp:MenuItem> 　<asp:MenuItem Text="项链项" Value="4"></asp:MenuItem> 　<asp:MenuItem Text="手镯" Value="6"></asp:MenuItem> 　<asp:MenuItem Text="吊坠" Value="7"></asp:MenuItem> 　<asp:MenuItem Text="链牌" Value="8"></asp:MenuItem> 　<asp:MenuItem Text="耳环" Value="10"></asp:MenuItem> 　<asp:MenuItem Text="胸针" Value="13"></asp:MenuItem> 　<asp:MenuItem Text="像章" Value="15"></asp:MenuItem> </Items>

(2) 把 ObjectDataSource 数据源拖入设计器中,设置 ID 为 ObjectDataMode,单击智能标签设置调用的业务对象为和方法,如图 8-22、图 8-23 和图 8-24 所示。

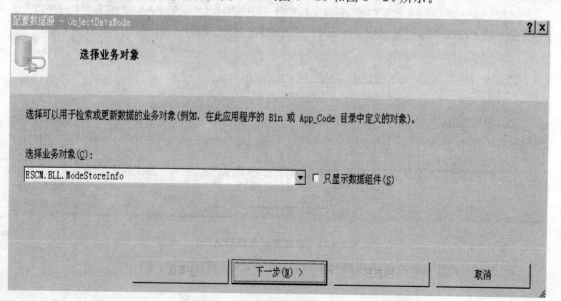

图 8-22 数据源配置窗口之一

第8章 界面功能实现

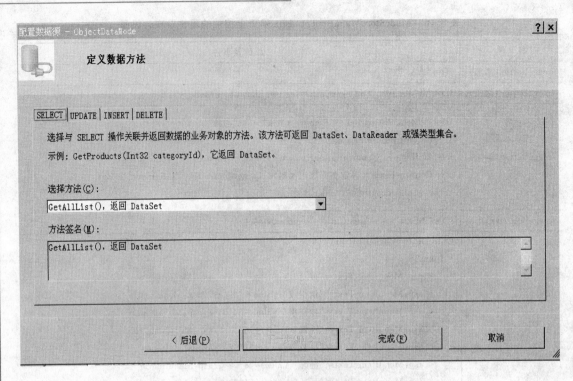

图 8-23 数据源配置窗口之二

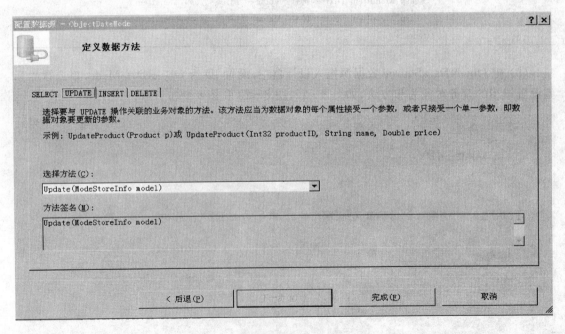

图 8-24 数据源配置窗口之三

(3) 设置 GridView 控件的属性和事件,如表 8-7 所列。

第 8 章 界面功能实现

表 8 - 7 GridView 控件的属性及事件设置

控 件	属性及事件
GridView	ID="GridMode"　DataSourceID="ObjectDataMode" DataKeyNames="ModeNo" OnRowDataBound="dgv_RowDatabound" OnSelectedIndexChanged="RowSelected" \<Columns\> 　\<asp:BoundField DataField="ModeNo" HeaderText="ModeNo" Visible="False" /\> 　\<asp:CommandField ShowEditButton="True"/\> 　\<asp:BoundField HeaderText="商品款号" DataField="StyleNo" /\> 　\<asp:BoundField HeaderText="主石重量" DataField="MainBijouWeight" /\> 　\<asp:BoundField HeaderText="商品类别" DataField="WareSort" /\> 　\<asp:BoundField HeaderText="商品种类" DataField="WareClass" /\> 　\<asp:BoundField HeaderText="图片编号" DataField="PhotoNo" /\> 　\<asp:TemplateField HeaderText="图片"\> 　　\<ItemTemplate\> 　　　\<asp:Image ID="Image1" runat="server" Width="30" Height="30" ImageUrl='\<%# "~/StoreManagement/PhotoManagement/Getimg.ashx?id="+Eval("PhotoNo") %\>'/\> 　　\</ItemTemplate\> 　\</asp:TemplateField\> 　\<asp:CommandField HeaderText="选择下单" SelectText="=下单=" ShowSelectButton="True" /\> \</Columns\>

(4) 其中 Getimg.ashx 为把图像信息从数据表中取出显示到网页的处理程序, 后缀名为 ashx 的文件称为一般处理程序, 新建文件时要选择"一般处理程序"的选项, 一般处理程序常用来给网页设置自定义输出内容, 完整代码如下所示:

```
<%@ WebHandler Language="C#" Class="Getimg" %>
using System;
using System.Web;
using System.Data;
using System.Data.SqlClient;
using System.Configuration;
using ESCM.DataAccess;

public class Getimg : IHttpHandler
{
    public void ProcessRequest (HttpContext context) {
        int id = int.Parse(context.Request.QueryString["id"]);
        SqlConnection conn = new SqlConnection(DBAccess.StrConn);
        SqlCommand cmd = new SqlCommand("select Photo from PhotoStoreInfo where PhotoNo='" + id + "'", conn);
        cmd.Parameters.Add("@id", SqlDbType.Int).Value = id;
```

```
            conn.Open();
            SqlDataReader dr = cmd.ExecuteReader();
            if (dr.Read()){context.Response.BinaryWrite((byte[])dr["Photo"]);}
            dr.Close();
    }
    public bool IsReusable {
        get { return false; }
    }
}
```

ProcessRequest 是默认方法,负责处理单个 HTTP 请求,处理程序必须写在该方法体中。IsReusable 属性指定 IHttpHandlerFactory 对象(实际调用适当处理程序的对象)是否可以将处理程序放置在池中,并且重新使用它以提高性能。如果处理程序不能放在池中,则在每次需要处理程序时工厂都必须创建处理程序的新实例。

(5) 打开隐含代码文件 ModeStoreManagement.aspx.cs,编写相关事件方法。成员解释如图 8-25 所示,ModeStoreManagement 类的结构如图 8-26 所示。

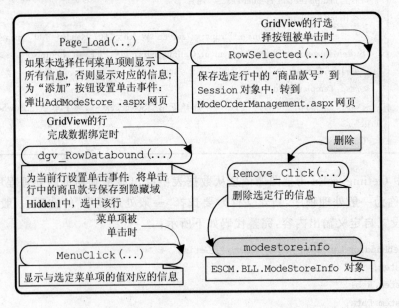

图 8-25 ModeStoreManagement 类的成员解释

ModeStoreManagement.aspx.cs 类文件代码如下:

```
using System;
using System.Data;
using System.Web.UI;
using System.Web.UI.WebControls;

public partial class ModeStoreManagement : System.Web.UI.Page
{
    ESCM.BLL.ModeStoreInfo modestoreinfo = new ESCM.BLL.ModeStoreInfo();
    protected void Page_Load(object sender, EventArgs e)
```

第 8 章 界面功能实现

```
        {    //根据是否选择菜单项调用不同的方法
检索信息
            if (Menu1.SelectedValue == ""){ Ob-
jectDataMode.SelectMethod = "GetAllList";}
            else{ ObjectDataMode.SelectMethod = "
GetList";}
            if (! IsPostBack) {
                //配置添加按钮事件属性
                this.IbAdd.Attributes.Add (" on-
click", "window.showModalDialog(AddModeStore.aspx,
','',dialogWidth = 600px;dialogHeight = 466px; help =
no;status = no;edge = raised)");
            }
        }
        //菜单选择事件
        protected void MenuClick(object sender, MenuEventArgs e){
            string StrWhere = "WareSort = " + Menu1.SelectedValue.ToString();//查询条件字符串
            if (ObjectDataMode.SelectParameters.Count == 0){
                ObjectDataMode.SelectParameters.Add(new Parameter("StrWhere", TypeCode.String));
            }
            ObjectDataMode.SelectParameters["StrWhere"].DefaultValue = StrWhere;
            ObjectDataMode.SelectMethod = "GetList";
        }
        //数据行选择命令按钮事件
        protected void RowSelected(object sender, EventArgs e){
            GridViewRow row = GridMode.SelectedRow;
            Session["StyleNo"] = row.Cells[1].Text;
            Response.Redirect("~/PurchaseManagement/ModeOrderManagement.aspx?OrderNo = 0");
        }
        //数据行绑定事件
        protected void dgv_RowDatabound(object sender, GridViewRowEventArgs e){
            //光标单击数据行改变颜色并获取指定字段的值
            if (e.Row.RowType == DataControlRowType.DataRow){
                e.Row.ID = e.Row.Cells[1].Text;
                e.Row.Attributes.Add("onclick", "GridView_selectRow(this,'" + e.Row.Cells[1].Text + "')");
            }
        }
        //删除按钮事件
        protected void Remove_Click(object sender, ImageClickEventArgs e){
            try{
                string modeno = this.Hidden1.Value;
                modestoreinfo.Delete(modeno);
                ScriptManager.RegisterStartupScript(this.UpdatePanel1, this.GetType(), "update-Script", "alert('删除成功!');window.location.reload()", true);
```

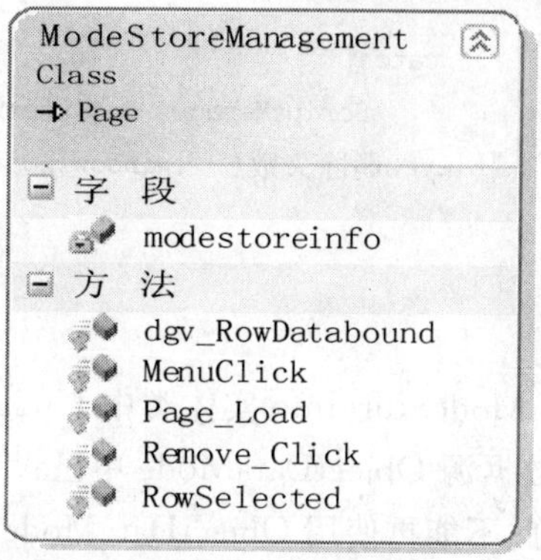

图 8-26 ModeStoreManagement 类的结构

```
        }
        catch{
            ScriptManager.RegisterStartupScript(this.UpdatePanel1, this.GetType(), "update-
Script", "alert('删除失败!');window.location.reload()", true);
        }
    }
}
```

在 ModeStoreInfo 实体类中 Update 方法的参数为引用类型,而 Delete 使用的是值类型参数,数据源 ObjectDataMode 中已设置属性 DataObjectTypeName = " Model. ModeStoreInfo",因此不能再使用 ObjectDataMode 数据源调用 Delete 方法。

2. 技术要点

这一过程笔者采用了两种方式来实现数据修改的方法,第一种是通过 ObjectDataSource 数据源和 GridView 控件相配合的方法,引用类型参数不需要为修改的数据字段设置参数值,也不需要编写代码,非常快捷。另一种方法比较灵活但较为复杂,首先编写 GridView 数据行数据绑定事件以设置一个数据行选择事件,当单击数据行时调用一个 JavaScript 函数,GridView_selectRow 提取数据行关键字段的值,并置于一个 InPut 隐藏域中并改变选择行的背景色,然后单击修改按钮,则调用另一个 JavaScript 函数 ShowClientModify 把隐藏域中的数据传递给修改程序,并打开一个子窗口提取选定的数据行进行修改。

8.1.6 版库管理信息输入功能实现设计

根据图 4-18 所示,这一界面的主要功能就是版库信息的添加,信息添加技术还是引用前面使用的 ADO.NET 技术,但在这里要特别关注图像信息添加的技巧,并为更进一步了解 SqlDataSource 数据源的妙用,也使用其为作为 DropDownList 控件的绑定数据源。

1. 设计方法和步骤

(1) 打开 AddModeStore.aspx 文件,设置控件的属性和事件,如表 8-8 所列。

表 8-8 AddModeStore.aspx 网页上控件的属性及事件设置

控件	属性及事件
TextBox(商品款号)	ID="tbStyleNO" onkeydown="onlyNumAndLetter();"
DropDownList(商品种类)	ID="ddlWareClass" AppendDataBoundItems="true" DataTextField="ClassName" DataValueField="ClassValue"
TextBox(主石重量)	ID="tbMainBijouWeight" onkeydown="onlyNum();"
DropDownList(商品类别)	ID="ddlWareSort" AppendDataBoundItems="true" DataTextField="ClassName" DataValueField="ClassValue
RadioButtonList(选图方式)	ID="RadioImage" OnSelectedIndexChanged="RadioImageChanged"

第 8 章 界面功能实现

续表 8-8

控 件	属性及事件
DropDownList(图片号)	ID="ddlPhotoNo" AppendDataBoundItems="true" AutoPostBack="True" DataSourceID=" SqlDataSource1" DataTextField=" PhotoName" DataValueField=" PhotoNo" onselectedindexchanged="ddlPhotoNo_SelectedIndexChanged"
input(Hidden)	ID="PhotoNo"
Button(验证)	ID="btAuthentication" onclick="btAuthentication_Click"
Button(上传)	ID="ImageUpLoad" onclick="ImageUpLoad_Click"
Button(保存)	ID="btSave" onclick="btSave_Click"
Button(取消)	ID="btCancel" OnClientClick="window.close()"

（2）把一个 SqlDataSource 控件拖入设计器中，数据源配置窗口如图 8-13 所示，配置查询语句如图 8-27 所示。

（3）把 SqlDataSource 控件绑定到 ddlPhotoNo 控件上，即属性 DataSourceID="SqlDataSource1"。

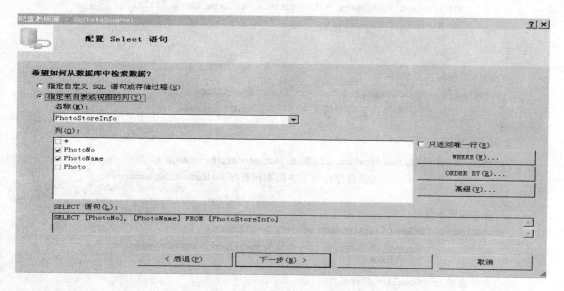

图 8-27 数据源配置窗口

（4）打开 AddModeStore.aspx.cs 隐含代码文件，编写控件的相应事件方法。AddModeStore 类的结构如图 8-28 所示，成员解释如图 8-29 所示。

AddModeStore.aspx.cs 类文件代码如下：

```
using System;
using System.Data;
using System.Data.SqlClient;
using System.Web.UI;
using System.Web.UI.WebControls;
```

第 8 章　界面功能实现

```csharp
using System.IO;
using ESCM.DataAccess;

public partial class AddModeStore : System.Web.UI.Page
{
    ESCM.BLL.ModeStoreInfo bllModeStoreInfo = new ESCM.BLL.ModeStoreInfo();
    ESCM.BLL.ConvertData ConvertData = new ESCM.BLL.ConvertData();
    protected void Page_Load(object sender, EventArgs e)
    {
        if (!IsPostBack)
        {
            this.ImageUpLoad.Enabled = false;
            this.FileUpload1.Enabled = false;
            //DropDownList 控件数据绑定
            ddlWareClass.DataSource = ConvertData.GetConvertData("18");
            ddlWareClass.DataBind();
            ddlWareSort.DataSource = ConvertData.GetConvertData("17");
            ddlWareSort.DataBind();
        }
    }
    //Radio 控件组选择事件
    protected void RadioImageChanged(object sender, EventArgs e) {
        …………//方法程序内容可查阅案例程序 AddModeStore.aspx.cs
    }
    //验证按钮事件
    protected void btAuthentication_Click(object sender, EventArgs e) {
        …………//方法程序内容可查阅案例程序 AddModeStore.aspx.cs
    }
    //保存按钮事件
    protected void btSave_Click(object sender, EventArgs e) {
        …………//方法程序内容可查阅案例程序 AddModeStore.aspx.cs
    }
    //图片选择 DropDownList 控件事件
    protected void ddlPhotoNo_SelectedChanged(object sender, EventArgs e) {
        …………//方法程序内容可查阅案例程序 AddModeStore.aspx.cs
    }
    //上传按钮事件
    protected void ImageUpLoad_Click(object sender, EventArgs e) {
        …………//方法程序内容可查阅案例程序 AddModeStore.aspx.cs
    }
}
```

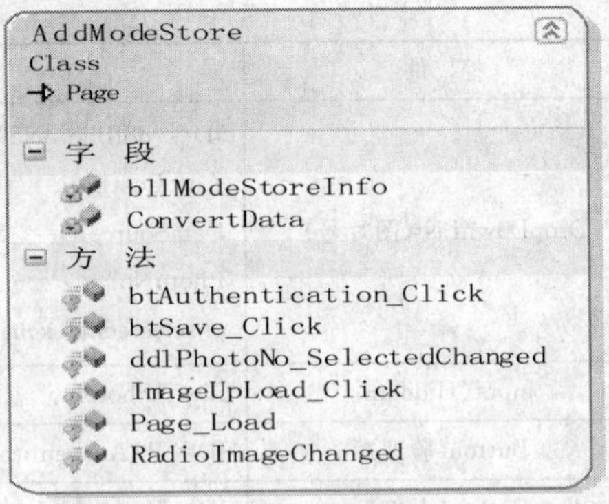

图 8-28　AddModeStore 类的结构

这里要特别关注黑体部分的两个事件方法，ddlPhotoNo_SelectedChanged 方法展示了如何把图像数据从数据库中取出显示到网页的技巧，ImageUpLoad_Click 方法展示了如何从其

第8章 界面功能实现

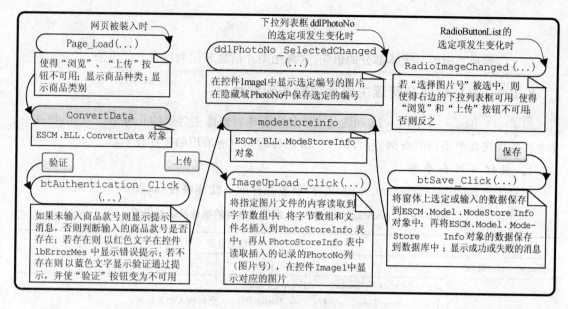

图 8-29 AddModeStore 类的成员解释

他地方（任何能访问的计算机）查找图片并上传到网页并保存到数据库中。

2. 技术要点

这一过程的关键技术在于对图片的处理。即通过 FileUpload 控件获取图片文件，引用输入输出流文件对象 FileStream 把图片文件读入内存转化为字节数组，然后赋给 Sql 语句参数存入数据库中。

从数据库中取出图片信息显示到网页中的设计技巧是首选编写一个专门读取数据库图片信息的文件 Images.aspx，然后设置 Image 的属性 ImageUrl 指向 Images.aspx 文件即可，Images.aspx 只在隐含代码文件部分编写，即代码如下：

```
using System;
using System.Web;
using System.Data.SqlClient;
using ESCM.DataAccess;

public partial class ProcurementManagement_PhotoStoreInfo_Images : System.Web.UI.Page
{
    protected void Page_Load(object sender, EventArgs e) {
        if (! IsPostBack) {
            string PhotoNo = Request.QueryString["PhotoNo"].ToString();
            SqlConnection Conn = new SqlConnection(DBAccess.StrConn);
            SqlCommand Cmd = new SqlCommand("select Photo from PhotoStoreInfo where PhotoNo = " + PhotoNo, Conn);    //获取图片编号
            Conn.Open();
            SqlDataReader sdr = Cmd.ExecuteReader();
            if (sdr.Read()){Response.BinaryWrite((byte[])sdr["Photo"]);}
            Response.End();
```

第8章 界面功能实现

```
    }
}}
```

以上代码最关键的是黑体部分的语句,这是把图片信息显示到网页上的方法。

8.1.7 原材料库存管理主界面功能实现设计

图4-19、图4-20、图4-21和图4-22是宝石原材料库主界面的几种表现形式,要在一个文件中展现几个不同的查询界面,图4-22已告诉用户所采用的控件技术。

1. 设计方法和步骤

(1)打开BijouManagement.aspx文件,设置控件的属性和事件,如表8-9所列。

表8-9 BijouManagement.aspx 网页上控件的属性及事件设置

控件	属性及事件
ImageButton(查询)	ID="ibSearch" onclick="ibSearch_Click"
ImageButton(导出)	ID="ibExport" onclick="ibExport_Click" 在</ContentTemplate>和</asp:UpdatePanel>之间插入如下标签: <Triggers> 　<asp:PostBackTrigger ControlID="ibExport"></asp:PostBackTrigger> </Triggers>
ImageButton(入库)	ID="ibInStore" onclick="ibInStore_Click"
ImageButton(出库)	ID="ibOutStore" onclick="ibOutStore_Click"
DropDownList(浏览)	ID="ddlBrowse" DataTextField="ClassName" DataValueField="ClassValue" AppendDataBoundItems="true" <asp:ListItem Value="0">===请选择===</asp:ListItem> <asp:ListItem Value="全部">全部</asp:ListItem> onselectedindexchanged="ddlBrowse_SelectedIndexChanged"
DropDownList(条件)	ID="ddlCondition" <asp:ListItem Value="BijouPackageNo">宝石包号</asp:ListItem> <asp:ListItem Value="BatchNo">批次编号</asp:ListItem> <asp:ListItem Value="BijouName">宝石名称</asp:ListItem> <asp:ListItem Value="BijouCleanDegree">宝石净度 </asp:ListItem> <asp:ListItem Value="BijouColor">宝石颜色</asp:ListItem> <asp:ListItem Value="BijouCutTechnics">宝石切工 </asp:ListItem> <asp:ListItem Value="BijouShape">宝石形状</asp:ListItem> <asp:ListItem Value="SupplierNo">供应商编号</asp:ListItem> <asp:ListItem Value="BijouWeightRange">宝石重量范围 </asp:ListItem> <asp:ListItem Value="InStockDate">入库日期</asp:ListItem> <asp:ListItem Selected="True"></asp:ListItem> onselectedindexchanged="ddlCondition_SelectedIndexChanged" AutoPostBack="True"。

续表 8-9

控件	属性及事件
DropDownList(内容)	ID="ddlContent"
TextBox(内容)	ID="tbContent"
TextBox(起始)	ID="tbStartTime" 附加一个日历扩展控件
TextBox(结束)	ID="tbEndTime" 附加一个日历扩展控件
Label(库存记录)	ID="StoreRecords"
Label(查询记录)	ID="SearchRecords"
Button(查询)	ID="btSearch" onclick="btSearch_Click"
GridView	ID="gvBijou" <Columns> <asp:BoundField DataField="BijouPackageNo" HeaderText="宝石包号" /> <asp:BoundField DataField="BatchNo" HeaderText="批次编号" /> <asp:BoundField DataField="BijouName" HeaderText="宝石名称" /> <asp:BoundField DataField="BijouCleanDegree" HeaderText="宝石净度" /> <asp:BoundField DataField="BijouColor" HeaderText="宝石颜色" /> <asp:BoundField DataField="BijouCutTechnics" HeaderText="宝石切工" /> <asp:BoundField DataField="BijouShape" HeaderText="宝石形状" /> <asp:BoundField DataField="BijouPackageWeight" HeaderText="宝石包当前重量" /> <asp:BoundField DataField="BijouPackageWeight_In" HeaderText="宝石包入库重量" /> <asp:BoundField DataField="BijouPrice" HeaderText="宝石包单价" /> <asp:BoundField DataField="BijouAmount" HeaderText="宝石数量" /> <asp:BoundField DataField="BijouAmount_In" HeaderText="宝石入库数量" /> <asp:BoundField DataField="BijouPackageSum" HeaderText="宝石包金额" /> <asp:BoundField DataField="SupplierNo" HeaderText="供应商编号" /> <asp:BoundField DataField="BijouWeightRange" HeaderText="宝石重量范围" /> <asp:BoundField DataField="InStockDate" HeaderText="入库日期" /> </Columns>

(2) 打开 BijouManagement.aspx.cs 隐含代码文件，编写事件方法。成员解释如图 8-30 所示，BijouManagement 类的结构如图 8-31 所示。

BijouManagement.aspx.cs 类文件代码：

```csharp
using System;
using System.Data;
using System.Web;
using System.Web.UI;
using System.IO;
using System.Text;

public partial class BijouManagement : System.Web.UI.Page
{
    gv gv1 = new gv();
```

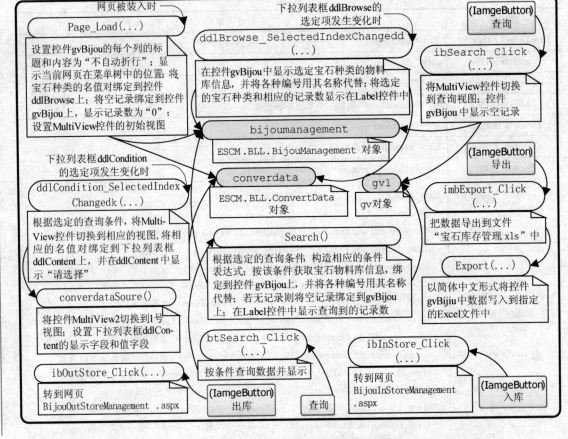

图 8-30 BijouManagement 类的成员解释

```
ESCM.BLL.ConvertData converdata = new ESCM.BLL.ConvertData();
ESCM.BLL.BijouManagement bijoumanagement = new ESCM.BLL.BijouManagement();
protected void Page_Load(object sender, EventArgs e)
{
    if (! IsPostBack) {
        for (int i = 0; i < this.gvBijou.Columns.Count; i++){
            this.gvBijou.Columns[i].ItemStyle.Wrap = false;
            this.gvBijou.Columns[i].HeaderStyle.Wrap = false;
        }
        this.Label10.Text = "当前位置:库存管理>原材料库存管理>宝石库存管理";
        //ddlBrowse 控件数据绑定
        this.ddlBrowse.DataSource = converdata.GetConvertData("4");
        this.ddlBrowse.DataBind();
        //空记录绑定
        DataSet ds = bijoumanagement.GetBijouMaterialStoreInfoID("null");
        gv1.BindNoRecords(gvBijou, ds);
        this.StoreRecords.Text = "0";
        //指定显示界面
        MultiView2.ActiveViewIndex = 0;
```

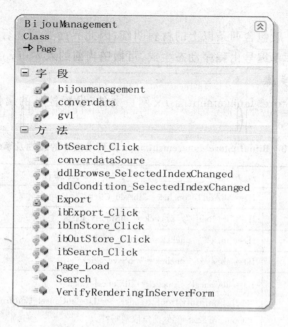

图 8-31 BijouManagement 类的结构

```
            MultiView3.ActiveViewIndex = 0;
        }
    }
    … … …//具体方法代码请查阅项目源程序 BijouManagement.aspx.cs
}
```

这段程序代码主要展现了根据不同的选择条件切换不同的条件内容输入界面,并在转换过程中动态绑定相应的 DropDownList 控件选项数据,不管选择什么条件都通过实体类 BLL.BijouManagement 把数据信息绑定到同一个 GridView 控件中。

VerifyRenderingInServerForm 方法是一个重写的空体方法,什么也没做,但却是必要的方法,这是由在导出 ImageButton 按钮事件方法中执行的语句 gvBijou.RenderControl(hw)所决定的,如果不重写 VerifyRenderingInServerForm 方法,gvBijou.RenderControl(hw)语句将出错。

2. 技术要点

这一过程主要介绍了 MultiView 控件的应用技巧和数据导出到 Excel 文件的技巧。要切换不同界面只需动态改变 MultiView 的 ActiveViewIndex 属性值即可。数据导出要复杂一些,首先为"导出"ibExport 控件设置跟踪,然后在事件方法中调用内部对象 Response 设置输出字符集、编码和输出文件类型等,调用系统类 StringWriter 和 HtmlTextWriter 创建输出信息对象,调用 GridView 控件的控件输出方法 RenderControl,并重写相应方法。

8.1.8 原材料入库功能实现设计

宝石材料入库、拆货入库的界面如图 4-23 和图 4-24 所示,宝石材料入库分为宝石入库和宝石拆货入库,有两个界面,两个都在同一个网页中,使用 AJAX 扩展控件的 TabContainer 控件实现界面的切换。在这里只讲解"宝石入库"界面的功能实现,"宝石拆货入库"读者可参考案例代码完成设计。

在一张入库单中一般包含两条以上的材料明细,因此界面要能逐行填写明细记录并且可随时修改和删除。入库单编号由程序动态生成,可撤销当前的入库单。

1. 设计方法和步骤

(1) 打开 BijouInStoreManagement.aspx 网页文件,设置控件的属性和事件,如表 8-10 所列。

表 8-10　BijouInStoreManagement.aspx 网页上控件的属性及事件设置

控　件	属性及事件
ImageButton(新增)	ID="ibAdd"　onclick="ibAdd_Click"
ImageButton(修改)	ID="ibModify"　onclick="ibModify_Click"
ImageButton(删除)	ID="ibDel"　onclick=" ibDel_Click "
ImageButton(保存)	ID="ibSave"　onclick=" ibSave_Click"
ImageButton(取消)	ID="ibCancel"　onclick="ibCancel_Click" <cc1:ConfirmButtonExtender　ID="ibCancel_Confirm" runat="server" 　ConfirmText="你确定取消吗?" TargetControlID="ibCancel"> </cc1:ConfirmButtonExtender>
ImageButton(退出)	ID="ibQuitl"　onclick="window.close()"
(隐藏的)Button	ID="btHidden"　onclick="btHidden_Click"
DropDownList(供应商)	ID="ddlSupplier"　DataTextField="SupplierName" DataValueField="SupplierNo"
TextBox(采购员)	ID="tbBuyer"
TextBox(库管员)	ID="tbStoreMan"
TextBox(入库日期)	ID="tbInStoreDate"（附加一个日历扩展控件）
CheckBox(全选)	ID="cbSelectAll" oncheckedchanged="cbSelectAll_CheckedChanged"
CheckBox(反选)	ID="cbConvert" oncheckedchanged="cbConvert_CheckedChanged"
GridView(入库单明细)	ID="gvBijou"　onrowcreated="gvBijou_RowCreated" <Columns> 　<asp:TemplateField HeaderText="顺序 ID" Visible="False"> 　　<ItemTemplate> 　　　<asp:Label ID="Label1" runat="server" Text='<%# Eval("ID") %>'/> 　　</ItemTemplate> 　</asp:TemplateField>

续表 8-10

控 件	属性及事件

GridView(入库单明细)	`</asp:TemplateField>`
	`<asp:TemplateField HeaderText="选择">`
	　`<ItemTemplate>`
	　　`<asp:CheckBox ID="cb1" runat="server" />`
	　`</ItemTemplate></asp:TemplateField>`
	`<asp:BoundField DataField="BijouName" HeaderText="宝石名称" />`
	`<asp:BoundField DataField="BijouShape" HeaderText="宝石形状" />`
	`<asp:BoundField DataField="BijouClearDegree" HeaderText="宝石净度" />`
	`<asp:BoundField DataField="CutTechnics" HeaderText="宝石切工" />`
	`<asp:BoundField DataField="BijouColor" HeaderText="宝石颜色" />`
	`<asp:BoundField DataField="BijouFormat" HeaderText="宝石规格" />`
	`<asp:BoundField DataField="BijouAmount" HeaderText="宝石总数量" />`
	`<asp:BoundField DataField="BijouPackageWeight" HeaderText="宝石包总重" />`
	`<asp:BoundField DataField="BijouPrice" HeaderText="宝石包成本单价" />`
	`<asp:BoundField DataField="BijouPackageSum" HeaderText="宝石金额" />`
	`<asp:BoundField DataField="WeightRange" HeaderText="重量范围" /></Columns>`

(2) 打开 BijouInStoreManagement.aspx.cs 隐含代码文件,编写事件方法。BijouInStoreManagement 类的成员解释如图 8-32 所示,结构如图 8-33 所示。
BijouInStoreManagement.aspx.cs 类文件代码如下:

```
using System;
using System.Data;
using System.Web;
using System.Web.UI;
using System.Web.UI.WebControls;

public partial class BijouInStoreManagement : System.Web.UI.Page
{
    gv gv1 = new gv();
    ESCM.BLL.ConvertData convertdata = new ESCM.BLL.ConvertData();
    ESCM.BLL.BijouManagement BLLBijou = new ESCM.BLL.BijouManagement();
    ESCM.Model.BijouManagement ModelBijou = new ESCM.Model.BijouManagement();

    protected void Page_Load(object sender, EventArgs e)
    {
        if (! IsPostBack) {
            //设定 Gridview 的单元格不换行
            for (int i = 0; i < this.gvBijou.Columns.Count; i++){
```

第 8 章 界面功能实现

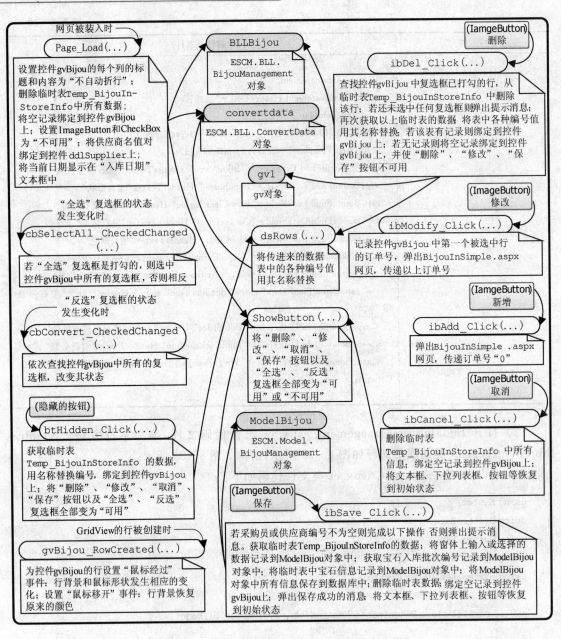

图 8-32 BijouInStoreManagement 类的成员解释

```
        this.gvBijou.Columns[i].ItemStyle.Wrap = false;
        this.gvBijou.Columns[i].HeaderStyle.Wrap = false;
    }
    //清除临时表数据
    //ModelBijou.UserID = int.Parse(Session["uid"].ToString());
    DataSet dsmytable = BLLBijou.GetMytable(ModelBijou, "Temp_BijouInStoreInfo");//
Temp_BijouInStoreInfo 是为 gvBijou 提供数据的临时表
    int count = dsmytable.Tables[0].Rows.Count;
    if (count > 0){
```

```
                    //调用 BLL.BijouManagement
实体类对象方法删除临时表数据
                    BLLBijou.DelAll(ModelBijou,
"Temp_BijouInStoreInfo");
                }
                //GridView 控件空数据绑定
                gv1.BindNoRecords(gvBijou, BLL-
Bijou.GetMytable(ModelBijou, "Temp_BijouInStore-
Info"),"cb1");
                //设置按钮有效性
                ShowButton(false);
                //绑定供应商 DropDownList 控件
数据
                this.ddlSupplier.DataSource =
convertdata.GetSupplier("");
                this.ddlSupplier.DataBind();
                gv1.ddlDefault(ddlSupplier);
                //对入库日期 TextBox 控件赋予当
前日期
                this.tbInStoreDate.Text = Date-
Time.Now.ToShortDateString();
            }
        }
        ………//具体方法代码请查阅项目源程序 BijouInStoreManagement.cs
    }
```

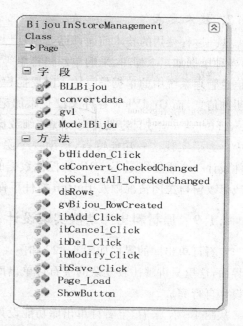

图 8-33　BijouInStoreManagement 类的结构

本程序完全使用实体类 BijouManagement 进行数据库的操作,尽管代码比较长,但归结起来就是为执行实体类的方法提供属性值、数据行选择情形设置和数据绑定处理,有关实体类的相关方法可参考在项目案例 VAL 文件夹中的案例程序 BijouManagement.cs。

btHidden_Click 方法是隐藏按钮 btHidden 的单击事件方法,但既然是隐藏,则显然是看不见的,那如何触发呢,这里是通过 JavaScript 脚本代码根据添加数据和修改数据窗口关闭的情形触发的,其作用是要使当新添入库单明细或修改入库单明细时能够及时反映到当前操作的入库单中,脚本代码置于 BijouInStoreManagement.aspx 网页文件的＜head＞＜/head＞之间,如下所示:

```
<script type = "text/javascript">
    function ShowDialog(Url,Width,Height) {
        var rel =
window.showModalDialog(Url,"","dialogWidth = " + Width + "px;dialogHeight = " + Height + "px;help
= no;status = no;edge = raised");
        if(rel == "refresh") {
            document.getElementById("btHidden").click();
        }
    } </script>
```

2. 技术要点

这一过程使用的技术前面都已介绍,但其编程思想是值得关注的内容。在实际管理过程中,各种单据如出入库单、采购单和销售单等都表现为一张单据包含多条明细项的特点,因此,在信息管理系统中的单据信息输入时要能模仿实际单据填写的方式,即将一张单据可输入多条明细信息,而 GridView 控件又没有添加记录的功能,这就要求另外开出窗口采用 DetailsView、FormView 或自定义界面实现明细数据的添加,添加后要立即反映到 GridView 明细窗口中。为了实现这一功能特点,借助一个隐藏的 Button 控件和 JavaScript 脚本函数,Button 控件设计一个重新绑定 GridView 控件数据的事件,而 JavaScript 脚本函数根据弹出式信息添加或修改窗口关闭情况触发 Button 控件事件方法的执行。

8.1.9 原材料出库功能实现设计

宝石订单出库的界面如图 4-27 和图 4-28 所示,包含宝石订单出库和宝石普通出库两个界面,这里只讲解比较复杂的宝石订单出库功能的设计,宝石普通出库功能读者可参考本功能设计自行完成。

从图 4-27 来看,宝石订单出库功能设计思路是首先选择物料单编号,然后把物料单读入下方的物料单需求窗口中,并把检索的宝石包号绑定到一个 DropDownList 控件中,接着选择要出库的宝石包号,单击"新增"按钮,弹出一个新增的出库明细数据输入窗口,输入出库的相关信息后单击"确定"按钮,则在出库单明细窗口中添加一项新的出库单明细数据,依此法添加更多的明细信息,可对输入的明细信息进行修改或删除,最后单击"保存"按钮完成出库操作。

1. 设计方法和步骤

(1) 打开 BijouOutStoreManagement.aspx 网页文件,设置控件的属性和事件,如表 8-11 所列。

表 8-11 BijouOutStoreManagement.aspx 网页上控件的属性及事件设置

控 件	属性及事件
ImageButton(新增)	ID="ibAdd" onclick="ibAdd_Click"
ImageButton(修改)	ID="ibModify" onclick="ibModify_Click"
ImageButton(删除)	ID="ibDel" onclick="ibDel_Click"
ImageButton(保存)	ID="ibSave" onclick="ibSave_Click"
ImageButton(取消)	ID="ibCancel" onclick="ibCancel_Click" <cc1:ConfirmButtonExtender ID="ibCancel_Confirm" runat="server" ConfirmText="你确定取消吗?" TargetControlID="ibCancel"> </cc1:ConfirmButtonExtender>
ImageButton(退出)	ID="ibQuitl" onclick="window.close()"
(隐藏的)Button	ID="btRebind" CssClass="hidden1",其中 hidden1{ display:none} onclick="btRead_Click"
Button(读取)	ID="btRead" onclick="btRead_Click"

续表 8-11

控 件	属性及事件
DropDownList(物料单编号)	ID="ddlMaterielFormNo"
DropDownList(宝石包号)	ID="ddlBijouPackageNo" AutoPostBack="True" onselectedindexchanged="ddlBijouPackageNo_SelectedIndexChanged"
TextBox(接收人)	ID="tbBuyer"
TextBox(库管员)	ID="tbStoreMan"
TextBox(出库日期)	ID="tbOutStoreDate" <cc1:CalendarExtender ID="tbOutStoreDate_CalendarExtender" runat="server" Enabled="True" TargetControlID="tbOutStoreDate"/>
CheckBox(全选)	ID="cbSelectAll" AutoPostBack="True" oncheckedchanged="cbSelectAll_CheckedChanged"
CheckBox(反选)	ID="cbConvert" AutoPostBack="True" oncheckedchanged="cbConvert_CheckedChanged"
Label(物料单编号)	ID="lbMaterielFormNo"
GridView(出库单明细)	ID="gvOutStore" AutoGenerateColumns="False" <Columns> <asp:TemplateField HeaderText="顺序 ID" Visible="False"> <ItemTemplate> <asp:Label ID="Label13" runat="server" Text='<%# Bind("ID") %>'/> </ItemTemplate> </asp:TemplateField> <asp:TemplateField HeaderText="选择"> <ItemTemplate> <asp:CheckBox ID="cb1" runat="server" AutoPostBack="True" /></ItemTemplate> </asp:TemplateField> <asp:BoundField DataField="BijouPackageNo" HeaderText="宝石包号"/> <asp:BoundField DataField="BijouName" HeaderText="宝石名称"/> <asp:BoundField DataField="BijouOutWeight" HeaderText="出库总重"/> <asp:BoundField DataField="BijouOutAmount" HeaderText="出库数量"/> <asp:BoundField DataField="BijouOutPrice" HeaderText="出库单价"/> <asp:BoundField DataField="BijouOutSum" HeaderText="出库金额" /> <asp:BoundField DataField="Remark" HeaderText="备注"/> </Columns> onrowcreated="gvOutStore_RowCreated"

第8章 界面功能实现

续表 8-11

控 件	属性及事件
GridView(出库单宝石材料明细)	ID="gvMaterial" AutoGenerateColumns="False" <Columns> 　<asp:BoundField HeaderText="宝石名称"/> 　<asp:BoundField HeaderText="宝石颜色"/> 　<asp:BoundField HeaderText="宝石净度"/> 　<asp:BoundField HeaderText="宝石形状"/> 　<asp:BoundField HeaderText="宝石单重"/> 　<asp:BoundField HeaderText="宝石数量"/> </Columns>

(2) 打开 BijouOutStoreManagement.aspx.cs 隐含代码文件,编写事件方法。BijouOutStoreManagement 类的成员解释如图 8-34 所示,类的结构如图 8-35 所示。

BijouOutStoreManagement.aspx.cs 类文件代码如下:

```
using System;
using System.Data;
using System.Web.UI;
using System.Web.UI.WebControls;
public partial class BijouOutInfo : System.Web.UI.Page{
//引用自定义的公共类和实体类协助事件方法完成数据操作
gv gv1 = new gv();
MessageBox MgBox = new MessageBox();
ESCM.BLL.ConvertData convertdata = new ESCM.BLL.ConvertData();
ESCM.BLL.Temporary bllTem = new ESCM.BLL.Temporary();
ESCM.BLL.BijouOutStore bllBijouOut = new ESCM.BLL.BijouOutStore();
ESCM.Model.Bijou modelBijouOut = new ESCM.Model.Bijou();
ESCM.Model.CommonAttribute modelCom = new ESCM.Model.CommonAttribute();
//定义两个私有静态字段
private static string supplierNo;//供应商编号
private static int orderFormNo;//订单编号
protected void Page_Load(object sender, EventArgs e) {
    if (! IsPostBack) {
        this.ibAdd.Enabled = false;
        if (Request.QueryString["ID"].ToString() == "0"){
          this.Label6.Text = "当前位置:库存管理 >原材料库存管理>宝石出库";
            GetddlMaterielFormNo();//绑定材料单号 DropDownList 控件
            gv1.GrivdText(gvMateriel);//空记录绑定材料单明细 GridView 控件
//modelCom.UserID = int.Parse(Session["uid"].ToString());
modelCom.UserID = 100066;//固定用户
        DataSet ds1 = bllTem.GetMytable(modelCom, "Temp_BijouOutStoreForm");//检索出库
单明细空记录获取数据集实例
```

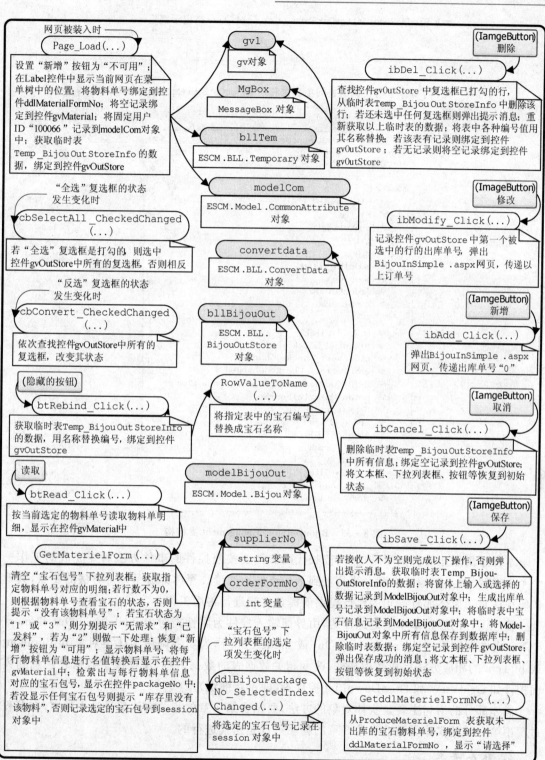

图 8-34 BijouOutStoreManagement 类的成员解释

```
            gv1.BindNoRecords1(gvOutStore, ds1,"cb1");//空记录绑定
         }
      }
   }
            ………//具体方法代码请查阅项目源程序 BijouOutStoreManagement.aspx.cs
   }
```

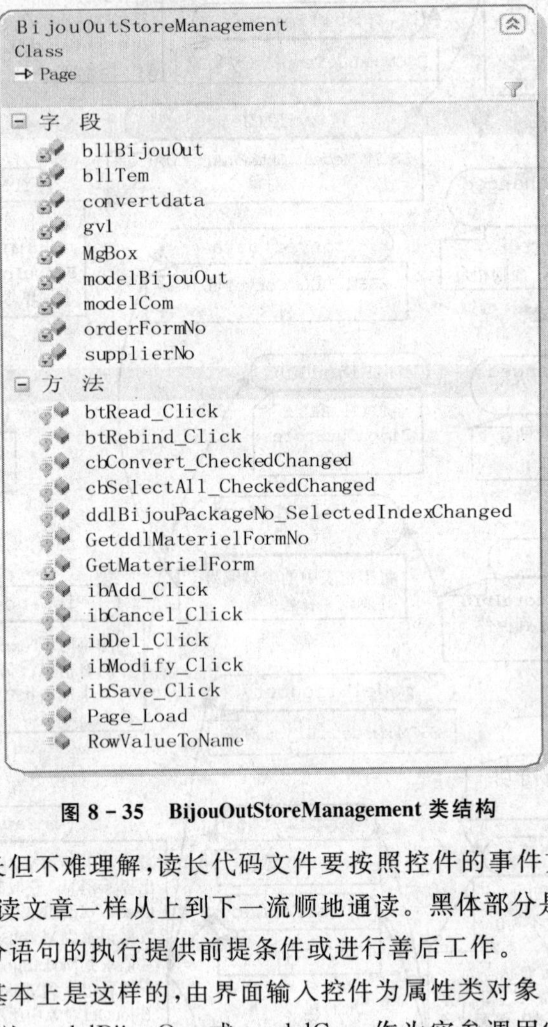

```
BijouOutStoreManagement
Class
→ Page
字  段
    bllBijouOut
    bllTem
    convertdata
    gv1
    MgBox
    modelBijouOut
    modelCom
    orderFormNo
    supplierNo
方  法
    btRead_Click
    btRebind_Click
    cbConvert_CheckedChanged
    cbSelectAll_CheckedChanged
    ddlBijouPackageNo_SelectedIndexChanged
    GetddlMaterielFormNo
    GetMaterielForm
    ibAdd_Click
    ibCancel_Click
    ibDel_Click
    ibModify_Click
    ibSave_Click
    Page_Load
    RowValueToName
```

图 8-35 BijouOutStoreManagement 类结构

本程序虽然比较长但不难理解，读长代码文件要按照控件的事件方法所要完成的工作一个个去理解，而不能像读文章一样从上到下一流顺地通读。黑体部分是每个方法的要点，其他代码往往是为黑体部分语句的执行提供前提条件或进行善后工作。

程序设计的思路基本上是这样的，由界面输入控件为属性类对象 modelBijouOut 和 modelCom 提供属性值，再以 modelBijouOut 或 modelCom 作为实参调用实体类对象 bllBijouOut 或 bllTem 的相应方法完成数据操作，改变相关数据表的数据内容，又再检索数据表信息到界面控件如 GridView 和 DropDownList 控件等（即重新绑定）。

黑体部分的语句主要是实体对象的方法，要结合第 7 章的相关实体类设计去理解，在编程过程中第 7 章的实体类设计和第 8 章的程序设计是迭代进行的。

2. 技术要点

本过程完全使用 ADO.NET 技术进行数据处理，尽管与 SqlDataSource 和 ObjectDataSource 数据源比起来需要更多的编程，但由于其灵活性，在较复杂的程序设计中广泛使用。这一过程的主要技巧是属性类的应用，界面数据输入控件只与属性类对象相关，不管数据处理

方法如何；而各个数据处理方法对象只访问属性类对象，也不管界面内容，属性类只负责保存界面控件提供的属性值，任由数据处理方法调用，三个对象各司其责，海阔天空。

8.1.10 订单管理主界面功能实现设计

订单管理功能是指对订购单的处理过程，对于成品库和商场有两种类型的订购单，即版库订单和普通订单，这里只介绍比较复杂的版库订单生成的功能设计过程，界面如图4-29、图4-30和图4-31所示。

订单生成的设计思路是首先填写订单表头的信息（其中"商品种类"和"商品类别"可从模板库中获取选择的信息，"需求日期"和"下单日期"默认为当前系统日期），然后单击"添加"按钮打开一个订单明细的输入窗口（其中"商品款号"和"主石重量"可由选择的版库中获取），如图4-30所示，辅石信息通过单击明细记录中的"添加辅石"按钮来添加，这时弹出一个添加辅石信息的窗口如图4-31所示。

1. 设计方法和步骤

（1）打开 ModeOrderManagement.aspx 网页文件，设置控件的属性和事件，如表8-12所列。

表8-12 ModeOrderManagement.aspx 网页上控件的属性及事件设置

控件	属性及事件
ImageButton（新增）	ID="ibAdd"　onclick="ibAdd_Click"
ImageButton（修改）	ID="ibModify"　onclick="ibModify_Click"
ImageButton（删除）	ID="ibDel"　onclick="ibDel_Click"
ImageButton（取消）	ID="ibCancel"　onclick="ibCancel_Click"
ImageButton（退出）	ID="ibQuitl"　onclick="window.close()"
DropDownList（商场名称）	ID="ddlShoppingName"
DropDownList（商品种类）	ID="ddlWareClass"
DropDownList（商品类别）	ID="ddlWareSort"
DropDownList（订单性质）	ID="ddlKind"
DropDownList（供应商名称）	ID="ddlSupplier"　DataTextField="SupplierName"　DataValueField="SupplierNo"
TextBox（需求日期）	ID="tbRequireDate"（附加一个日历扩展控件）
TextBox（供应商编号）	ID="tbSupplierNo"
TextBox（特殊订单）	ID="txbTSOrder"
TextBox（订单备注）	ID="tbReMark"
TextBox（下单日期）	ID="tbOrderFormDate"（附加一个日历扩展控件）
CheckBox（全选）	ID="cbSelectAll"　AutoPostBack="True"　oncheckedchanged="cbSelectAll_CheckedChanged"
CheckBox（反选）	ID="cbConvert"　oncheckedchanged="cbFx_CheckedChanged"　AutoPostBack="True"
Label（下单人员名称）	ID="lbOrderFormMan"
Button（提交）	ID="btOk"　onclick="btOk_Click"

续表 8-12

控件	属性及事件
（隐藏的）Button	ID="btRefurbish" onclick="btRefurbish_Click"
（隐藏的）Button	ID="btRefurbish2"
GridView	ID="gvOrderDetail" <Columns> 　<asp:TemplateField HeaderText="ID" Visible="False"> 　　<ItemTemplate> 　　<asp:Label ID="lbID" runat="server" Text='<%# Eval("ID") %>'/></ItemTemplate> 　</asp:TemplateField> 　<asp:TemplateField HeaderText="选择"> 　　<ItemTemplate> 　　<asp:CheckBox ID="cb1" runat="server" AutoPostBack="True" /></ItemTemplate> 　</asp:TemplateField> 　<asp:TemplateField HeaderText="SubId" Visible="false"> 　　<ItemTemplate> 　　<asp:Label ID="lbSubId" runat="server" Text='<%# Eval("SubId") %>'/></ItemTemplate> 　</asp:TemplateField> 　<asp:TemplateField HeaderText="图片编号"> 　　<ItemTemplate> 　　<asp:Label ID="lbPhotoNo" runat="server" Text='<%# Eval("PhotoNo")%>'/> 　　<asp:Button ID="btBrowse" runat="server" Text="浏览" /></ItemTemplate> 　</asp:TemplateField> 　<asp:BoundField DataField="MainBijouName" HeaderText="主石名称" /> 　<asp:BoundField DataField="MainBijouColor" HeaderText="主石颜色" /> 　<asp:BoundField DataField="MainBijouCleanDegree" HeaderText="主石净度" /> 　<asp:BoundField DataField="MainBijouWeight" HeaderText="主石重量" /> 　<asp:TemplateField HeaderText="辅石信息"> 　　<ItemTemplate> 　　<asp:Button ID="btAddSubBijou" runat="server" Text="添加辅石"/></ItemTemplate> 　</asp:TemplateField> 　<asp:BoundField DataField="GoldQuality" HeaderText="金料成色" /> 　<asp:BoundField DataField="GoldWeight" HeaderText="金料重量" /> 　<asp:BoundField DataField="WareAmount" HeaderText="商品数量" /> 　<asp:BoundField DataField="WareWeight" HeaderText="商品重量" /> 　<asp:BoundField DataField="WithLink" HeaderText="配链要求" /> 　<asp:BoundField DataField="WareMarking" HeaderText="商品字印" /> 　<asp:BoundField DataField="Remark" HeaderText="备注" /> 　<asp:BoundField DataField="Fittings" HeaderText="配件名称" /> 　<asp:BoundField DataField="FittingsAmount" HeaderText="配件数量" /> </Columns>

第8章 界面功能实现

（2）打开 ModeOrderManagement. aspx. cs 代码文件，编写事件方法。ModeOrderManagement 类的结构如图 8-36 所示，其成员解释如图 8-37 所示。

ModeOrderManagement. aspx. cs 类文件代码：

```
using System;
using System.Data;
using System.Web;
using System.Web.UI;
using System.Web.UI.WebControls;

public partial class ModeOrderManagement : System.Web.UI.Page
{       //引用实体类和公共类
    ESCM.BLL.Temporary bllTem = new ESCM.BLL.Temporary();
    ESCM.BLL.ConvertData convertdata = new ESCM.BLL.ConvertData();
    ESCM.BLL.OrderForm bllOrderForm = new ESCM.BLL.OrderForm();
    ESCM.Model.CommonAttribute modelcom = new ESCM.Model.CommonAttribute();
    ESCM.Model.OrderForm modelOrderForm = new ESCM.Model.OrderForm();
    gv gv1 = new gv();
MessageBox Mgb = new MessageBox();
    private static string subID;//私有静态变量辅石 ID 号
    private static string OrderFormMan;//私有静态变量下单人
    protected void Page_Load(object sender, EventArgs e)
    {
        if(! IsPostBack){
………//具体内容可查阅项目源程序 ModeOrderManagement.aspx.cs
        }
    }
………//具体方法代码可查阅项目源程序 ModeOrderManagement.aspx.cs
}
```

图 8-36 ModeOrderManagement 类的结构

这一程序使用实体类实例进行数据的增、删、改以及查询操作，要特别注意的语句是 int ordreNo = bllOrderForm. OrderFormSummit(dsMain, dsSub, modelOrderForm);实体类方法 OrderFormSummit 同时完成三个数据表的数据添加操作，语句 bllOrderForm. CheckOrderFormAndCenvertState(ordreNo);验证商场是否可以下单，如果可以则本订单转为已审核订单，否则为待定订单。实体类的相关方法，请查阅 Val 文件夹的 OrderForm.cs 文件。

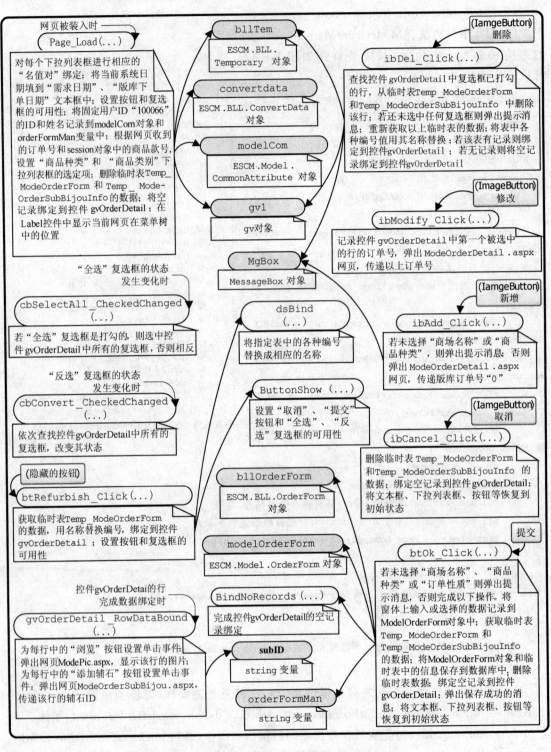

图 8-37 ModeOrderManagement 类的成员解释

2. 技术要点

这一过程的要点是如何处理连环数据操作,即订单表头数据与订单明细记录。而订单明细记录与辅石明细记录的联系所采取的方法是把订单表头数据、订单明细数据和订单明细记录对应的辅石明细数据分开操作一同提交保存,保存分列在三个数据表,即 ModeOrderForm、ModeOrderFormComInfo 和 ModeOrderFormSubBijouInfo。完成这一复杂操作的关键要点是 DAL.OrderForm 实体类方法 OrderFormSummit 的设计,详情可参阅本书随附的项目案例代码。

8.1.11 订单明细输入功能实现设计

图 4-30 界面除了可以进行订单明细数据添加之外,还可以进行数据修改操作,商品款号可以从模板库中获取也可以直接输入,主石重量和金料成色由商品款号从模板库中获取。

1. 设计方法和步骤

(1) 打开 ModeOrderDetail.aspx 网页文件,设置控件的属性和事件,如表 8-13 所列。

表 8-13 ModeOrderDetail.aspx 网页上控件的属性及事件设置

控 件	属性及事件
TextBox(商品款号)	ID="tbStyleNo" ontextchanged="tbStyleNo_TextChangedAutoPostBack="True"
TextBox(商品数量)	ID="tbWareAmount"
TextBox(主石重量)	ID="tbMainBijouWeight"
TextBox(戒指手寸)	ID="tbRingSize"
TextBox(配件数量)	ID="tbFittingAmount"
TextBox(商品重量)	ID="tbWareWeight"
TextBox(金料重量)	ID="ttbGoldWeight"
TextBox(备注)	ID="tbReMark"
DropDownList(主石净度)	ID="ddlClean" DataTextField="ClassName" DataValueField="ClassValue"
DropDownList(配件名称)	ID="ddlFittingName" DataTextField="ClassName" DataValueField="ClassValue"
DropDownList(主石名称)	ID="ddlMainBijouName" DataTextField="ClassName" DataValueField="ClassValue"
DropDownList(主石颜色)	ID=" ddlMainBijouColor " DataTextField="ClassName" DataValueField="ClassValue"
DropDownList(金料成色)	ID="ddlGoldQuality" DataTextField="ClassName" DataValueField="ClassValue"
DropDownList(配链要求)	ID="ddlWithLink" DataTextField="ClassName" DataValueField="ClassValue"

续表 8-13

控 件	属性及事件
DropDownList(商品字印)	ID="ddlWareMarking" <asp:ListItem Value="鑫生">鑫生</asp:ListItem> <asp:ListItem Value="百世缘">百世缘</asp:ListItem> <asp:ListItem Value="六福">六福</asp:ListItem> <asp:ListItem Selected="True">==可选择==</asp:ListItem>
Button(确定)	ID="btOk" onclick="btOk_Click"
Button(关闭)	ID="btClose" OnClientClick="window.close();"
Label(提示信息)	ID="lbMessage"

（2）打开 ModeOrderDetail.aspx.cs 隐含代码文件，编写事件方法。OrderFrom 类的结构如图 8-38 所示，成员解释如图 8-39 所示。

ModeOrderDetail.aspx.cs 类文件代码如下：

```
using System;
using System.Collections;
using System.Data;
using System.Web;
using System.Web.Security;
using System.Web.UI;
using System.Web.UI.WebControls;

public partial class OrderForm : System.Web.UI.Page
{   //引用实体类和公共类
    ESCM.BLL.ConvertData convertdata = new ESCM.BLL.ConvertData();
    ESCM.BLL.OrderForm bllOrderForm = new ESCM.BLL.OrderForm();
    ESCM.Model.OrderForm modelOrderForm = new ESCM.Model.OrderForm();
    ESCM.Model.CommonAttribute modelcom = new ESCM.Model.CommonAttribute();
    ESCM.BLL.Temporary bllTem = new ESCM.BLL.Temporary();
    gv gv1 = new gv();
    private static string modeNo;//模板编号
    private static int photoNo; //图片编号
    protected void Page_Load(object sender, EventArgs e) {
        if (! IsPostBack) {
            ………… //方法内容可查阅项目源程序 OrderFrom.aspx.cs
        }
    }
    // 商品款号变更事件,根据商品款号获取主石重量和金料成色数据
    protected void tbStyleNo_TextChanged(object sender, EventArgs e) {
        ………//方法内容可查阅项目源程序 OrderFrom.aspx.cs }
```

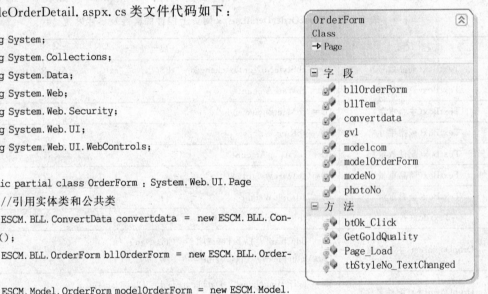

图 8-38 OrderFrom 类的结构

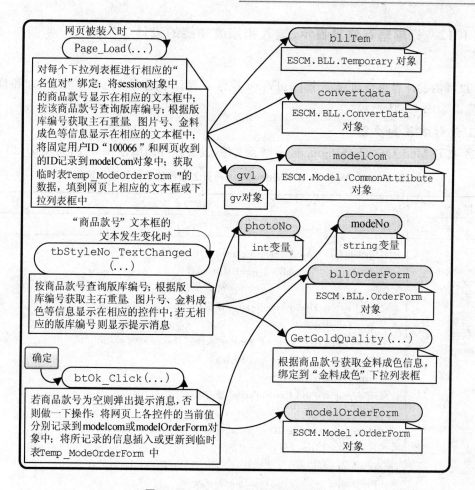

图 8-39　OrderFrom 类的成员解释

```
// 确定按钮事件,保存订单明细到临时表 Temp_ModeOrderForm
protected void btOk_Click(object sender, EventArgs e) {
 … … …//方法内容可查阅项目源程序 OrderFrom.aspx.cs }
// 根据版库编号绑定金料成色信息
private void GetGoldQuality(){
        … … …//方法内容可查阅项目源程序 OrderFrom.aspx.cs }
}
```

　　这一程序的关键语句是 bllTem.InsertMytable("Temp_ModeOrderForm",strsql)和 bllTem.UpdateMytable(modelcom,"Temp_ModeOrderForm",strsql),一个是把界面输入的数据添加到临时表 Temp_ModeOrderForm,另一个是用界面修改的数据修改临时表 Temp_ModeOrderForm 相应的记录,添加数据和修改数据共用一个界面。

2. 技术要点

　　本过程的技巧是通过临时表暂存订单明细信息,并用一个界面实现数据添加和修改操作。

第8章 界面功能实现

8.1.12 订单辅石信息显示、输入和修改功能的设计

本过程的设计思想是通过一个 GridView 控件实现订单辅石信息的显示、添加和修改的功能,界面如图 4-31 所示。

1. 设计方法和步骤

(1) 打开 ModeOrderSubBijou.aspx 网页文件,设置控件的属性和事件,如表 8-14 所列。

表 8-14 ModeOrderSubBijou.aspx 网页上控件的属性及事件设置

控 件	属性及事件
Button(关闭)	ID="btClose" OnClientClick="window.close();"

GridView	ID="gvSubBijou" AutoGenerateColumns="False" onrowdatabound="gvSubBijou_RowDataBound"
	<Columns>
	  <asp:TemplateField HeaderText="辅石ID" Visible="False">
	   <ItemTemplate>
	    <asp:Label ID="lbSubId" runat="server" Text='<%# Bind("SubId") %>'/> </ItemTemplate>
	  </asp:TemplateField>
	  <asp:TemplateField HeaderText="辅石名称">
	   <ItemTemplate>
	    <asp:DropDownList ID="ddlSubBijouName" runat="server" AutoPostBack="True" onselectedindexchanged="ddlSubBijouName_SelectedIndexChanged" Width="120px"> </asp:DropDownList>
	    <asp:HiddenField ID="HidSubBijouName" runat="server" Value='<%# Eval("SubBijouName") %>' /></ItemTemplate>
	   <FooterTemplate>
	    <asp:DropDownList ID="ddlSubBijouName1" runat="server" Width="120px"> </asp:DropDownList>
	   </FooterTemplate>
	  </asp:TemplateField>
	  <asp:TemplateField HeaderText="辅石重量">
	   <ItemTemplate>
	    <asp:TextBox ID="txbWeight" runat="server" AutoPostBack="True" ontextchanged="txbWeight_TextChanged" Text='<%# Bind("SubBijouWeight") %>' Width="115px"/></ItemTemplate>
	   <FooterTemplate>
	    <asp:TextBox ID="txbWeight1" runat="server" Width="115px" Text="0.00"/>
	   </FooterTemplate>

续表 8-14

控件	属性及事件

GridView	`</asp:TemplateField>`
	`<asp:TemplateField HeaderText="辅石颜色">`
	　`<ItemTemplate>`
	　　`<asp:DropDownList ID="ddlSubBijouColor" runat="server" AutoPostBack="True" onselectedindexchanged="ddlSubBijouColor_SelectedIndexChanged" Width="120px"></asp:DropDownList>`
	　　`<asp:HiddenField ID="HidSubBijouColor" runat="server" Value='<%# Eval("SubBijouColor") %>' /></ItemTemplate>`
	　`<FooterTemplate>`
	　　`<asp:DropDownList ID="ddlSubBijouColor1" runat="server" Width="120px">`
	`</asp:DropDownList>`
	　`</FooterTemplate>`
	`</asp:TemplateField>`
	`<asp:TemplateField HeaderText="辅石数量">`
	　`<ItemTemplate>`
	　　`<asp:TextBox ID="txbAmount" runat="server" AutoPostBack="True" ontextchanged="txbAmount_TextChanged" Text='<%# Bind("SubBijouAmount") %>' Width="115px"/> </ItemTemplate>`
	　`<FooterTemplate>`
	　　`<asp:TextBox ID="txbAmount1" runat="server" Width="115px" Text="0"/>`
	　`</FooterTemplate>`
	　`</asp:TemplateField>`
	`<asp:TemplateField HeaderText="辅石净度">`
	　`<ItemTemplate>`
	　　`<asp:DropDownList ID="ddlSubBijouCleanDegree" runat="server" AutoPostBack="True" onselectedindexchanged="ddlSubBijouCleanDegree_SelectedIndexChanged" Width="120px"></asp:DropDownList>`
	　　`<asp:HiddenField ID="HidSubBijouCleanDegree" runat="server" Value='<%# Eval("SubBijouCleanDegree") %>' /></ItemTemplate>`
	　`<FooterTemplate>`
	　　`<asp:DropDownList ID="ddlSubBijouCleanDegree1" runat="server" Width="120px"></asp:DropDownList>`
	　`<asp:Button ID="btAdd" runat="server" onclick="btAdd_Click" Text="添加" />`
	　`</FooterTemplate>`
	　`</asp:TemplateField>`
	`</Columns>`

第 8 章　界面功能实现

（2）打开 ModeOrderSubBijou.aspx.cs 隐含代码文件，编写事件方法。ModeOrderSub-Bijou 类的结构如图 8-40 所示，成员解释如图 8-41 所示。

ModeOrderSubBijou.aspx.cs 类文件代码如下：

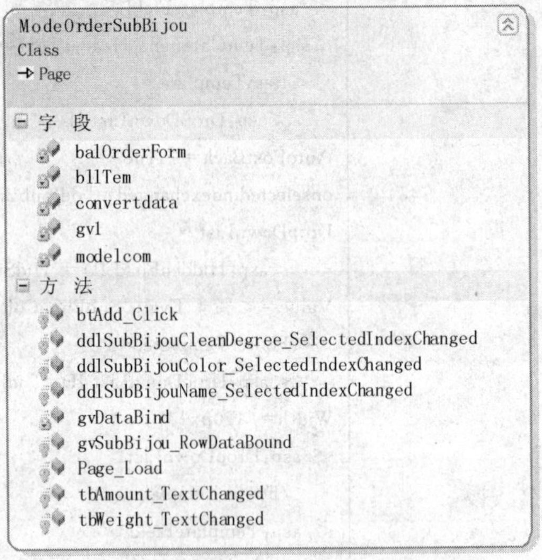

```
using System;
using System.Data;
using System.Web.UI.WebControls;

public partial class ModeOrderSubBijou : System.Web.UI.Page
{
    ESCM.BLL.Temporary bllTem = new ESCM.BLL.Temporary();
    ESCM.BLL.OrderForm balOrderForm = new ESCM.BLL.OrderForm();
    ESCM.Model.CommonAttribute modelcom = new ESCM.Model.CommonAttribute();
    ESCM.BLL.ConvertData convertdata = new ESCM.BLL.ConvertData();
    gv gv1 = new gv();
    protected void Page_Load(object sender, EventArgs e)
    {
        if (! IsPostBack) { gvDataBind(); }
    }
    …………//具体方法代码可查阅项目源程序 ModeOrderSubBijou.aspx.cs
}
```

图 8-40　ModeOrderSubBijou 类的结构

数据添加事件方法 btAdd_Click 是把 GridView 脚注输入控件的输入值添加到临时表中，当添加数据后重新绑定 GridView 控件的数据，显示所有添加的数据行。对于 GridView 数据行中的 DropDownList 控件，在数据行绑定数据时，首先把数据绑定到一个隐藏字段，再把隐藏字段值赋给 DropDownList 控件的 SelectedValue 属性，并展现出来。

2. 技术要点

这一过程的关键技巧是把本来没有数据行添加功能的 GridView 控件设计成具有数据行添加功能，并可进行多行数据的随时修改，大大增强了 GridView 的功能。

8.1.13　商品库存管理入库功能的设计

商品入库如图 4-32 和 4-33 所示，分为订单入库和退货入库两个部分，通过标签控件进行切换，本过程只对较复杂的订单入库进行设计，退货入库读者可参考案例项目相应的程序自行完成。

界面的设计思想是把辅石信息另开一个输入子窗口，输入商品的主信息之后，再添加相应的辅石信息，注意这里对辅石信息的处理方法与订单管理功能的设计中辅石处理的区别。

第8章 界面功能实现

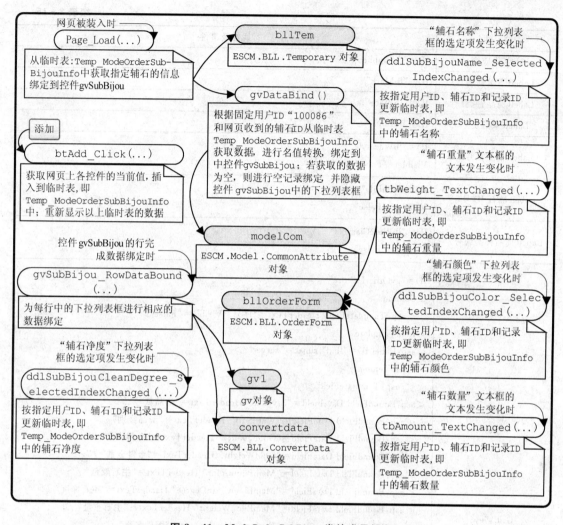

图 8-41 ModeOrderSubBijou 类的成员解释

1. 设计方法和步骤

（1）打开 WareInStore.aspx 网页文件，设置控件的属性和事件，如表 8-15 所列。

表 8-15 WareInStore.aspx 网页上控件的属性及事件设置

控件	属性及事件
TextBox（供应商订单号）	ID="tbSupplierOrderNo"
TextBox（库管员）	ID="tbKeeper"
TextBox（入库日期）	ID="tbInStoreDate"
Button（读取）	ID="btRead" onclick="btRead_Click"
Button（添加辅石）	ID="btAddSub" onclick="btAddSub_Click"
Button（修改选中行）	ID="btModify" onclick="btModify_Click"
Button（确认入库）	ID="btOk" onclick="btOk_Click"
Label（入库批次编号）	ID="lbBatchNo"

续表 8-15

控 件	属性及事件
Label(供应商)	ID="lbSupplier"
Label(下单商场)	ID="lbMark"
Label(商品种类)	ID="lbWareClass"
Label(采购员)	ID="lbBuyer"
Label(商品款号)	ID="lbWaretyle" Visible="False"
Label(辅石ID号)	ID="lbSubID" Visible="False"
Label(商品种类编号)	ID="lbWareClassNo" Visible="False"

GridView
(商品订单入库明细)
	ID="gvOrderInStore"
	\<Columns\>
	  \<asp:TemplateField HeaderText="序号" Visible="False"\>
	\<ItemTemplate\>
	\<asp:Label ID="lbid" runat="server"/\>
	\</ItemTemplate\>
	  \</asp:TemplateField\>
	\<asp:BoundField DataField="StyleNo" HeaderText="商品款号" /\>
	\<asp:BoundField DataField="WareSort" HeaderText="商品类别" /\>
	\<asp:BoundField DataField="GoldQuality" HeaderText="金料成色" /\>
	\<asp:BoundField DataField="GoldWeight" HeaderText="金料金重" /\>
	\<asp:BoundField DataField="MainBijouColor" HeaderText="主石颜色" /\>
	\<asp:BoundField DataField="MainBijouCleanDegree" HeaderText="主石净度" /\>
	\<asp:BoundField DataField="MainBijouWeight" HeaderText="主石重量" /\>
	\<asp:BoundField DataField="Fittings" HeaderText="配件名称" /\>
	\<asp:BoundField DataField="RingSize" HeaderText="尺寸号" /\>
	\<asp:BoundField DataField="WareWeight" HeaderText="商品重量" /\>
	\<asp:BoundField DataField="WareBarNo" HeaderText="商品条码" /\>
	\<asp:BoundField DataField="WareName" HeaderText="商品名称" /\>
	\<asp:BoundField DataField="GoldProperty" HeaderText="金料属性" /\>
	\<asp:BoundField DataField="GoldBatchNo" HeaderText="金料批号" /\>
	\<asp:BoundField DataField="GoldPrice" HeaderText="金料单价" /\>
	\<asp:BoundField DataField="GoldWastage" HeaderText="金料损耗率" /\>
	\<asp:BoundField DataField="GoldSum" HeaderText="金料金额" /\>
	\<asp:BoundField DataField="MainBijouName" HeaderText="主石名称" /\>
	\<asp:BoundField DataField="MainBijouProperty" HeaderText="主石属性" /\>
	\<asp:BoundField DataField="MainBijouPackageNo" HeaderText="主石包号" /\>
	\<asp:BoundField DataField="MainBijouPrice" HeaderText="主石单价" /\>
	\<asp:BoundField DataField="MainBijouSum" HeaderText="主石金额" /\>

续表 8-15

控 件	属性及事件

GridView
(商品订单入库明细)
	`<asp:BoundField DataField="FittingProperty" HeaderText="配件属性" />`
	`<asp:BoundField DataField="FittingWeight" HeaderText="配件重量" />`
	`<asp:BoundField DataField="FittingPrice" HeaderText="配件单价" />`
	`<asp:BoundField DataField="FittingSum" HeaderText="配件金额" />`
	`<asp:BoundField DataField="FittingWeight" HeaderText="配件重量" />`
	`<asp:BoundField DataField="SubBijouCompCost" HeaderText="辅石公司成本" />`
	`<asp:BoundField DataField="SubBijouSuppCost" HeaderText="辅石供应商成本" />`
	`<asp:BoundField DataField="SupplierOperatingCosts" HeaderText="供应成本" />`
	`<asp:BoundField DataField="CompanyOperatingCosts" HeaderText="公司成本" />`
	`<asp:BoundField DataField="OperatingCosts" HeaderText="总成本" />`
	`<asp:BoundField DataField="CertificateName" HeaderText="颁证机构" />`
	`<asp:BoundField DataField="BijouRemark" HeaderText="切工备注" />`
	`<asp:BoundField HeaderText="特殊价率" />`
	`<asp:BoundField DataField="Masterwork" HeaderText="精品" />`
	`<asp:BoundField DataField="MakeOutlay" HeaderText="加工费" />`
	`<asp:CommandField ShowSelectButton="True" />`
	`</Columns>`
	onrowcreated="gvOrderInStore_RowCreated"
	onrowdatabound="gvOrderInStore_RowDataBound"
	onselectedindexchanged="gvOrderInStore_SelectedIndexChanged"

GridView(辅石明细)	ID="gvSubBijou"
	`<Columns>`
	`<asp:BoundField DataField="SubId" HeaderText="SubId" Visible="False" />`
	`<asp:BoundField DataField="SubBijouProperty" HeaderText="辅石属性" />`
	`<asp:BoundField DataField="SubBijouPackageNo" HeaderText="辅石包号" />`
	`<asp:BoundField DataField="SubBijouName" HeaderText="辅石名称" />`
	`<asp:BoundField DataField="SubBijouWeight" HeaderText="辅石单重" />`
	`<asp:BoundField DataField="SubBijouAmount" HeaderText="辅石数量" />`
	`<asp:BoundField DataField="SubBijouPrice" HeaderText="辅石单价" />`
	`<asp:BoundField DataField="SubBijouSum" HeaderText="辅石金额" />`
	`</Columns>`

(2) 打开 WareInStore.aspx.cs 隐含代码文件,编写事件方法。WareInStore 的成员解释如图 8-42 所示,类的结构如图 8-43 所示。

WareInStore.aspx.cs 类文件代码:

```
using System;
using System.Data;
using System.Web;
using System.Web.UI;
using System.Web.UI.WebControls;
```

第 8 章 界面功能实现

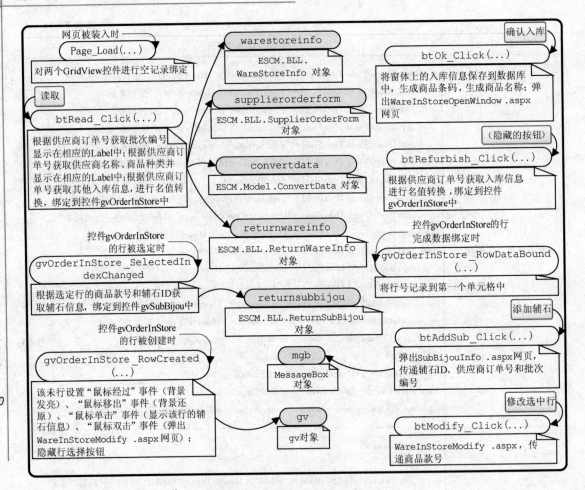

图 8-42 WareInStore 类的成员解释

```
public partial class WareInStore : System.Web.UI.Page
{
    ESCM.BLL.WareStoreInfo warestoreinfo = new ESCM.BLL.WareStoreInfo();
    ESCM.BLL.SupplierOrderForm supplierorderform = new ESCM.BLL.SupplierOrderForm();
    ESCM.BLL.ConvertData convertdata = new ESCM.BLL.ConvertData();
    ESCM.BLL.ReturnWareInfo returnwareinfo = new ESCM.BLL.ReturnWareInfo();
    ESCM.BLL.ReturnSubBijou returnsubbijou = new ESCM.BLL.ReturnSubBijou();
    MessageBox mgb = new MessageBox();
    gv gv = new gv();

    protected void Page_Load(object sender, EventArgs e) {
        if (! IsPostBack) {
            //无数据绑定 GridView 控件
            gv.BindNoRecords(gvOrderInStore, returnwareinfo.GetList("SupplierOrderNo = 'null'"));
            gv.BindNoRecords(gvSubBijou, returnsubbijou.GetList("SupplierOrderNo = 'null'", 0));
```

            }
        }
                        ……………//具体方法代码可查
阅项目源程序 WareInStore.aspx.cs
        }

订单商品入库功能的实现过程是首先通过 btRead_Click 方法读出已返回订单的信息,订单明细由 gvOrderInStore 控件显示,并通过选择数据行由 gvSubBijou 控件显示某一明细记录的辅石信息,这一工作由 gvOrderInStore_SelectedIndexChanged 和 gvOrderInStore_RowCreated 方法共同完成。可单击"修改选中行"按钮再调用 btModify_Click 方法或双击数据行打开修改明细信息的窗口(其中 ShowDialog 是 JavaScript 函数)修改明细信息,也可单击"添加辅石"按钮再调用 btAddSub_Click 方法添加辅石。最后单击"确认入库"按钮并调用 btOk_Click 方法完成入库操作。

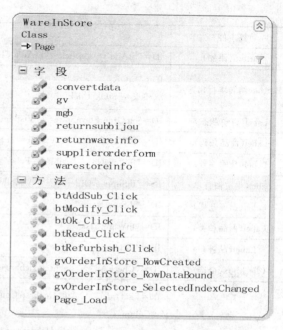

图8-43 WareInStore 类的结构

WareInStoreModify.aspx 和 SubBijouInfo.aspx 程序可查阅项目案例文件。

2. 技术要点

这一过程通过一些小技巧来使用 GridView 控件的选择命令字段 <asp:CommandField ShowSelectButton="True" />,即不需要单击行选择按钮,只要单击数据行的任何位置就可触发行选择按钮,还可以通过 CssClass 属性隐藏选择按钮(注意:不可使用 Visible="False" 方式来隐藏)。gvOrderInStore_RowCreated 方法的 onClick 事件实现这一功能。

8.1.14 商品库存管理出库功能的设计

商品出库有两个操作界面,一个是根据订单出库,另一个是根据调拨单出库。订单出库可以有选择出库,界面如图4-34和图4-35所示。本过程主要进行订单出库的功能设计,调拨单出库读者可参照项目案例自行完成。

1. 设计方法和步骤

(1)打开 WareOutStore.aspx 文件,设置控件的属性和事件,如表8-16所列。

表8-16 WareOutStore.aspx 网页上控件的属性及事件设置

控件	属性及事件
TextBox(供应商订单号)	ID="tbSupplierOrderNo"
TextBox(加价率)	ID="tbAddPrice"
Button(读取)	ID="btRead" onclick="btRead_Click"

续表 8-16

控 件	属性及事件
Button(添加)	ID="btAdd"　onclick="btAdd_Click"
Button(结转本批出库)	ID="btOK" onclick="btOk_Click"
Label(订单状态)	ID="lbOrderFormState"　Visible="False"
Label(商品条码)	ID="lbWareBarNo"　Visible="False"
Label(仓库编号)	ID="lbStoreNo"　Visible="False"
Label(供应商订单)	ID="lbSupplierOrderNo"　Visible="False"
Label(出库仓库)	ID="lbStoreName"
Label(商品种类)	ID="lbWareClass"
Label(品牌)	ID="lbBrand"
CheckBox(全选)	ID="CheckAll"　oncheckedchanged="CheckAll_CheckedChanged"
GridView(订单明细)	ID="gvOrder"　AutoGenerateColumns="False" \<Columns\> 　\<asp:TemplateField HeaderText="商品条码"\> 　　\<ItemTemplate\> 　　　\<asp:Label ID="lbWareBarNo" runat="server" Text='\<%# Bind("WareBarNo") %\>'/\> 　　\</ItemTemplate\> 　\</asp:TemplateField\> 　\<asp:BoundField DataField="StyleNo" HeaderText="商品款号" /\> 　\<asp:BoundField DataField="WareName" HeaderText="商品名称" /\> 　\<asp:BoundField DataField="WareWeight" HeaderText="商品重量" /\> 　\<asp:BoundField DataField="MainBijouName" HeaderText="主石名称" /\> 　\<asp:BoundField DataField="MainBijouWeight" HeaderText="主石重量" /\> 　\<asp:BoundField DataField="GoldQuality" HeaderText="金料成色" /\> 　\<asp:BoundField DataField="OperatingCosts" HeaderText="商品成本" /\> 　\<asp:TemplateField HeaderText="出库"\> 　　\<ItemTemplate\> 　　　\<asp:CheckBox ID="chkSelect" runat="server" /\> 　　\</ItemTemplate\> 　\</asp:TemplateField\> 　\<asp:BoundField DataField="BatchNo" HeaderText="批号" /\> 　\<asp:CommandField ShowSelectButton="True" /\> \</Columns\> onrowcreated="gvOrder_RowCreated" onselectedindexchanged="gvOrder_SelectedIndexChanged"

续表 8-16

控 件	属性及事件
GridView(订单出库明细)	ID="gvOutForm"　AutoGenerateColumns="False" <Columns> 　asp:BoundField DataField="WareBarNo" HeaderText="商品条码" /> 　<asp:BoundField DataField="StyleNo" HeaderText="商品款号" /> 　<asp:BoundField DataField="WareName" HeaderText="商品名称" /> 　<asp:TemplateField HeaderText="零售价"> 　　<ItemTemplate> 　　　<asp:TextBox ID="txtRetailPrice" runat="server" Text='<%# Bind("RetailPrice") %>' Width="64px"/> </ItemTemplate> 　　</asp:TemplateField> 　<asp:TemplateField HeaderText="活动价"> 　　<ItemTemplate> 　　　<asp:TextBox ID="txtSalespromotionPrice" runat="server" Text='<%# Bind("SalespromotionPrice") %>' Width="64px"/> 　　</ItemTemplate> 　　</asp:TemplateField> 　<asp:TemplateField HeaderText="标签标识"> 　　<ItemTemplate> 　　　<asp:TextBox ID="txtLableSign" runat="server" Text='0' Width="64px"/> 　　</asp:TemplateField> 　<asp:TemplateField HeaderText="商品性质"> 　　<ItemTemplate> 　　　<asp:DropDownList ID="ddlWareKind" runat="server" Text='<%# Bind("WareKind") %>'> 　　　　<asp:ListItem></asp:ListItem> 　　　　<asp:ListItem Value="1">正价</asp:ListItem> 　　　　<asp:ListItem Value="2">特价</asp:ListItem> 　　　　<asp:ListItem Value="3">赠品</asp:ListItem> 　　　　<asp:ListItem Value="4">包装促销</asp:ListItem> 　　　　<asp:ListItem Value="5">一口价</asp:ListItem> 　　　</asp:DropDownList> 　　</ItemTemplate> 　</asp:TemplateField> 　<asp:TemplateField HeaderText="以旧换新"> 　　<ItemTemplate> 　　　<asp:DropDownList ID="ddlSecondhandChangeNew" runat="server" Text='<%# Bind("SecondhandChangeNew") %>'> 　　　　<asp:ListItem></asp:ListItem> 　　　　<asp:ListItem Value="1">参加</asp:ListItem> 　　　　<asp:ListItem Value="2">不参加</asp:ListItem> 　　　</asp:DropDownList> 　　</ItemTemplate> 　</asp:TemplateField> 　<asp:BoundField DataField="BatchNo" HeaderText="批次编号" /> </Columns> onrowdatabound="gvOutForm_RowDataBound"

第 8 章 界面功能实现

（2）打开 WareOutStore.aspx.cs 隐含代码文件，编写事件方法及相应的辅助方法。WareOutStore 的成员解释如图 8-44 所示，类的结构如图 8-45 所示。

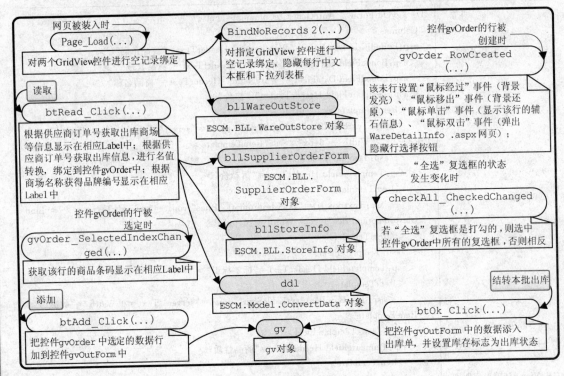

图 8-44 WareOutStore 类的成员解释

WareOutStore.aspx.cs 隐含代码文件如下：

```
using System;
using System.Data;
using System.Web;
using System.Web.UI;
using System.Web.UI.WebControls;

public partial class WareOutStore : System.Web.UI.Page
{
    ESCM.BLL.SupplierOrderForm bllSupplierOrderForm = new ESCM.BLL.SupplierOrderForm();
    ESCM.BLL.StoreInfo bllStoreInfo = new ESCM.BLL.StoreInfo();
    ESCM.BLL.WareOutStore bllWareOutStore = new ESCM.BLL.WareOutStore();
    ESCM.BLL.ConvertData ddl = new ESCM.BLL.ConvertData();
    gv gv = new gv();
    protected void Page_Load(object sender, EventArgs e)
    {
        if (! IsPostBack)
        {
            gv.BindNoRecords1(gvOrder, bllWareOutStore.GetList(" SupplierOrderNo = 'null'"), "chkSelect");
```

```
                BindNoRecords2 ( gvOutForm,
bllWareOutStore.List2(" SupplierOrderNo = null"),
"txtRetailPrice", "txtSalespromotionPrice", "tx-
tLableSign", "ddlWareKind", "ddlSecondhandChange-
New");
        }
    }
            //具体方法代码可查阅项目源程
序 ModeOrderSubBijou.aspx.cs
    }
```

2. 技术要点

本过程采用的设计方法与上一个过程基本相同，但也有一点新的技巧，那就是把一个 GridView 控件的数据记录转移到另一个 GridView 的方法。btAdd_Click 方法实现了这一功能，设计思想是使用两个临时表 Temp_WareOutStore_1 和 Temp_WareOutStore_2 分别存放 gvOrder 和 gvOutForm 的数据，通过存储过程 Ins_Temp_WareOutStore2 实现数据转移，然后重新绑定 GridView 控件数据来达到这一效果，Ins_Temp_Ware-OutStore2 存储过程可参阅案例数据库。

图 8 - 45　WareOutStore 类的结构

8.1.15　商品库存盘点功能的设计

商品库存盘点界面如图 4 - 36 和图 4 - 37 所示。图 4 - 36 为按商品类别统计盘点，而图 4 - 37 为按单件商品进行盘点，本过程实现图 4 - 36 的盘点功能。

1. 设计方法和步骤

（1）打开 DepotCheck.aspx 文件，设置控件的属性和事件，如表 8 - 17 所列。

表 8 - 17　WareOutStore.aspx 网页上控件的属性及事件设置

控　件	属性及事件
Button(生成盘点表)	ID="btOK"　　onclick="btOk_Click"
GridView(盘点明细)	ID="gvDepotCheck" <Columns> <asp:TemplateField HeaderText ="商品类别"> 　　<ItemTemplate> <asp:Label ID="lbWareClass" runat ="server" Text ='<%# Eval("WareClass") %>'/></ItemTemplate> </asp:TemplateField> <asp:TemplateField HeaderText="系统数量"> 　　<ItemTemplate> <asp:Label ID="lbAccountAmount" runat ="server" Text='<%# Eval("AccountAmount") %>'/></ItemTemplate> </asp:TemplateField> <asp:TemplateField HeaderText="实物数量">

第 8 章　界面功能实现

续表 8-17

控　件	属性及事件

GridView(盘点明细)	`<ItemTemplate>`
	　　`<asp:TextBox ID="txtFactAmount" runat="server" Width="64px" OnTextChanged="txtFactAmount_TextChanged" AutoPostBack="true" /></ItemTemplate>`
	　`</asp:TemplateField>`
	　`<asp:TemplateField HeaderText="系统成本">`
	　　`<ItemTemplate>`
	　　　`<asp:Label ID="lbAccountCost" runat="server" Text='<%# Eval("AccountCost") %>'/></ItemTemplate>`
	　`</asp:TemplateField><asp:TemplateField HeaderText="实物成本">`
	　　`<ItemTemplate>`
	　　　`<asp:TextBox ID="txtFactCost" runat="server" Width="64px" OnTextChanged="txtFactCost_TextChanged" AutoPostBack="true" /></ItemTemplate>`
	　`</asp:TemplateField>`
	　`<asp:TemplateField HeaderText="系统重量">`
	　　`<ItemTemplate>`
	　　　`<asp:Label ID="lbAccountWeight" runat="server" Text='<%# Eval("AccountWeight") %>'/></ItemTemplate>`
	　`</asp:TemplateField>`
	　`<asp:TemplateField HeaderText="实物重量">`
	　　`<ItemTemplate>`
	　　　`<asp:TextBox ID="txtFactWeight" runat="server" Width="64px" OnTextChanged="txtFactWeight_TextChanged" AutoPostBack="true" /></ItemTemplate>`
	　`</asp:TemplateField>`
	　`<asp:BoundField DataField="CostDifference" HeaderText="成本差值" />`
	　`<asp:BoundField DataField="WeightDifference" HeaderText="重量差值" />`
	　`<asp:BoundField DataField="AmountDifference" HeaderText="数量差值" />`
	`</Columns>`

(2) 打开 DepotCheck.aspx.cs 隐含代码文件,编写事件方法及相应的辅助方法。DepotCheck 类的结构如图 8-46 所示,成员解释如图 8-47 所示。

DepotCheck.aspx.cs 类文件代码如下:

```
using System;
using System.Data;
using System.Web;
using System.Web.UI;
using System.Web.UI.WebControls;
using ESCM.DataAccess;

public partial class DepotCheck : System.Web.UI.Page
{
```

第8章 界面功能实现

```
ESCM.BLL.DepotCheck bllDepotCheck = new ESCM.BLL.DepotCheck();
MessageBox mgBox = new MessageBox();

protected void Page_Load(object sender, EventArgs e)
{
    if(! IsPostBack){
        for(int i = 0; i < this.gvDepotCheck.Columns.Count; i++)
        {
            this.gvDepotCheck.Columns[i].ItemStyle.Wrap = false;//取消换行
            this.gvDepotCheck.Columns[i].HeaderStyle.Wrap = false; //取消换行
        }
        DataSet ds = bllDepotCheck.GetList();//实体类方法,按类别获取库存数据赋给数据集
        this.gvDepotCheck.DataSource = ds;//数据绑定
        this.gvDepotCheck.DataBind();//执行数据绑定
    }
    ……//具体方法代码可查阅项目源程序 DepotCheck.aspx.cs
}
```

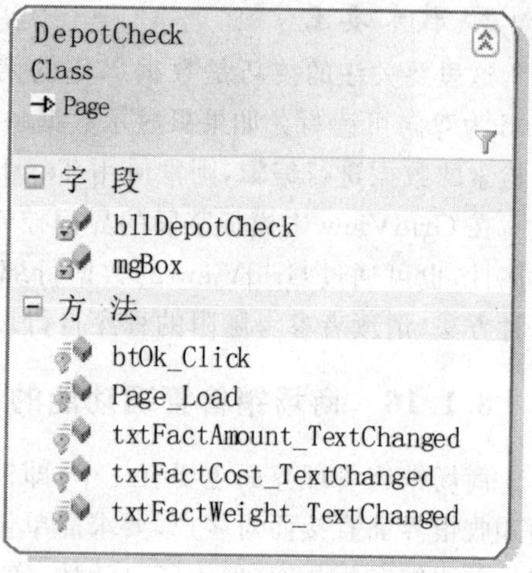

图8-46 DepotCheck 类的结构

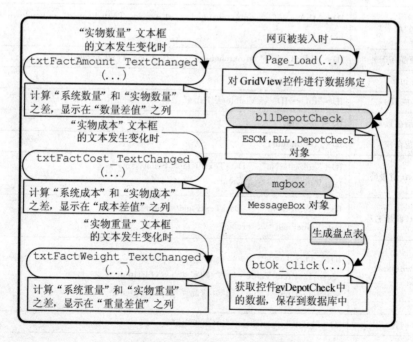

图8-47 DepotCheck 类的成员解释

2. 技术要点

这里要关注的技巧是数据绑定的两种方法,即 Eval 和 Bind 的应用,Eval 为单向只读,Bind 为双向可读写。如果只显示数据一般用 Label 控件,并使用 Eval 来绑定数据;如果需要对检索的数据进行编辑,则常使用 TextBox 控件并用 Bind 来绑定数据。

在 GridView 中模板字段的界面控件如 TextBox 和 DropDownList 等可以直接设置其事件属性,也可通过 GridView 的数据行绑定事件进行动态设置。笔者在按单件盘点中采用第二种方法,请读者参考随附的程序自行设计。

8.1.16 商场销售管理功能的设计

商场销售管理界面主要有三个,即销售界面、收银界面和销售信息查询统计界面。销售界面和收银界面直接面对客户,要求简单快速,一般只通过读入商品条码和会员卡即可自动添加销售单明细和折扣率,但为了灵活性,实售金额可进行编辑,生成的销售单在没有收款确认之前也可随时编辑取消。这里对销售界面功能进行介绍,界面如图 4-42 所示。

1. 设计方法和步骤

(1) 打开 GoodsRetail.aspx 文件,设置控件的属性和事件,如表 8-18 所列。

表 8-18 GoodsRetail.aspx 网页上控件的属性及事件设置

控件	属性及事件
ImageButton(打印)	ID="ibPrint"
ImageButton(删除)	ID="ibDel" onclick="ibDel_Click"
TextBox(会员号)	ID="tbAssNo" ontextchanged="tbAssNo_TextChanged" onkeydown="onlyNum();"
TextBox(商品条码)	ID="tbBarCode" ontextchanged="tbBarCode_TextChanged"
Label(折扣率)	ID="lbDisCount"
Label(用户 ID)	ID="lbUserID" Visible="False"
Label(商品总数)	ID="lbCount"
Label(消费金额)	ID="lbConSume"
DropDownList(销售员)	ID="ddlSellerNo" DataTextField="SellerName" DataValueField="SellerNo"
DropDownList(商场名称)	ID="ddlStoreNo" DataTextField="StoreName" DataValueField="StoreNo"
DropDownList(销售类型)	ID="ddlSellType" <asp:ListItem Value="1">购买</asp:ListItem> <asp:ListItem Value="2">赠品</asp:ListItem>
Button(确定)	ID="btOK" onclick="btOk_Click"

第8章 界面功能实现

续表 8-18

控件	属性及事件
GridView	ID="gvSell" AutoGenerateColumns="False" DataKeyNames="WareBarNo" ＜Columns＞ 　＜asp:TemplateField HeaderText="删除"＞ 　　＜ItemTemplate＞ 　　　＜asp:CheckBox ID="cbDelete" runat="server" /＞ 　　＜/ItemTemplate＞ 　＜/asp:TemplateField＞ 　＜asp:BoundField DataField="WareBarNo" HeaderText="商品条码" /＞ 　＜asp:BoundField DataField="WareName" HeaderText="商品名称" /＞ 　＜asp:BoundField DataField="WareSort" HeaderText="商品类别" /＞ 　＜asp:BoundField DataField="StyleNo" HeaderText="商品款号" /＞ 　＜asp:BoundField DataField="RetailPrice" HeaderText="销售金额" /＞ 　＜asp:TemplateField HeaderText="实售金额"＞ 　　＜ItemTemplate＞ 　　　＜asp:TextBox ID="tbFactSum" runat="server" Width="60px" BackColor="#EEF7FD"/＞ ＜/ItemTemplate＞ 　＜/asp:TemplateField＞ 　＜asp:BoundField DataField="WareClass" HeaderText="商品种类" /＞ 　＜asp:BoundField DataField="WareWeight" HeaderText="商品重量" /＞ 　＜asp:BoundField DataField="MainBijouName" HeaderText="主石名称" /＞ 　＜asp:BoundField DataField="GoldQuality" HeaderText="金料成色" /＞ 　＜asp:BoundField DataField="WareKind" HeaderText="商品性质" /＞ 　＜asp:BoundField DataField="SalespromotionPrice" HeaderText="活动价" /＞ 　＜asp:BoundField HeaderText="商场扣款" /＞ 　＜asp:BoundField DataField="OperatingCosts" HeaderText="生产成本" /＞ 　＜asp:TemplateField HeaderText="销售类型"＞ 　　＜ItemTemplate＞ 　　　＜asp:Label ID="LblSellMode" runat="server" Text='＜%# Bind("SellMode") %＞'/＞＜/ItemTemplate＞ 　＜/asp:TemplateField＞ ＜/Columns＞

(2) 在网页中拖入一个 SQLDataSource 控件,配置属性代码如下所示：

```
<asp:SqlDataSource ID = "SqlSellerName"
runat = "server" ConnectionString = "<% $
ConnectionStrings:ConnStringIntegrated %>"
SelectCommand = "SELECT [SellerNo],[SellerName]
FROM [SellerInfo] WHERE ([StoreNo] = @StoreNo)"
ProviderName = "<% $
ConnectionStrings:ConnStringIntegrated.ProviderName %>"
DataSourceMode = "DataReader">
```

第8章 界面功能实现

```
    <SelectParameters>
        <asp:ControlParameter
ControlID="ddlStoreNo" Name="StoreNo"
PropertyName="SelectedValue" Type="String" />
    </SelectParameters>
</asp:SqlDataSource>
```

(3) 打开 GoodsRetail.aspx.cs 隐含代码文件，编写事件方法及相应的辅助方法。GoodsRetail 类的结构如图 8-48 所示，成员解释如图 8-49 所示。

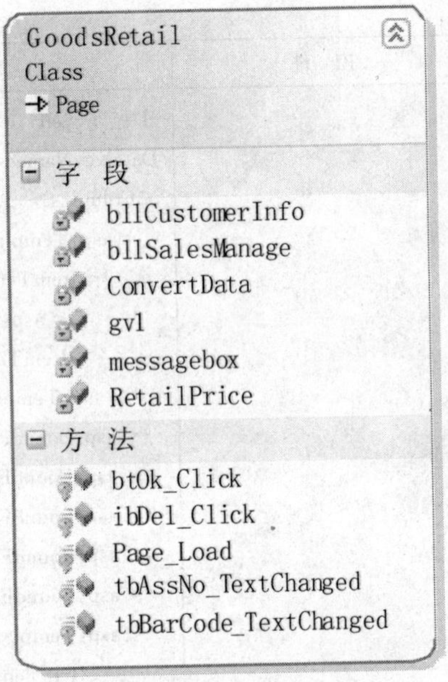

GoodsRetail.aspx.cs 类文件代码如下：

```csharp
using System;
using System.Data;
using System.Web;
using System.Web.UI;
using System.Web.UI.WebControls;

public partial class GoodsRetail : System.Web.UI.Page
{
    decimal RetailPrice = 0;
    MessageBox messagebox = new MessageBox();
    ESCM.BLL.SalesManage bllSalesManage = new ESCM.BLL.SalesManage();
    ESCM.BLL.CustomerInfo bllCustomerInfo = new ESCM.BLL.CustomerInfo();
    ESCM.BLL.ConvertData ConvertData = new ESCM.BLL.ConvertData();
    gv gv1 = new gv();
    protected void Page_Load(object sender, EventArgs e)
    {
        if (!IsPostBack)
        {
            //lbUserId.Text = Session["uid"].ToString();
            lbUserId.Text = "100066";
            //GridView 控件数据绑定
            DataSet ds = bllSalesManage.GetSellRetailWareInfo(100000,"00","0000000000000","0");//获取空记录数据集
            gv1.BindNoRecords(gvSell, ds);//无数据 GridView 绑定
            tbAssNo.Focus(); //定位光标
            //DropDownList 控件数据绑定
            DataSet ds1 = ConvertData.StoreInfo();
            ddlStoreNo.DataSource = ds1;
            ddlStoreNo.DataBind();
            ddlStoreNo.SelectedValue = bllSalesManage.GetStoreNoByUserId(int.Parse(lbUserId.Text));//选择登录用户所在商场
            ddlSellerNo.DataSourceID = SqlSellerName.ID;//绑定选择商场的销售人员
            //判断该商场是否有销售人员，如果没有则使会员编号和商品条码输入框不可用
            if (bllSalesManage.GetCurrentMarketSellerNo(ddlStoreNo.SelectedValue) == false)
```

图 8-48 GoodsRetail 类的结构

GoodsRetail Class
→ Page

字段
- bllCustomerInfo
- bllSalesManage
- ConvertData
- gv1
- messagebox
- RetailPrice

方法
- btOk_Click
- ibDel_Click
- Page_Load
- tbAssNo_TextChanged
- tbBarCode_TextChanged

```
            {
                messagebox.Show(UpdatePanel1,"当前商场无销售人员");
                tbAssNo.Enabled = false;
                tbBarCode.Enabled = false;
            }
            btOk.Enabled = false;
        }
    }
    ……//具体方法代码可查阅项目源程序 ModeOrderSubBijou.aspx.cs
```

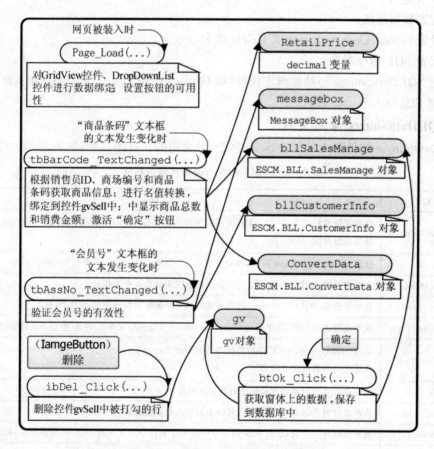

图 8-49 GoodsRetail 类的成员解释

2. 技术要点

这一过程主要还是采用 ADO.NET 技术通过实体类对象 SalesManage 实现各个功能的数据操作，使用技巧前面已经介绍。SalesManage 类方法可参阅随附项目案例 DAL 文件夹中的 SalesManage.cs 文件。

8.2 相关技术概述

本章的相关技术主要是 SQLDataSource 数据源、ADO.NET 和 ObjectDataSource 数据

第8章 界面功能实现

源。ADO.NET技术在第6章中已进行介绍,这里简要介绍SQLDataSource和ObjectDataSource数据源的常用功能。

8.2.1 SQLDataSource控件

通过SQLDataSource控件,可以使用Web服务器控件访问位于关系数据库中的数据。其中包括Microsoft SQL Server和Oracle数据库以及OLE DB和ODBC数据源。SQLDataSource控件与数据绑定控件(如GridView、FormView和DetailsView控件)一起使用,用极少代码或甚至不用代码在ASP.NET网页上显示和操作数据。使用SqlDataSource控件一般按照如下步骤进行:

(1) 配置数据连接;
(2) 设置Select、Update、Insert或Delete命令;
(3) 配置SQL命令参数;
(4) 把SQLDataSource与数据绑定控件(如GridView和DropDownList)相关联,也可通过编程控制SQLDataSource控件。

1. SQLDataSource常用属性

SQLDataSource控件包含的属性达50多个,但常用的只有十几个,如表8-19所列。

表8-19 SQLDataSource控件常用属性

名 称	说 明
ConnectionString	获取或设置特定于ADO.NET提供程序的连接字符串,SQLDataSource控件使用该字符串连接基础数据库
Controls	获取ControlCollection对象,该对象表示UI层次结构中指定服务器控件的子控件
DataSourceMode	获取或设置SQLDataSource控件获取数据所用的数据检索模式
DeleteCommand	获取或设置SQLDataSource控件从基础数据库删除数据所用的SQL字符串
DeleteCommandType	获取或设置一个值,该值指示DeleteCommand属性中的文本是SQL语句还是存储过程的名称
DeleteParameters	从与SQLDataSource控件相关联的SQLDataSourceView对象获取包含DeleteCommand属性所使用的参数的参数集合
ID	获取或设置分配给服务器控件的编程标识符
InsertCommand	获取或设置SQLDataSource控件将数据插入基础数据库所用的SQL字符串
InsertCommandType	获取或设置一个值,该值指示InsertCommand属性中的文本是SQL语句还是存储过程的名称
InsertParameters	从与SQLDataSource控件相关联的SQLDataSourceView对象获取包含InsertCommand属性所使用的参数的参数集合
ProviderName	获取或设置.NET Framework数据提供程序的名称,SQLDataSource控件使用该提供程序来连接基础数据源
SelectCommand	获取或设置SQLDataSource控件从基础数据库检索数据所用的SQL字符串
SelectCommandType	获取或设置一个值,该值指示SelectCommand属性中的文本是SQL查询还是存储过程的名称
SelectParameters	从与SQLDataSource控件相关联的SQLDataSourceView对象获取包含SelectCommand属性所使用的参数的参数集合

续表 8-19

名称	说明
SortParameterName	获取或设置存储过程参数的名称,在使用存储过程执行数据检索时,该存储过程参数用于对检索到的数据进行排序
UpdateCommand	获取或设置 SQLDataSource 控件更新基础数据库中的数据所用的 SQL 字符串
UpdateCommandType	获取或设置一个值,该值指示 UpdateCommand 属性中的文本是 SQL 语句还是存储过程的名称
UpdateParameters	从与 SQLDataSource 控件相关联的 SQLDataSourceView 控件获取包含 UpdateCommand 属性所使用的参数的参数集合

2. SqlDataSource 常用方法

在通过编程方式调用 SQLDataSource 控件时,需要执行相应的方法来操作 SQL 命令,常用的方法如表 8-20 所列。

表 8-20　SQLDataSource 常用方法

名称	说明
Delete	使用 DeleteCommand SQL 字符串和 DeleteParameters 集合中的所有参数执行删除操作
Dispose	使服务器控件得以在从内存中释放之前执行最后的清理操作
Insert	使用 InsertCommand SQL 字符串和 InsertParameters 集合中的所有参数执行插入操作
Select	使用 SelectCommand SQL 字符串以及 SelectParameters 集合中的所有参数从基础数据库中检索数据。执行 Select 方法要带一个功能参数更多细节可查阅帮助文件,通常为 Select(DataSourceSelectArguments.Empty)表示不需要附加参数功能
Update	使用 UpdateCommand SQL 字符串和 UpdateParameters 集合中的所有参数执行更新操作

3. 数据源使用参数类型

ASP.NET 数据源控件可以接受输入参数,这样就可以在运行时将值传递给这些参数。可以使用参数执行下列操作:提供用于数据检索的搜索条件;提供要在数据存储区中插入、更新或删除的值;提供用于排序、分页和筛选的值。借助参数,使用少量自定义代码或不使用自定义代码就可筛选数据和创建主/从应用程序。

对于通过支持自动更新、插入和删除操作的数据绑定控件(如 GridView 或 FormView 控件)传递给数据源的值,也可以使用参数对其进行自定义。例如,可以使用参数对象对值进行强类型化,或从数据源中检索输出值。此外,参数化的查询可以防止 SQL 注入攻击,因此使应用程序更加安全。

参数值可以从多种源中获取。通过 Parameter 对象,可以从 Web 服务器控件属性、Cookie、会话状态、QueryString 字段、用户配置文件属性及其他源中为参数化数据操作提供值。数据源常用的有 6 种类型参数,如表 8-21 所列。

第 8 章 界面功能实现

表 8-21 数据源常用参数

参数类型	说 明
ControlParameter	将参数设置为 ASP.NET 网页中的 Control 的属性值。使用 ControlID 属性指定 Control。使用 ControlParameter 对象的 PropertyName 属性指定提供参数值的属性的名称。 从 Control 派生的某些控件将定义 ControlValuePropertyAttribute，从而确定从中检索控件值的默认属性。只要没有显式设置 PropertyName 属性，就会使用默认属性。ControlValuePropertyAttribute 应用于以下控件属性： 　　Calendar.SelectedDate 　　CheckBox.Checked 　　DetailsView.SelectedValue 　　FileUpload.FileBytes 　　GridView.SelectedValue 　　Label.Text 　　TextBox.Text 　　TreeView.SelectedValue
CookieParameter	将参数设置为 HttpCookie 对象的值。使用 CookieName 属性指定 HttpCookie 对象的名称。如果指定的 HttpCookie 对象不存在，则将使用 DefaultValue 属性的值作为参数值（仅支持单值 Cookie）
FormParameter	将参数设置为 HTML 窗体字段的值。使用 FormField 属性指定 HTML 窗体字段的名称。如果指定的 HTML 窗体字段值不存在，则将使用 DefaultValue 属性的值作为参数值
ProfileParameter	将参数设置为当前用户配置文件（Profile）中的属性的值。使用 PropertyName 属性指定配置文件属性的名称。如果指定的配置文件属性不存在，则将使用 DefaultValue 属性的值作为参数值
QueryStringParameter	将参数设置为 QueryString 字段的值。使用 QueryStringField 属性指定 QueryString 字段的名称。如果指定的 QueryString 字段不存在，则将使用 DefaultValue 属性的值作为参数值
SessionParameter	将参数设置为 Session 对象的值。使用 SessionField 属性指定 Session 对象的名称。如果指定的 Session 对象不存在，则将使用 DefaultValue 属性的值作为参数值

4. 数据源常用事件

SQLDataSource 数据源为编程控制提供大量的方法和事件，用户在进行选择、插入、更新和删除等操作前后都提供了事件处理，常用的事件如表 8-22 所列。

表 8-22 SqlDataSource 常用事件

名 称	说 明
Deleted	完成删除操作后发生，e 参数类型为 SqlDataSourceStatusEventArgs
Deleting	执行删除操作前发生，e 参数类型为 SqlDataSourceCommandEventArgs
Inserted	完成插入操作后发生，e 参数类型为 SqlDataSourceStatusEventArgs
Inserting	执行插入操作前发生，e 参数类型为 SqlDataSourceCommandEventArgs
Selected	数据检索操作完成后发生，e 参数类型为 SqlDataSourceStatusEventArgs
Selecting	执行数据检索操作前发生，e 参数类型为 SqlDataSourceSelectingEventArgs

续表 8-22

名 称	说 明
Updated	完成更新操作后发生，e 参数类型为 SqlDataSourceStatusEventArgs
Updating	执行更新操作前发生，e 参数类型为 SqlDataSourceCommandEventArgs

8.2.2 ObjectDataSource 控件

大多数 ASP.NET 数据源控件，如 SqlDataSource，都在两层应用程序层次结构中使用。在该层次结构中，表示层（ASP.NET 网页）可以与数据层（数据库和 XML 文件等）直接进行通信。但是，常用的应用程序设计原则是，将表示层与业务逻辑相分离，而将业务逻辑封装在业务对象中。这些业务对象在表示层和数据层之间形成一层，从而生成一种三层应用程序结构。ObjectDataSource 控件通过提供一种将相关页上的数据控件绑定到中间层业务对象的方法，为三层结构提供支持。在不使用扩展代码的情况下，ObjectDataSource 使用中间层业务对象以声明方式对数据执行选择、插入、更新、删除、分页、排序、缓存和筛选操作。使用 ObjectDataSource 控件一般按照如下步骤进行：

（1）选择业务对象；
（2）设置 Select、Update、Insert 或 Delete 命令对应的方法；
（3）配置方法参数；
（4）把 ObjectDataSource 与数据绑定控件（如 GridView 和 DropDownList）相关联。

1. ObjectDataSource 控件常用属性

ObjectDataSource 控件包含的属性达 50 多个，但常用的只有十几个，如表 8-23 所列。

表 8-23 ObjectDataSource 控件常用属性

名 称	说 明
Controls	获取 ControlCollection 对象。该对象表示 UI 层次结构中指定服务器控件的子控件
DataObjectTypeName	获取或设置某个类的名称，ObjectDataSource 控件将该类用于更新、插入或删除数据操作中的参数，而不是从数据绑定控件传递个别的值
DeleteMethod	获取或设置由 ObjectDataSource 控件调用以删除数据的方法或函数的名称
DeleteParameters	获取参数集合，该集合包含由 DeleteMethod 方法使用的参数
ID	获取或设置分配给服务器控件的编程标识符
InsertMethod	获取或设置由 ObjectDataSource 控件调用以插入数据的方法或函数的名称
InsertParameters	获取参数集合。该集合包含由 InsertMethod 属性使用的参数
MaximumRowsParameterName	获取或设置业务对象数据检索方法参数的名称。该参数用于指示要检索的数据源分页支持的记录数
SelectCountMethod	获取或设置由 ObjectDataSource 控件调用以检索行数的方法或函数的名称
SelectMethod	获取或设置由 ObjectDataSource 控件调用以检索数据的方法或函数的名称
SelectParameters	获取参数集合，该集合包含由 SelectMethod 属性指定的方法使用的参数
SortParameterName	获取或设置业务对象的名称，SelectMethod 参数使用此业务对象指定数据源排序支持的排序表达式

续表 8-23

名称	说明
StartRowIndexParameterName	获取或设置数据检索方法参数的名称。该参数用于指示为数据源分页支持检索的第一条记录的标识符的值
TypeName	获取或设置 ObjectDataSource 对象表示的类的名称
UpdateMethod	获取或设置由 ObjectDataSource 控件调用以更新数据的方法或函数的名称
UpdateParameters	获取参数集合。该集合包含由 UpdateMethod 属性指定的方法使用的参数

2. ObjectDataSource 控件常用方法

在通过编程方式调用 ObjectDataSource 控件时,需要执行相应的方法来调用对象的方法,常用的方法如表 8-24 所列。

表 8-24 ObjectDataSource 常用方法

名称	说明
Delete	通过用 DeleteParameters 集合中的所有参数调用由 DeleteMethod 属性标识的方法,执行删除操作
Dispose	使服务器控件得以在从内存中释放之前执行最后的清理操作
Insert	通过调用由 InsertMethod 属性标识的方法和 InsertParameters 集合中的所有参数,执行插入操作
Select	通过用 SelectParameters 集合中的参数调用由 SelectMethod 属性标识的方法,从基础数据存储中检索数据。执行 Select 方法要带一个功能参数更多细节可查阅帮助文件,通常为 Select(DataSourceSelectArguments.Empty) 表示不需要附加参数功能
Update	通过调用 UpdateMethod 属性标识的方法和 UpdateParameters 集合中的所有参数,执行更新操作

3. ObjectDataSource 控件常用事件

ObjectDataSource 数据源为编程控制提供大量的方法和事件,用户在进行选择、插入、更新和删除等操作前后都提供了事件处理,常用的事件如表 8-25 所列。

表 8-25 ObjectDataSource 常用事件

名称	说明
Deleted	完成删除操作后发生,e 参数类型为 ObjectDataSourceStatusEventArgs
Deleting	执行删除操作前发生,e 参数类型为 ObjectDataSourceMethodEventArgs
Inserted	完成插入操作后发生,e 参数类型为 ObjectDataSourceStatusEventArgs
Inserting	执行插入操作前发生,e 参数类型为 ObjectDataSourceMethodEventArgs
Selected	数据检索操作完成后发生,e 参数类型为 ObjectDataSourceStatusEventArgs
Selecting	执行数据检索操作前发生,e 参数类型为 ObjectDataSourceMethodEventArgs
Updated	完成更新操作后发生,e 参数类型为 ObjectDataSourceStatusEventArgs
Updating	执行更新操作前发生,e 参数类型为 ObjectDataSourceMethodEventArgs

8.3 实 训

模仿本章案例,根据第 3 章、第 4 章和第 7 章实训一节的内容,设计学生成绩管理系统相应的实体类。

8.4 小 结

本章介绍了 ASP.NET 项目开发过程的两种模式三个途径,介绍如何通过 SQLDataSource 数据源把项目操作界面与数据库连接起来完成各个界面的功能,如何通过 ObjectDataSource 数据源项目操作界面与实体类连接起来实现界面的功能,如何直接把实体类关联到界面控件中完成界面功能,如何通过实体类调用数据库访问类对数据库进行操作。

读者只要根据本书介绍的每个过程步骤一步一步地完成项目的开发,就能够融会贯通这三个开发途径,并从而掌握 ASP.NET 界面控件的应用技巧,C#类的编写方法和 ADO.NET 技术的应用。

介绍了 SQLDataSource 和 ObjectDataSource 数据源应用的基本步骤和其常用的属性、方法和事件。当 GridView 控件在分页和索引时使用最好配合 SQLDataSource 和 ObjectDataSource 数据源使用,以简化编程并增强 GridView 控件的分页功能(参阅过程三)。

最后提供了如何设计学生成绩管理系统界面功能的训练内容。

第 9 章　项目系统发布与部署

本章要点
- 软件测试
- 软件生命周期模型
- 软件发布

项目的所有功能模块设计完成之后,要进行集成测试、运行测试,操作手册与技术手册的编写和项目验收,最后是安装与部署。

9.1　集成测试

在这一阶段首先要完成整个系统的集成测试。系统集成一般采用两种方法,即爆炸式和增量式。

9.1.1　爆炸式集成

爆炸式方法如图 9-1 所示。在这张图中时间向右发展,在任何集成之前每个子模块单独开发测试。在开发活动结束之后,各个子模块被集成在一起,并且只做一次集成。这种方法的假设条件是各独立的子模块都满足需求说明书的要求,使集成顺利完成,即使集成出现问题也比较容易查找。

爆炸式方法只能适应小型项目,中大型项目不宜采用。原因有三:

首先,大量的交互将突然在系统中产生。集成失败的原因通常是由类状态间不能预期的交互引起的。如果所有的类一下子集成到一起,要发现到底是哪一类出现问题非常困难。

爆炸式集成方法的第二个问题是,问题发现的太晚以至于不允许修复。因为把集成一直推迟到开发周期结束的时候才做,因而没有时间处理那些不可避免的缺陷。纠正在集成期间发现的错误常常需要重新设计,使编码过程做了许多无用功,无端增加了时间的压力,给项目的进度增加了风险。

第三,爆炸式集成使开发人员缺乏对项目的跟踪能力。由于不能确定在集成进程期间会发现什么问题,开发人员很难了解开发的实际状态,也难估算集成还将持续多长时间,项目在许多未知的压力下集成,是否成功只有到完全结束的时候才能看到,使项目潜伏了失败的风险。

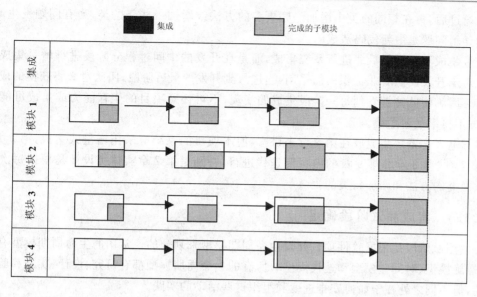

图 9-1 爆炸式集成

9.1.2 增量式集成

增量式集成的方法如图 9-2 所示。随着时间向前推移,每一个子系统开发出更多的功能。已经实现的功能在一系列中间集成过程中被集成和测试。每一次集成是前一次的扩展。在图中,集成中的黑色矩形表示前一次集成,浅灰色表示增量的功能。与爆炸式集成不同的是每一次增量集成的代码数量相对是较少的。

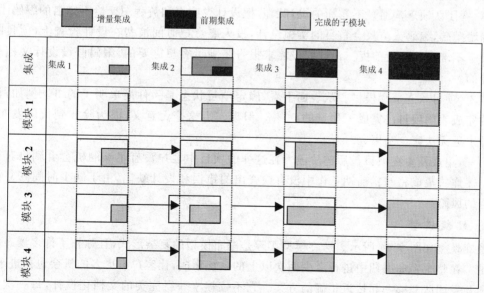

图 9-2 增量式集成

尽管增量式集成比爆炸式集成需要在开发团队间有更多的工作协调,然而由于每次参与集成的代码相对较少,比较容易发现错误所在。在第一次集成中涉及较少的类,一旦初始集成被调试通过后,再在相同的类中增加一些更多的方法或增加一些新的类,当有问题发生时,会清楚地显示问题是由新代码造成的。

增量集成不是到最后才进行系统集成,而是在开发的中间过程分阶段进行增量集成。中间集成对于开发团队有非常积极的作用,当进入到开发的最后阶段,团队对必将获得的成功充满自信。因为团队能够看到每一阶段集成的实现,不再怀疑项目的生存能力或集成可能的失败,前方不再潜伏着危险。

尽管笔者把系统集成放在第9章来讲解,但本项目的系统应采用增量式集成,第5章、第6章、第7章、第8章和第9章的内容要迭代进行,特别是第7章实体类设计是根据每次集成不断添加类的方法和增加新类的。

9.1.3 集成测试阶段确定

集成测试阶段是根据软件项目开发生命周期模型来划分的。常用的生命周期模型有瀑布模型、螺旋模型、时间盒模型和迭代模型。所有的生命周期模型都有研究、设计、实施和验证这些活动,但不同之处在于如何安排进度和组织这些活动的实践。

1. 瀑布模型

瀑布模型如图9-3所示。瀑布模型是软件开发时早期用的最普遍的模型,它的特点是易于计划和分配工作人员,阶段也比较容易划分。开发团队是以一种自然顺序完成要求的活动,即系统工程师完成需求分析,提交软件需求说明书给软件设计工程师;设计工程师完成项目设计把设计说明书交给编码人员,编码人员把代码交给测试人员,等等。里程碑(工作完成阶段)也容易理解为设计完成、编码完成、测试完成以此类推。

瀑布模型的缺点主要表现在三个方面:

第一,团队缺乏沟通。不露面的设计团队把设计说明书和流程图交给不知名的编码团队,就像隔墙抛砖,编码人员只会盲目地实施设计,没人愿意把时间浪费在设计检查上,项目的成功依赖于不确定的假设前提。设计假设需求报告是满足客户需要的,编码假设设计文档是完全正确的。

第二,项目状态概念模糊。从表面上看,确定项目状态是一件简单明了的事。例如,设计工作的完成表明项目已完成工作量的40%。但事实上这毫无意义,因为除非到代码发布,否则设计永远无法完全结束。

第三,集成发生在项目最后的阶段。在这样的项目中客户没有足够的机会看到将获得的东西。爆炸式集成将暴露前期工作中没有检查出的错误和设计缺陷,由于缺少时间修复会增加项目的风险。

2. 螺旋模型

螺旋模型如图9-4所示。螺旋模型实际是瀑布模型的复杂形式,且弥补了许多瀑布模型的不足。在整个生命周期中进行至少两次以上的系统集成,让客户有更多的机会包括进来,使客户和开发团队能够一起接近正确的方案。它不依赖于获得完美的文档化设计,每一次集成又一个新的计划阶段开始,团队之间有了沟通的机会。螺旋模型开始提出了原型开发的概念,第一次集成可能只是一个系统原型,让客户了解整个系统的功能界面,第二次集成就构造出一个可以使用的系统。

螺旋模型克服了瀑布模型的主要缺点,但又产生了新的问题,每一次客户对集成构造的反

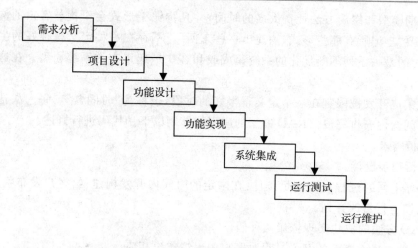

图9-3 瀑布模型

映会开始新一轮周期,周期循环多少次才能终结,这是一个未知数。理想情况下,从一次构造到另一次构造所需要改变的程度会减少,最终得到一个可以运行的系统。另一方面,这种模型过于复杂并耗费成本。每一次循环都要重新确定目标、重新制定计划、进行新一轮的瀑布周期。

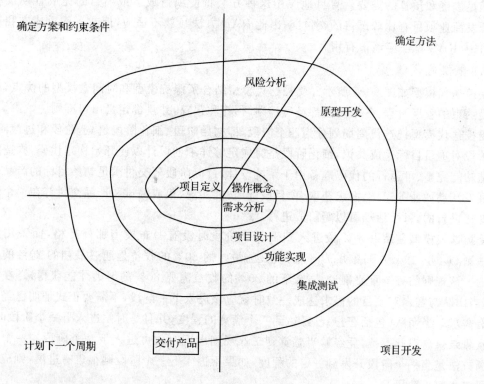

图9-4 一个简单的螺旋模型

3. 时间盒模型

时间盒模型称为快速应用程序开发(RAD),对应于过度形式化的生命周期模型。RAD模型基于这样的考虑而诞生,即一个拘泥于形式的生命周期模型缺乏效率,那种有大量文档和审查生命周期模型和螺旋方法耗费太多的时间,并且拘泥于形式会干扰与客户的沟通。从本质来说就是要"忘记所有那些形式,构建出一些东西"。不存在一种定义得很好的生命周期模型,取而代之的是一系列不断优化的系统集成或和客户一起审查的系统原型。在这种方式下需求被发现。

每一次集成开发被限定在一个定义得很好的时段,被称为"时间盒"。每一次迭代过程只是在它的时间盒内安排完成。RAD方法的应用能够用以下伪代码进行概述:

(1) 分析需求。

(2) 进行初步设计。

(3) 循环下面的过程直到满足条件:在限定的时间内开发构建;给客户发布版本;获得反馈和针对反馈进行修改计划。

(4) RAD方法的成功实现依赖两种假设:

① 有一种快速而有效的开发过程对客户的反馈作出相应。

② 团队和客户最终会对项目的完成取得一致。

第一种假设,面向对象的开发工具,支持代码生成的协作对象设计工具,等等,可以使团队在合理的较短的时间里完成每一次循环。

第二种假设有较多的问题。由于客户常常有反馈,使得退出条件变得摇摇无期,这显然违反了满足进度和预算的需要。盲目地应用这种方法将使项目成本或项目的完成日期没有尽头。开发商业项目有比较严格的交付期,因此 RAD 方法显然不适应,但在不注重成本和进度的项目中,RAD 方法应该很有用。

4. 受控迭代模型

受控迭代模型如图 9-5 所示。受控迭代模型结合了螺旋模型和时间盒模型的优点,提供一种受约束的管理过程:各个阶段都经过计划、预算和跟踪,并且都定义出口准则。

受控迭代模型把迭代周期划分为四个阶段,即初始阶段、细化阶段、构造阶段和过渡阶段。初始阶段对项目目标达成共识,细化阶段是完成足够详细的设计以便开始构建代码,构造阶段是构造功能完整、可运行的代码准备用于系统设计,过渡阶段要交付满足初始目标的产品。

开发活动如业务建模、需求获取、项目设计、功能实现、集成测试和产品交付等在 4 个阶段中是迭代进行的,每个活动可以跨阶段进行。

受控迭代模型在从一个阶段进入到下一个阶段时没有瀑布模型那样严格,而采用的是二八法则(说明:二八法则表明,对于任何活动,最终的 80% 的收益是通过最初的 20% 的努力获得。该规则的一个重要推论是,余下的 20% 的收益需要 80% 的努力才能获得)。在初始阶段,当团队与客户对项目的需求达成一致时就应该进入下一阶段,不需要正式证明已经满足了所有需求。当团队(包括客户)已经达到一个满意的程度,并且是时候进入下一个阶段时,该阶段宣告结束。以此类推,凭经验当感觉到二八规则出现时就可进入下一个阶段。一个简单的判断方法是当一个阶段开发到一定的程度,如果不进入下一个阶段则很难有进展,则应结束本阶段进入下一阶段。

由于允许各活动从一个阶段延续到另一个阶段,并且在阶段期间允许设计和需求分析的改变,因此促进了团队之间、团队与客户之间的沟通。在构造阶段可以以多种级别集成代码,不必等到阶段结束时才看到代码是否能集成在一起。这种增量集成策略在开发过程中消除了大量的风险。

第9章 项目系统发布与部署

在受控迭代周期模型中也可以通过增量构建的方法来计划开发周期。所谓增量构建是指在一系列的构建中每一次都比前一次有更多的功能,增量构建如图9-6所示。产生两次或更多次的构建可以帮助处理以下的项目风险:

(1)用户满意度　增量构建提供一个机会,让用户试用开发出来的产品,来确认设计是否与设想的相符。根据用户所看到的,也许会要求更改产品内容,中间构建可给开发人员对此进行反应的机会。

(2)进度　交付中间构建为团队提供关注的焦点,有助于保持项目动力,也有助于使团队保持进度。

增量构建反映了软件开发问题解决的本质。人们不可能一次解决所有的大问题,而是把大问题分解成较小的问题来解决。软件开发团队解决一个大的项目设计问题的最好方式是逐渐逼近它。增量构建适应于各个生命周期模型。

在商业软件项目开发中增量迭代周期模型越来越受到关注。

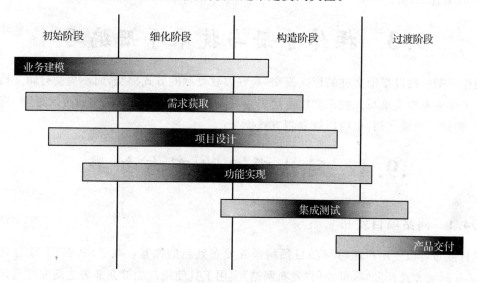

图9-5　受控迭代模型

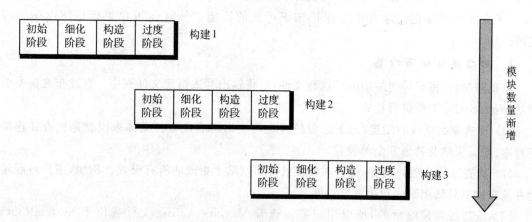

图9-6　增量受控迭代模型

9.1.4 集成测试数据准备

要精心准备每一阶段进行集成测试的数据。这些数据不是凭空想像的,而是通过与客户密切沟通,从实际的业务数据中提炼出来的。测试数据要考虑到能够覆盖实际功能的每条路径。

9.2 运行测试

运行测试是在系统完全集成成功后,在用户现场进行的实际运行测试。采用增量集成策略大大地减少了在运行测试中出现功能缺陷(在这一阶段出现功能缺陷很可能会导致致命的后果)。在这一阶段多数的工作是指导用户正确地操作系统,如果出现类缺陷也应该容易找到(只要管理好集成的版本)。

9.3 操作手册与技术手册编写

操作手册一般以帮助文件的形式提交,最好以软复制的方式提交,而不提交打印文档。文档编写工作应有专人编写。技术文档由代码编写人员负责撰写各个模块的技术说明,再由专人组织、整理后形成文档,也应以软复制方式提交。

9.4 网站项目发布与部署

9.4.1 网站项目发布

项目发布可以使用户能够将项目预编译并发布到新的位置。在 ASP.NET 项目开发中使用 Web 网站方式开发时,可使用"发布网站"实用工具使用户能够在部署之前发现编译时错误以及 Web.config 文件和其他非代码文件中的潜在错误。此外,从网站中移除了源代码,包括.aspx 文件中的标记。这提供了保护知识产权的措施并使其他用户更难访问网站的源代码。

1. 网站项目发布准备

发布网站时,将编译网站中的可执行文件,并将输出写入指定文件夹中。在发布之前要对网站 Web.config 文件进行检查。

(1) 检查原始站点的配置,记下远程位置上需要的所有设置。具体来说就是检查如连接字符串、成员资格及其他安全等设置。

(2) 检查原始站点的配置,记下需要在已发布网站上更改的所有设置。例如,用户可能希望在发布网站后禁用调试和跟踪等功能。

因为配置设置是继承的,所以用户需要查看 Machine.config 文件或位于 SystemRoot\Microsoft.NET\Framework\ version\CONFIG 目录下的根 Web.config 文件,以及应用程序中的任何 Web.config 文件。

2. 网站项目发布方法与步骤

（1）新建一个发布网站的文件夹，如 D:\MySuplyChainManagement。
（2）在 VS2010 中打开要发布的网站，如 EnterpriseSuplyChainManagement。
（3）在"生成"菜单上单击"发布网站"，则打开网站发布窗口，如图 9-7 所示。
（4）在"发布网站"对话框中，单击省略号按钮（…）浏览至要发布网站的位置，如 D:\MySuplyChainManagement。

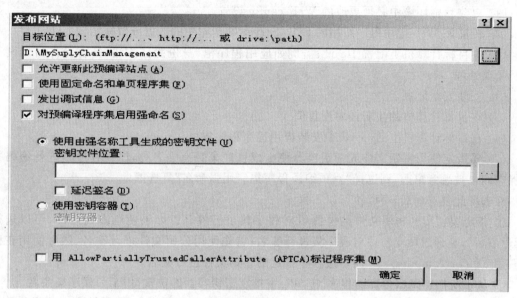

图 9-7 发布网站窗口

可将网站输出写入本地文件夹或共享文件夹、FTP 站点或者通过 URL 访问的网站。必须具有在目标位置创建和写入的权限。

（5）若要能够在发布网站之后更改.aspx 文件的布局（而非代码），可选择"允许更新此预编译网站"复选框。

（6）如要指定在预编译过程中关闭批生成，以便生成带有固定名称的程序集。将继续编译主题文件和外观文件到单个程序集，则选择"使用固定命名和单页程序集"复选框。若就地编译不能使用此选项。

（7）要指定使用密钥文件或密钥容器使生成程序集具有强名称，以对程序集进行编码并确保它们未被恶意窜改，则选择"对预编译程序集启用强命名"复选框。

在选择此复选框后，可以执行以下操作：

① 指定要使用的密钥文件的位置以对程序集进行签名。如果使用密钥文件，可以选择"延迟签名"。可通过两个阶段对程序集进行签名：首先使用公钥文件进行签名，然后使用在稍后调用 aspnet_compiler.exe 命令过程中指定的私钥文件进行签名。

② 从系统的加密服务提供程序（CSP）中指定密钥容器的位置，用于为程序集命名。

③ 指定是否使用 AllowPartiallyTrustedCallers 属性标记程序集，此属性允许由部分受信任的代码调用强命名的程序集。没有此声明，只有完全受信任的代码可以使用这样的程序集。

发布状态显示在任务栏中。根据连接速度、站点的大小和文件内容的类型、发布时间可能不同。发布完成后,即显示"发布成功"状态。

9.4.2 网站项目部署

在 Visual Studio 2010 中创建 ASP.NET 网站项目后,通常会将项目部署到用户可以在其中访问您的应用程序的 Web 服务器。部署通常不只是将应用程序的文件从一个服务器复制到另一个服务器。可能还必须执行其他任务,例如以下任务:

(1) 更改目标环境中必须更改的 Web.config 设置。

(2) 传播该 Web 应用程序所用的 SQL Server 数据库中的数据或数据结构。

(3) 在目标计算机上配置 IIS 设置,例如应用程序池、身份验证方法、是否允许目录浏览以及错误处理。

(4) 安装安全证书。

(5) 在目标计算机的注册表中设置值。

(6) 在目标计算机上的 GAC 中安装应用程序程序集。

(7) 要指定使用密钥文件或密钥容器使生成程序集具有强名称,以对程序集进行编码并确保它们未被恶意窜改,则选择"对预编译程序集启用强命名"复选框。

在选择此复选框后,可以执行以下操作:

① 指定要使用的密钥文件的位置以对程序集进行签名。如果使用密钥文件,可以选择"延迟签名",它通过两个阶段对程序集进行签名:首先使用公钥文件进行签名,然后使用在稍后调用 aspnet_compiler.exe 命令过程中指定的私钥文件进行签名。

② 从系统的加密服务提供程序(CSP)中指定密钥容器的位置,用于为程序集命名。

③ 指定是否使用 AllowPartiallyTrustedCallers 属性标记程序集,此属性允许由部分受信任的代码调用强命名的程序集。没有此声明,只有完全受信任的代码可以使用这样的程序集。

发布状态显示在任务栏中。根据连接速度、站点的大小和内容文件的类型,发布时间可能不同。发布完成后,即显示"发布成功"状态。

用户可以使用任何方法来复制文件,例如 Windows 资源管理器、Windows Xcopy 命令或FTP 实用工具。Visual Studio 提供了以下工具,可帮助简化和自动完成编译或复制文件的过程:

(1) "发布网站"工具可将某些源代码文件编译为程序集,然后将这些程序集和其他必需的文件复制到指定的文件夹。然后,可以使用任何所需的方法将文件复制到其他服务器。

(2) "复制网站"工具可自动进行将打开的网站项目的文件复制到目标服务器的某些方面。这是"发布网站"工具的替代方法,如果不需要将源代码预编译为程序集,则可以使用此方法。

(3) FTP 网站项目。Visual Studio 允许用户使用 FTP 直接打开远程站点。在这种情况下,用户可以直接使用活动站点上的文件。但是,使用 FTP 打开大型站点的速度可能比以脱机方式使用文件慢。此外,在更新站点中的活动文件时,有可能产生用户可能会看到的错误。

如果网站项目的部署除了复制文件之外还要求执行其他任务,则必须手动执行那些其他任务。

1. "复制网站"工具

"复制网站"工具类似于 FTP 实用工具。可以打开目标服务器上的文件夹,然后在当前网站和目标网站之间上载和下载文件。"复制网站"工具支持同步功能,该功能同时检查两个网站中的文件并自动确保两个网站都有最新版本的文件。

(1) "复制网站"工具支持的功能

① 可以将源文件(包括.aspx 文件和类文件)复制到目标服务器。在这种情况下,网页是在被请求时动态编译的。

② 可以从 Visual Studio 所支持的任何类型的网站中打开和复制文件。这包括本地 Internet Information Services(IIS)、远程 IIS 和 FTP 网站。如果用户使用 HTTP 协议,则目标服务器必须具有 FrontPage 服务器扩展。

③ 同步功能同时检查两个网站中的文件并自动确保两个网站都有最新版本的文件。

④ 在复制应用程序文件之前,"复制网站"工具将名为 App_offline.htm 的文件放置在目标网站的根目录中。当 App_offline.htm 文件存在时,对网站的任何请求都将重定向到该文件。该文件显示一条友好消息,让客户端知道正在更新网站。复制完所有网站文件后,"复制网站"工具从目标网站删除 App_offline.htm 文件。

(2) 使用"复制网站"工具的优点

① 只需将文件从网站复制到目标计算机即可完成部署。

② 可以使用 Visual Studio 所支持的任何连接协议部署到目标计算机。可以复制到网络中的其他计算机上的共享文件夹。可以使用 FTP 复制到服务器,或使用 HTTP 协议复制到支持 FrontPage 服务器扩展的服务器。

③ 可以直接在服务器上更改网页或修复网页中的错误。

④ 如果使用的是其文件存储在中央服务器中的项目,则可以使用同步功能确保文件的本地和远程版本保持同步。

(3) 使用"复制网站"工具的缺点

站点是按原样复制的。因此,如果任何文件包含错误,则直到有人(也许是用户)运行引发该错误的网页时才会发现这些错误。

使用"复制网站"工具可将文件从本地计算机移到测试服务器或成品服务器上。"复制网站"工具在无法从远程站点打开文件以进行编辑的情况下特别有用。可以使用"复制网站"工具将文件复制到本地计算机上,在编辑这些文件后将它们重新复制到远程站点。还可以在完成开发后使用该工具将文件从测试服务器复制到成品服务器。

(4) 源站点、远程站点和同步站点

"复制网站"工具在"源站点"和"远程站点"之间复制文件。这两个术语用于区分该工具所处理的两个站点。这些术语在使用时具有如下含义:

① 源站点　源站点是当前已在 Visual Studio 中打开的站点。

② 远程站点　远程站点是要将文件复制到的站点。远程站点可以用 FrontPage 服务器扩展或 FTP 访问的另一台计算机上的某个位置。在这些情况下,站点是真正意义上的远程站点。但是,远程站点也可以是用户自己的计算机上的另一个站点。例如,可以从计算机上的文件系统网站发布到位于同一计算机上的本地 IIS 网站。在这种情况下,虽然该站点对于用户的计算机是本地的,但当用户使用"复制网站"工具时它是远程站点。

注意:源站点不一定是复制操作的来源位置。用户可以从远程站点向源站点复制内容。

2. 同步站点

同步操作可以检查本地站点和远程站点上的文件,并确保两个站点上的所有文件都是最新的。例如,如果远程站点上的某个文件比源站点上同一文件的版本更新,同步文件功能会将远程站点上的文件复制到源站点。

"复制网站"工具不可以合并名称相同但内容不同的文件。在这种情况下,同步过程让用户指定要保留哪个版本的文件。

同步功能使该工具适合用于多开发人员环境,在这种环境中,开发人员在其本地计算机上保留网站的副本。各个开发人员可将其最新的更改复制到共享远程服务器。同时,也可以用其他开发人员提供的更改后的文件更新其本地计算机。新加入的项目开发人员可以迅速获取网站所有文件的副本。为此,可以在本地计算机上创建一个本地网站,然后与共享服务器上的站点进行同步。

文件状态 为了同步文件,"复制网站"工具需要有关两个站点上文件的状态信息。因此,该工具维护文件的时间戳以及执行同步所需的其他信息等。例如,该工具维护文件的上次检查时间的列表,借此确定诸如某文件是否已被删除等信息。

当连接到站点或刷新站点时,该工具比较两个站点上的文件的时间戳以及该工具为两个站点存储的信息。然后报告每个文件的状态。表9-1显示了文件的状态。

表9-1 文件的状态

状 态	说 明
Unchanged	文件自上次复制后未曾更改
Changed	文件的时间戳比上次复制该文件时所获取的时间戳要新
New	文件自上次复制站点后已被添加
Deleted	文件自上次复制站点后已被移除。如果在"复制网站"工具中选择"显示删除的文件",则该文件所对应的项会显示在窗口中

3. "发布网站"的实用工具

"发布网站"实用工具预编译网站的内容,包括网页(.aspx 文件)和代码。该工具将输出文件复制到用户指定的目录或服务器位置。可以作为预编译过程的一部分直接发布,也可以在本地预编译,然后复制文件。"发布网站"实用工具编译网站并从文件中去除源代码,从而只保留页和已编译程序集的存根文件。在用户请求页时,ASP.NET 用预编译的程序集满足请求。

(1) 使用"发布网站"实用工具的优点

① 预编译过程可帮助用户发现编译时错误及 Web.config 文件和其他非代码文件中的潜在错误。

② 用户可以选择从网站上删除源代码,还可以选择在 ASP.NET Web 文件和用户控件中包含标记。这提供了保护知识产权的措施并使其他用户更难访问站点的源代码。

③ 由于站点中的页已经编译过,因此在最初请求时无须对其进行动态编译。这可以减少网页的初始响应时间(在动态编译网页时,将为后续请求缓存输出。)。

(2) 使用"发布网站"实用工具的缺点

① 根据所指定的发布选项的不同,在对站点进行更改后可能需要重新编译该站点。因此,在开发站点并频繁更改网页的过程中,使用"发布网站"实用工具可能不可行。

② "发布网站"实用工具无法将已编译的站点部署到远程服务器,它只能复制到本地计算机或局域网中的其他计算机。

9.5 小　结

本章介绍了软件项目系统集成的两种方法:"爆炸式"和"增量式",并介绍了软件项目开发常用的四种生命周期模型,即"瀑布模型"、"螺旋模型"、"时间盒模型"和"增量迭代模型"。简要介绍了系统发布前要做的工作,即运行测试、技术手册和操作手册的编写。

最后介绍了 ASP.NET 项目系统的发布与部署方法,并最终完成了本案例项目的发布。

参考文献

[1] 薛华成.管理信息系统[M].北京:清华大学出版社,1999.
[2] [美] Murray Cantor Object-Oriented Project Management with UML[M].北京:人民邮电出版社,2004.
[3] [美]Kin Heldman PMP Project Manangement Professional Study Guids Second Edition[M].北京:电子工业出版社,2004.
[4] 奚江华.ASP.NET2.0开发详解[M].北京:2007.
[5] 周礼.C#和.NET3.0第一步[M].北京:清华大学出版社,2008.
[6] 戴上平,等.ASP.NET 4完全自学手册[M].北京:机械工业出版社,2009.